Histoire du cerveau

De l'Antiquité aux neurosciences

André Parent

Histoire du cerveau

De l'Antiquité aux neurosciences

Les Presses de l'Université Laval

Chronique Sociale

Les Presses de l'Université Laval reçoivent chaque année du Conseil des Arts du Canada et de la Société d'aide au développement des entreprises culturelles du Québec une aide financière pour l'ensemble de leur programme de publication.

Nous reconnaissons l'aide financière du gouvernement du Canada par l'entremise de son Programme d'aide au développement de l'industrie de l'édition (PADIÉ) pour nos activités d'édition.

Mise en pages : Mariette Montambault
Maquette de couverture : Laurie Patry

ISBN 2-7637-8636-0
© Les Presses de l'Université Laval 2009
Tous droits réservés. Imprimé au Canada
Dépôt légal 2ᵉ trimestre 2009

Les Presses de l'Université Laval
2305, rue de l'Université
Pavillon Pollack, bureau 3103
Université Laval, Québec,
Canada, G1V 0A6

DIFFUSION EN EUROPE

Chronique Sociale
7, rue du Plat
69288 Lyon cedex 02 - France

www.pulaval.com

www.chroniquesociale.com

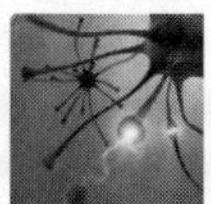

Table des matières

Chapitre 7
Neurones et communication neuronale.   213

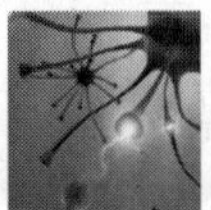

Introduction

> Nous sommes comme des nains sur des épaules de
> géants. Nous voyons mieux et plus loin qu'eux, non
> que notre vue soit plus perçante ou notre taille plus
> élevée, mais parce que nous sommes portés et soule-
> vés par leur stature gigantesque.
>
> Bernard DE CHARTRES

Plusieurs millénaires se sont écoulés entre le moment où l'homme préhistorique perça pour la première fois le crâne d'un de ses congénères afin de libérer les esprits maléfiques qui y étaient enfermés et celui où il mit à profit des méthodes sophistiquées d'imagerie cérébrale pour détruire une lésion qui entravait le fonctionnement d'un cerveau malade. Le propos de cet ouvrage est de retracer cette longue histoire qui a vu l'homme poser son regard sur ce viscère rébarbatif, le disséquer avec soin et en étudier méticuleusement le fonctionnement, pour découvrir ses capacités uniques de même que ses limites en tant qu'organe de connaissance. Ce voyage dans le temps nous permettra de mettre en valeur l'apport des hommes qui ont écrit l'histoire du cerveau grâce à des découvertes faites dans un contexte sociopolitique souvent difficile. L'influence de ces recherches sur le discours philosophique, les arts visuels ou la littérature, sera aussi prise en compte.

L'histoire du cerveau, ou plutôt de la connaissance que nous en avons, n'a pas suivi une trajectoire linéaire. Bien au contraire. L'idée que nous nous faisons aujourd'hui de l'organisation anatomique et fonctionnelle du cerveau humain a évolué au cours du temps de façon très sinueuse, avec de longs retours en arrière et des périodes de stase où très peu de choses nouvelles apparaissent. Il est donc impossible de raconter l'histoire du cerveau d'une façon continue et en suivant scrupuleusement l'ordre chronologique ; il faut inévitablement effectuer des sauts en avant ou des marches en arrière selon les questions abordées. De plus, une telle entreprise exige, comme le demande l'historien des sciences médicales Mirko Grmek, d'éviter un certain triomphalisme fondé sur la conviction que le présent vaut mieux que le passé et que l'histoire de la pensée a une vocation essentiellement pédagogique[1]. Chaque percée médicale, c'est-à-dire, pour ce qui nous concerne, chaque découverte sur le cerveau, doit être replacée dans son contexte historique afin d'en apprécier la juste valeur. Considérer ces avancées comme des étapes incontournables sur la voie de la connaissance ultime du cerveau compromettrait sérieusement l'entreprise.

La quête d'un savoir utile sur le cerveau débute dans l'obscurité de la préhistoire et se poursuit sous le soleil de l'Égypte pharaonique et la Grèce antique. Ce mouvement initial sera au cœur du premier chapitre de ce livre, où l'on verra apparaître Imhotep et Asclépios, deux grands guérisseurs dont l'existence relève autant de l'histoire que de la mythologie. Il faudra attendre le VIIe siècle avant notre ère pour voir se constituer en Grèce une médecine philosophique qui osera s'opposer à l'empirisme et aux superstitions de la médecine alors dominée par la religion et la magie. C'est cependant à Hippocrate de Cos (v. 460-375 av. J.-C.), un contemporain de Périclès et Socrate, que revient le mérite d'avoir affranchi la médecine de la tutelle sacerdotale aussi bien que philosophique[2]. C'est aussi lui qui établira les normes de la clinique et de l'éthique médicales, comme le démontrent ses écrits ainsi que ceux de ses disciples regroupés dans la célèbre *Collection hippocratique*. Contrairement aux Égyptiens et aux Grecs de la période archaïque pour qui le cœur était l'Acropole du corps, Hippocrate attribuera au cerveau un rôle de premier plan dans l'économie corporelle. Les médecins hippocratiques étaient cependant peu familiers avec le démembrement de cadavres humains, activité très mal vue à cette époque. Ils ont donc peu contribué à la connaissance de l'anatomie du corps humain. Les dissections humaines systématiques débuteront au IIIe siècle avant notre ère à Alexandrie en Égypte, sous la dynastie des Ptolémées. Hérophile de Chalcédoine (v. 335-280 av. J.-C.) et Érasistrate de Céos (v. 310-250 av. J.-C.) profiteront de cette période de grâce, qui ne dura guère plus de 50 ans, pour effectuer des centaines de dissections de cadavres et même de criminels vivants. Ce sont eux qui nous fournirons les premières notions concrètes sur l'anatomie du cerveau. Leurs idées influencèrent grandement Galien de Pergame (v. 129-200 apr. J.-C.), l'un des plus grands médecins de l'Antiquité gréco-romaine. Comme Hérophile et Érasistrate durant la période hellénistique, Galien a beaucoup disséqué, mais sa vaste entreprise anatomique se limitait aux animaux puisque les empereurs romains d'alors interdisaient les dissections humaines. Galien a soupçonné que le cerveau était le siège de la sensibilité et de l'intelligence et, après avoir puisé aux sources de la philosophie grecque et de la médecine hippocratique, il donna une forme définitive à la théorie humorale qui domina la médecine occidentale pendant près de 1 500 ans.

Pour Galien, le fonctionnement du cerveau reposait sur l'existence de pneuma psychiques qui, stockés dans les ventricules cérébraux, pouvaient au besoin circuler au centre des nerfs jusqu'à la périphérie pour engendrer une contraction musculaire ou, à l'inverse, revenir de la périphérie vers les ventricules cérébraux pour y laisser la trace d'une expérience sensorielle. À l'époque byzantine, cette idée fut sublimée par les Pères de l'Église pour qui les hautes fonctions cérébrales (sensation, cogitation et mémorisation) étaient respectivement localisées dans les trois principales cavités ventriculaire (ventricule antérieur, moyen et postérieur). Comme nous le verrons au deuxième chapitre de ce livre, la théorie ventriculaire des fonctions cérébrales dominera tout le Moyen Âge, jusqu'au moment où le grand mouvement de la Renaissance va secouer le joug scolastique. L'humanisme renaissant veut remonter aux sources gréco-romaines de la science médicale et se libérer des commentateurs qui les ont obscurcies. Une véritable soif de connaissance transforme le monde qui vient de s'agrandir par la découverte d'un nouveau continent[2]. Le savoir anatomique reprend vie en Italie du Nord où Mondino de' Liuzzi (v. 1270-1326), dès les débuts du XIVe siècle, renoue avec la dissection humaine. Berengario da Carpi (v. 1460-1530), l'un des successeurs de Mondino à Bologne, conseille à ses élèves de se laisser guider par leurs propres sens lors des dissections plutôt que de se fier aux connaissances contenues dans les traités faisant état des notions acquises par les auteurs de l'Antiquité. Il nommera *anatomia sensibilis* cette méthode qui sert autant l'enseignement que l'investigation du corps humain. Berengario nous laissera une des premières illustrations réalistes du cerveau humain. Avec lui s'amorce une collaboration étroite et précieuse entre anatomistes et artistes, parmi lesquels Andrea Mantegna (1431-1506), Hans Holbein le Jeune (1497-1543), Léonard de Vinci (1452-1519), Michel-Ange (1475-1564) et Le Titien (1490-1576). Cette confluence d'intérêt, concrétisée par l'apparition de l'imprimerie au milieu du XVe siècle, se traduira par la production de traités anatomiques somptueux, tels celui de Charles Estienne (v. 1505-1564) et surtout la célèbre *Fabrica* d'André Vésale (1514-1564), qui révolutionnera l'anatomie humaine et jettera un sérieux doute sur la physiologie galénique[3].

Alors que la Renaissance a vu l'anatomie cérébrale atteindre des niveaux inégalés jusque-là, les scientifiques du XVIIe siècle vont davantage s'orienter vers la physique et les mathématiques pour expliquer le fonctionnement du monde matériel (la *machina mundi*), y compris le cerveau. Le troisième chapitre de cet ouvrage est consacré au rôle qu'a joué la vision mécaniciste du monde et de l'homme dans l'histoire du cerveau. Le mécanicisme du Grand Siècle est tout entier contenu dans le *De motu cordis* publié en 1628 par l'Anglais William Harvey (1578-1657)[4]. Ce petit traité révolutionnaire propose une théorie de la circulation sanguine qui va directement à l'encontre des concepts de la médecine galénique. Contrairement à Galien, qui croyait que le sang veineux – une des quatre humeurs – naissait du foie pour ensuite être rapidement consumé aux niveaux des différents organes, Harvey soutient que le sang circule en circuit fermé dans l'organisme et que le mouvement du précieux fluide est le résultat de l'activité du cœur qui agit comme une simple pompe mécanique. Cette œuvre, ainsi que les ouvrages de Galilée (1564-1642) et, plus tard, ceux d'Isaac Newton (1643-1727) sur la mécanique céleste, exerceront une influence durable tout au long du XVIIe siècle et bien au-delà. En France, le philosophe René Descartes (1596-1650) se fait anatomiste le temps d'élaborer une théorie purement mécaniciste du fonctionnement du cerveau dans laquelle la glande pinéale se voit attribuer le rôle d'interface fonctionnelle entre l'âme et la matière cérébrale. Fasciné par la réalisation emblématique du mécanicisme, l'automate, Descartes croyait que la glande pinéale agissait en ouvrant de petites valves situées dans la paroi des ventricules cérébraux permettant aux esprits animaux (ou pneuma) de circuler dans les nerfs et ainsi de produire les mouvements désirés, tout comme l'eau qui circulait dans les tuyaux des fontaines royales permettait aux figurines de s'animer. Cette notion d'organisme-machine fascinera tout le XVIIe et le XVIIIe siècle ; elle débordera largement les cercles scientifiques et le médecin philosophe Julien de La Mettrie (1709-1751) la poussera à son extrême limite en proposant comme modèle un cerveau sans âme, un cerveau qui ne serait rien d'autre qu'une horloge remontant elle-même ses ressorts. En Angleterre, le médecin Thomas Willis jettera un éclairage nouveau sur l'organisation anatomique et fonctionnelle du cerveau, tout en évitant habilement les pièges qu'implique l'acceptation inconditionnelle de la notion cartésienne d'une séparation nette entre l'âme et le corps. Willis et ses collaborateurs, à Oxford, proposeront un modèle neurocentrique du corps humain ainsi qu'une vision solidiste des fonctions cérébrales. C'est avec eux que naît la neurologie et que disparaît à jamais la théorie ventriculaire des fonctions cérébrales.

Au mécanicisme qui domina le XVIIe siècle, les médecins et scientifiques du XVIIIe siècle vont opposer la notion, plus modeste, de probabilité ou de certitude pratique, qui fera faire à la médecine clinique un grand pas vers l'avant, tant pour ce qui est de soins à la population que de l'enseignement des sciences médicales. Grâce à leurs connaissances encyclopédiques, les médecins du Siècle des lumières vont procéder à une restructuration des connaissances médicales tout en demeurant ouverts face à un avenir censé accroître les connaissances. Le Français Félix Vicq d'Azyr (1748-1794) et l'Allemand Samuel Thomas Soemmerring (1755-1830), deux figures emblématiques de la médecine au Siècle des lumières, nous ont laissé des représentations du cerveau humain d'une qualité égale et même supérieure à ce que l'on trouve dans les traités d'anatomie cérébrale d'aujourd'hui. Cependant, tout comme au XVIIᵉ siècle, les scientifiques des Lumières s'intéressaient davantage à la fonction qu'à la structure. Ils étaient alors fascinés par l'électricité que plusieurs d'entre eux utilisaient pour traiter certaines maladie neurologiques sans vraiment savoir s'il existait une relation quelconque entre cet agent mystérieux et le système nerveux. La réponse allait venir encore une fois de l'Italie du Nord. C'est en effet à Bologne à la fin du XVIIIᵉ siècle que Luigi Galvani (1737-1798) entreprend une série de travaux expérimentaux qui, malgré leur simplicité étonnante, lui permettront de démontrer que l'électricité est l'élément qui circule le long des nerfs et engendre la contraction des muscles. L'électricité animale de Galvani écartait toutes les anciennes théories basées sur les esprits animaux et les fluides nerveux ; elle offrait aux scientifiques une force naturelle visible, manipulable et mesurable. Elle rendit possible la neurophysiologie qui, au XIXᵉ siècle, allait permettre d'enregistrer l'activité des neurones et mesurer la vitesse de la conduction de l'influx nerveux. La fin du Siècle des lumières est aussi marquée par l'arrivée en scène de Franz Joseph Gall (1758-1828) pour qui le cortex cérébral est constitué d'une mosaïque de régions fonctionnelles distinctes contrôlant chacune des aspects différents du comportement humain. La science de Gall reposait, pour l'essentiel, sur l'étude de la morphologie crânienne de personnages occupant des positions particulières dans la société, allant des grands écrivains, poètes, hommes d'État, musiciens et mathématiciens aux lunatiques, idiots, imbéciles, criminels, sourds et aveugles. La prémisse de base de ces études était que l'on pouvait plus facilement déterminer la relation entre le cerveau et le comportement chez des individus aux traits psychologiques nettement exagérés. L'approche de Gall et de ses disciples fut popularisée sous le nom de *phrénologie* ; elle devint immensément populaire auprès du public en général, mais elle ne résista pas aux assauts des scientifiques qui démontrèrent que le crâne ne porte en aucune façon l'empreinte exacte du manteau cortical chez l'adulte. Il n'en reste pas moins que Gall est à l'origine d'une des premières tentatives visant à élaborer une connaissance de la totalité de l'homme à partir de l'examen de son cerveau[5]. La phrénologie engendra une longue polémique entre localisateurs et unitaires qui se prolongea jusqu'au

XXᵉ siècle. Galvani et Gall seront les principaux protagonistes du quatrième chapitre de cet ouvrage.

L'histoire du cerveau va connaître une accélération sans précédent au XIXᵉ siècle, où s'opère une véritable révolution dans le domaine des recherches expérimentales et cliniques en sciences neurologiques. De cette révolution naîtront de nouveaux concepts qui survivront, sous des formes modifiées, jusqu'à aujourd'hui. On peut affirmer, sans ambages, que les principales assises de la science du cerveau, telle qu'on la connaît actuellement, se sont mises en place au cours du XIXᵉ siècle. Pour les scientifiques de cette bouillonnante période, auxquels les chapitres 5, 6 et 7 de cet ouvrage sont consacrés, le cerveau devient l'organe le plus noble, l'apogée de l'évolution organique, l'organe suprême auquel tous les autres sont soumis ; on en vient même à penser que presque toutes les maladies ont leur siège ultime dans le système nerveux.

Contrairement à Gall qui trouvait peu fiable et reproductible l'information pouvant émerger de l'étude des lésions affectant le fonctionnement du cerveau, les cliniciens de la première moitié du XIXᵉ siècle vont mettre l'accent sur la méthode anatomo-clinique qui consiste à chercher des corrélations étroites entre les symptômes neurologiques dont font montre les patients et les lésions du tissu nerveux visibles à l'autopsie. En France, Paul Broca (1824-1880) mettra à profit cette approche pour découvrir le centre du langage et élaborer le concept de dominance cérébrale. En Angleterre, John Hughlings Jackson (1835-1911) fera de même et ses efforts nous révéleront le rôle de l'hémisphère droit dans la reconnaissance des lieux et des visages. À l'image du succès remporté par l'approche anatomo-clinique chez les patients, des travaux expérimentaux effectués chez différentes espèces d'animaux à l'aide de techniques d'exploration de plus en plus raffinées, telle la stimulation électrique de différentes régions cérébrales, apporteront des informations précieuses sur l'organisation fonctionnelle du cerveau. En Allemagne, Gustav Fritsch (1838-1927) et Eduard Hitzig (1838-1907) feront usage de cette approche pour découvrir l'emplacement du cortex moteur. Les Écossais David Ferrier (1843-1928) et Charles Scott Sherrington (1857-1952) compléteront la cartographie fonctionnelle du cortex cérébral, ce qui permettra à la neurochirurgie de prendre son envol. L'histoire détaillée de ces découvertes majeures sera racontée dans le cinquième chapitre du présent ouvrage.

La grandeur et les misères de la neurologie française au XIXᵉ siècle seront au cœur du sixième chapitre. C'est au cours de la deuxième moitié de ce siècle que les grands concepts concernant les aspects fonctionnels et cliniques du fonctionnement du cerveau humain voient le jour en France. Cependant, la neurologie française n'est pas née sans difficulté et son évolution n'a pas suivi une courbe ascendante parfaite. Dans un premier temps, nous tenterons de comprendre comment l'Hôpital général pour le renfermement des pauvres de Paris est devenu, quelque 300 ans après sa fondation par Louis XIV, le plus grand hôpital français d'enseignement et de recherche en neurologie. Nous verrons cette ancienne fabrique de poudre à canon changer de vocation pour devenir une des plus grandes *enfermeries* d'Europe. On y internera des milliers de femmes, allant de simples vagabondes à des démentes sévères, en passant par des prostituées, des malades chroniques et des voleuses. Elles y seront gardées dans des conditions de détention épouvantables jusqu'à ce que, comme le veut le mythe, Philippe Pinel (1745-1826), le père de la psychiatrie française, vienne les libérer de leurs chaînes.

C'est cependant le neurologue Jean-Martin Charcot (1825-1893) qui s'intéressera le plus à cette grande population de patients captifs et ce sera sous sa gouverne que le vieil hospice de la Salpêtrière obtiendra ses lettres de noblesses. Enseignant et clinicien de génie, comme en témoignera plus tard Sigmund Freud (1856-1939), Charcot fondera à la Salpêtrière une école de pensée qui dominera le monde de la neurologie pendant des décennies. Sur la base des notions élaborées par Thomas Willis (1621-1675) et Thomas Sydenham (1624-1689) au XVIIe siècle en Angleterre, Charcot construira de toutes pièces la neurologie telle qu'on la connaît aujourd'hui. À la fin du XIXe siècle, cependant, la célèbre École de la Salpêtrière verra sa réputation ternie par les incursions de dernières minutes de Charcot dans le champ miné de l'hystérie où la méthode anatomo-clinique qu'il avait poussée à ses plus haut raffinements ne lui sera d'aucun secours. Plusieurs autres neurologues français seront victimes de cette maladie *fin-de-siècle* qui appartient davantage au domaine de la psychologie et de la psychiatrie qu'à celui de la neurologie. Jules-Bernard Luys (1828-1897) est peut-être l'exemple extrême de l'influence envoûtante qu'exerçait l'hystérie sur les neurologues français à la fin du XIXe siècle. Après avoir connu une carrière remarquable à la fois comme clinicien et chercheur dans le domaine de l'anatomie du cerveau, Luys n'a pas pu éviter les piège de l'hystérie et, comme beaucoup de ses contemporains, il sombra peu à peu dans le domaine de l'irrationnel et de l'occultisme. Quelle époque bizarre que cette fin de XIXe siècle ! Comme l'écrit si justement Joris-Karl Huysmans (1848-1907) : « C'est juste le moment où le positivisme bat son plein, que le mysticisme s'éveille et que les folies de l'occulte commencent ; mais il en a toujours été ainsi ; les queues de siècle se ressemblent. Toutes vacillent et sont troubles. Alors que le matérialisme sévit, la magie se lève. Ce phénomène reparaît tous les cent ans[6]. »

Étonnamment, le savoir neurologique s'est accru de façon exponentielle entre l'époque d'Hippocrate et celle de Charcot sans que l'on ait une connaissance précise de l'organisation du tissu nerveux. Comme nous le verrons au septième chapitre, ce n'est qu'à la toute fin du XIXe siècle que l'on a réussi à définir le neurone et à démontrer qu'il constituait l'unité anatomique et fonctionnelle du système nerveux. L'histoire de la découverte du neurone nous forcera à faire une longue marche en arrière dans le temps pour raconter les débuts de la microscopie et souligner le rôle qu'a joué cette approche dans la formulation de la théorie cellulaire. Il a fallu de nombreuses années avant que les neurologues accepte l'idée que la cellule est l'élément constitutif de tous les types de tissus, aussi bien végétale qu'animal. On a longtemps cru que le tissu nerveux différait des autres tissus de l'organisme par le fait que les cellules qui le constituent fusionnaient les unes avec les autres pour ne former qu'un seul réseau continu (la théorie réticulariste). Pour les neurologues du XIXe siècle, seul un réseau neuronal où tous les éléments constitutifs sont fusionnés pouvait rendre compte de la grande vitesse à laquelle l'influx nerveux devait se propager pour assurer le fonctionnement précis et rapide du système nerveux. Ce n'est qu'au milieu du XIXe siècle que l'on développa des méthodes de fixation et de coloration adaptées au tissu nerveux. C'est le cas de la coloration à l'argent mise au point par l'Italien Camillo Golgi (1843-1926) qui nous révèlera l'architecture neuronale dans toute sa splendeur. Cette dernière technique sera mise à profit par l'Espagnol Santiago Ramón y Cajal qui accumulera de plus en plus d'évidences selon lesquelles les neurones ne se fusionnent pas ; il mettra ainsi en doute la théorie réticulariste dont Golgi était, et demeura toute sa vie, un fervent défenseur. Cependant, c'est un scientifique allemand, Wilhelm von Waldeyer (1836-1921), qui inventera le mot neurone et formulera la théorie neuronale, qui stipule que le neurone est l'unité génétique, anatomique, trophique et fonctionnelle du tissu nerveux. Ce concept détrôna rapidement la théorie réticulariste et demeure toujours aujourd'hui l'une des pierres angulaires du savoir neurologique.

La dernière partie du septième chapitre est consacrée à la découverte des neurotransmetteurs, ces petites molécules chimiques qui permettent à l'influx nerveux de traverser la minuscule jonction qui sépare les neurones entre eux et que Sherrington affubla du nom de *synapse*. C'est en étudiant la conduction de l'influx nerveux le long des fibres du système nerveux autonome et son action sur les viscères thoraciques et abdominaux que le pharmacologiste anglais Henry Dale (1875-1968) et le physiologiste allemand Otto Loewi (1873-1961) découvrirent la transmission chimique. Ils réalisèrent que l'influx nerveux ne se propageait pas comme une onde électrique continue, contrairement à ce que l'on croyait alors. À la jonction synaptique, le signal électrique induisait le relâchement de substances chimiques, telles l'acétylcholine et la noradrénaline, qui pouvaient à leur tour engendrer un courant électrique dans le neurone suivant dans la chaîne. Ces expériences cruciales permirent de comprendre comment l'influx nerveux – un événement électrique (comme l'avait démontré Galvani) et donc essentiellement excitateur – pouvait produire une inhibition. Grâce à un intermédiaire chimique, il devenait alors possible d'expliquer l'existence d'événements inhibiteurs à la synapse.

Le huitième et dernier chapitre est tout entier consacré à l'avènement des neurosciences. Cette discipline a vu le jour au milieu du XXe siècle suite à l'incorporation, dans un seul et même cadre conceptuel, de plusieurs disciplines qui, jusque-là, avaient évolué indépendamment les unes des autres. C'est le cas de la neuroanatomie, la neurophysiologie, la neurochimie, la neuropharmacologie et l'étude du comportement qui se sont amalgamées au cours des années 1950 et 1960 en un seul et même domaine d'activités intellectuelles ayant pour but l'étude du système nerveux en général et du cerveau en particulier. Par la suite, au cours des années 1980, les neurosciences vont chercher à se diversifier davantage en envahissant divers domaines de la biologie, principalement la biologie moléculaire et la génétique, un mouvement qui changera profondément notre façon de concevoir la neurologie et la psychiatrie. Finalement, au cours des années 1990, les neurosciences se sont intégrées à la psychologie cognitive. Les neurosciences contemporaines ont donc envahi presque toutes les sphères du savoir humain et jamais dans l'histoire a-t-on vu une discipline scientifique progresser aussi rapidement. Les succès qu'ont connus les neurosciences dans le déchiffrement de la structure et de la fonction du cerveau sont sans contredit spectaculaires. On a qu'à penser à la découverte des bases neurobiologiques de la mémoire ainsi que celle des mécanismes neurophysiologiques qui contrôlent les états de vigilance. À l'aube du XXIe siècle, les progrès de la neurogénétique nous permettent d'entrevoir le développement prochain de nouvelles approches thérapeutiques pour contrer certaines maladies neuropsychiatriques que l'on croyait jusqu'alors intraitables. De même, le niveau des connaissances actuelles sur les mécanismes d'action des neurotransmetteurs nous permet déjà d'offrir aux patients atteints de maladies neurologiques dégénératives, comme la maladie de Parkinson et la démence de type Alzheimer, des traitements symptomatiques efficaces. Les progrès de l'imagerie cérébrale sont tels que nous pouvons maintenant observer le cerveau humain en action et identifier les structures cérébrales impliquées dans l'accomplissement d'une tâche cognitive spécifique.

Malgré ces réussites spectaculaires, certaines frontières du savoir sont demeurées infranchissables. C'est le cas, entre autres, de la conscience et de l'intelligence, deux concepts encore difficiles à appréhender dans le cadre des neurosciences contemporaines et pour lesquels on a vainement tenté de trouver un substratum neurologique. À ce sujet, l'aventure entourant l'investigation détaillée du cerveau de Lénine (1870-1924) et de celui d'Einstein (1879-1955) dans l'espoir d'identifier les structures cérébrales responsables de l'intelligence est particulièrement révélatrice. Par ailleurs, certaines études contemporaines d'imagerie cérébrale ne sont pas sans rappeler les vaines tentatives de Franz-Joseph Gall à la fin du XVIIIe siècle pour définir les organes de l'esprit humain. Comme le fait remarquer fort justement Paul-Laurent Assoun, certains neurobiologistes d'aujourd'hui ont tendance à reproduire des modèles épistémologiques antérieurs, avec toutes leurs ambiguïtés[7]. Cela témoigne avec éloquence du fait que les neurosciences contemporaines plongent leurs racines profondément dans les recherches amorcées au cours des siècles précédents. Paraphrasant Bernard de Chartres qui enseigna dans cette ville au XIIe siècle, on peut dire sans ambages que, si les neurobiologistes d'aujourd'hui voient plus loin que les Anciens, c'est parce qu'ils sont juchés sur les épaules de géants.

Le présent ouvrage n'est pas le fruit d'une recherche systématique menée par un historien des sciences. Il est le résultat des timides incursions épistémologiques que je me suis permises à différents moments au cours de ma longue carrière scientifique tout entière consacrée à l'étude du cerveau et de ses maladies. L'importance de connaître l'origine des divers concepts neurologiques m'est apparue pour la première fois alors que je travaillais à la préparation d'un ouvrage sur les ganglions de la base, un groupe de structures nerveuses enfouies sous le cortex cérébral et jouant un rôle crucial dans le contrôle du comportement moteur[8]. Une première recherche historique m'a appris que les structures cérébrales auxquelles cet ouvrage était consacré avaient déjà été identifiées et leur rôle moteur pressenti par Thomas Willis, 300 ans plus tôt. D'autres investigations historiques encore plus exhaustives ont été nécessaires pour la préparation d'un traité d'anatomie du cerveau humain paru en 1996[9]. Ce n'est cependant qu'à l'aube du XXIe siècle que j'ai ressenti le besoin d'entreprendre des recherches historiques plus approfondies et plus systématiques. Cette idée m'est venue lors d'une année sabbatique passée à l'hôpital de la Salpêtrière à Paris en 1999-2000. Je participais alors aux efforts pour cloner le gène de la *parkine*, une protéine mutante dans la maladie de Parkinson. On peut, à juste titre, se demander comment le clonage d'une toute nouvelle protéine a pu aviver l'intérêt d'un chercheur pour les anciens ouvrages de neurologie. La réponse est simple : tout près du laboratoire où s'effectuaient les expériences de clonage génétique se trouvait la célèbre bibliothèque Charcot, riche de nombreux ouvrages anciens et rares et abritant l'ensemble de l'œuvre du célèbre neurologue français auquel cette bibliothèque est dédiée. C'est donc dans ce refuge, au milieu des nombreux manuscrits et des multiples notes et rapports cliniques de Charcot, que l'idée d'écrire ce livre a vu le jour.

La première ébauche de l'ouvrage a pris la forme d'un cahier d'accompagnement qui a servi à mettre sur pied un cours sur l'histoire du cerveau s'adressant aux étudiants inscrits aux cycles supérieurs en neurosciences. L'ouvrage a par la suite bénéficié d'abondants apports textuels et iconographiques tirés de la consultation de nombreux livres anciens et rares conservés dans des plusieurs bibliothèques européennes et américaines que j'ai eu l'occasion de visiter lors de conférences et de participations à des congrès ainsi que durant mes vacances estivales. Parmi les bibliothèques où j'ai séjourné le plus longtemps, notons celles de l'ancienne Faculté de médecine de Paris, de l'Académie nationale de médecine de Paris, du Muséum national d'histoire naturelle de Paris, de l'Université de Salamanque, de l'Institut Cajal de Madrid, du British Museum de Londres, de l'Université de Californie à Los Angeles ainsi que de la bibliothèque Osler de l'Université McGill à Montréal. La bibliothèque Charcot de l'hôpital de la Salpêtrière est néanmoins demeurée mon point d'ancrage tout au long de cette aventure. Les séjours dans ces différentes bibliothèques m'ont permis de consulter les éditions originales de tous les principaux traités dont il est fait mention dans ce livre et d'en prendre moi-même de nombreux clichés. Les ouvrages anciens de ma bibliothèque personnelle ont aussi été grandement mis à contribution, particulièrement pour ce qui est de l'illustration du présent ouvrage.

Ce livre sur l'histoire du cerveau est aussi redevable à quelques traités américains d'histoire des neurosciences qui sont devenus des incontournables. Mentionnons en particulier la très belle et très complète étude d'Edwin Clark et de Charles Donald O'Mailley publiée en 1968[10] ainsi que la synthèse historique remarquable que nous a offert Stanley Finger en 1994[11]. Cet ouvrage incorpore en plus quelques éléments contenus dans certains travaux que j'ai dédiés à des pionniers de la recherche sur cerveau, dont Jules-Bernard Luys[12], Giovanni Aldini[13] et Duchenne de Boulogne[14] et publiés dans des revues de neurologie de langue anglaise.

Anatole France disait, à juste titre, qu'en histoire il faut se résoudre à beaucoup ignorer, et l'histoire du cerveau ne fait pas exception à cette règle. Pour la raconter de façon intelligible, j'ai délibérément choisi d'ignorer les contributions de plusieurs philosophes, médecins et scientifiques afin de pouvoir mieux illustrer les avancées que je croyais particulièrement décisives. Les scientifiques dont la contribution a été retenue ici ont œuvré dans différents coins de l'Europe et, dans une moindre mesure, de l'Amérique du Nord, mais on notera sans doute l'attention particulière portée à la neurologie française dans cet exposé. L'apport de la médecine indienne, orientale et moyen-orientale à la connaissance du cerveau humain a aussi été largement négligé dans cet ouvrage. Ces choix sont sûrement discutables, mais ils reflètent l'enracinement de l'auteur dans la communauté scientifique francophone de même que, il faut bien l'avouer, sa connaissance limitée de l'histoire de la médecine orientale.

Ce livre s'adresse à un large public, tout en se voulant une référence pour les étudiants et les chercheurs œuvrant dans le domaine des neurosciences. Des efforts particuliers, dont l'ajout de plusieurs schémas explicatifs, ont été consentis pour faciliter la compréhension de certains concepts scientifiques. Cet ouvrage est dédié à toutes celles et tous ceux qui manifestent un intérêt quelconque pour l'Histoire et pour le cerveau de l'homme.

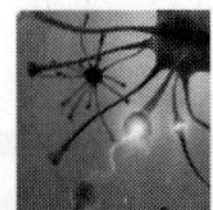

Chapitre 1

Premières représentations

HIPPOCRATE

L'image que nous avons aujourd'hui de notre propre cerveau a pris plusieurs millions d'années à se construire. D'ailleurs, les premiers reflets de cette image se perdent dans la nuit des temps et leur mise au jour relève davantage de la paléontologie et de l'archéologie que de l'histoire. Dans ce chapitre, nous effectuerons un voyage de plusieurs milliers d'années au cours duquel nous aborderons les premiers moments de l'histoire du cerveau en allant de la préhistoire à l'Antiquité gréco-romaine, tout en passant par l'Égypte pharaonique.

La préhistoire

Les premières évidences d'un intérêt quelconque de la part de l'homme pour ce qui se cache dans sa boîte crânienne proviennent de l'analyse de blessures à la tête chez les hominidés. Dans les années 1950, le paléontologue anglais Raymond Dart (1893-1988), ayant procédé à un examen minutieux du crâne fossilisé d'un Australopithèque (*Australopithecus africanus*) qui vivait en Afrique il y a plus de trois millions d'années, a pu démontrer que cet individu était probablement décédé d'une blessure à la tête causée par un humérus d'antilope. On a par la suite retrouvé plusieurs exemples semblables chez l'homme de Java et l'homme de Pékin qui appartiennent tous deux à une espèce d'hominidés (*Homo erectus*) ayant vécu en Asie et en Afrique il y a plus d'un million d'années. Le même phénomène a été documenté chez l'homme de Néandertal (*Homo sapiens neandertalensis*) qui peuplait le nord de l'Europe durant la période qui s'étend de 100 000 à 40 000 ans avant notre ère. Les premiers hominidés avaient donc rapidement compris l'importance de frapper l'adversaire directement à la tête, les effets étant beaucoup plus marqués et décisifs que ceux d'une blessure infligée aux autres parties du corps.

L'image se précise davantage lorsque l'homme décide d'aller y voir de plus près en pratiquant une ouverture dans la boîte crânienne, une opération chirurgicale que l'on appelle trépanation ou craniotomie. En effet, on sait que l'homme préhistorique (*Homos sapiens sapiens*), apparu en Europe il y a environ 30 000 ans, pratiquait parfois la trépanation. On a d'ailleurs retrouvé dans plusieurs localités européennes de nombreux crânes avec des traces évidentes de craniotomie. Les ouvertures dans l'os variaient de quelques centimètres à presque la moitié du crâne. La plupart des trépanations impliquaient l'os pariétal, parfois l'occipital et le frontal, mais jamais l'os temporal, probablement parce que ce dernier était trop épais et difficile à percer avec les instruments primitifs de l'époque[1]. Nous savons également que l'on pratiquait la trépanation dans le Nouveau Monde, particulièrement chez les Amérindiens de la région de Cuzco au Pérou, car l'on y a trouvé de nombreux sites renfermant des crânes trépanés ainsi que des couteaux à lame d'obsidienne ayant probablement servi aux trépanations (figure 1-1). Paul Broca (1824-1880), le grand anthropologue français du XIXe siècle, a pu démontrer que certains individus ayant subi ces craniotomies avaient survécu à l'intervention.

Le véritable but de ces trépanations nous restera probablement à jamais inconnu, mais plusieurs hypothèses ont été mises de l'avant pour expliquer ce phénomène étrange. La plus plausible est que ces opérations chirurgicales visaient à traiter les maux de tête, les convulsions et les troubles mentaux. Ces désordres étant probablement attribués à la présence de démons dans la boîte crânienne, il est possible que ces ouvertures aient été pratiquées pour permettre aux êtres maléfiques de quitter le malade. Cette théorie est confortée par le fait que certaines tribus d'Afrique et du Pacifique ont continué à pratiquer de telles trépanations jusqu'au début du XXe siècle dans l'espoir de guérir les malades souffrant de céphalée, d'épilepsie et de démence[2].

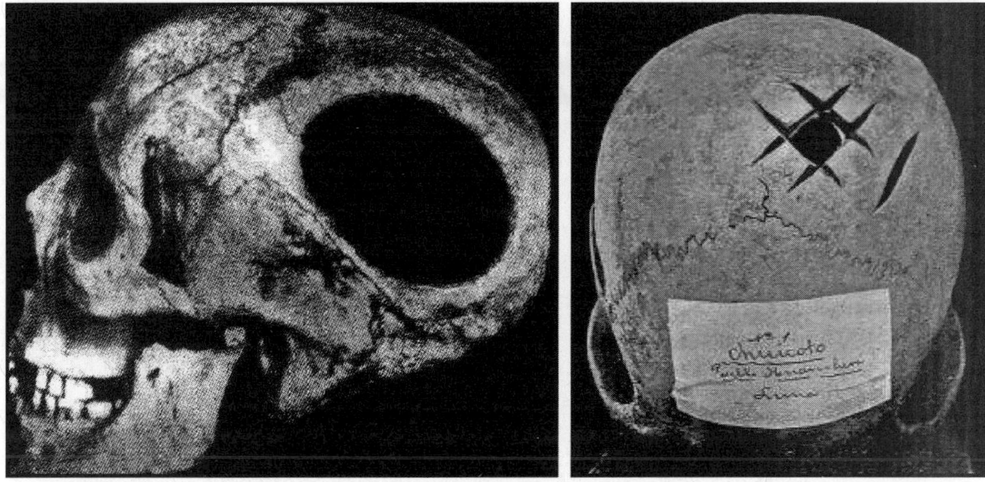

Figure 1-1. À gauche, le crâne trépané d'un homme du néolithique trouvé à Nogent-les-Vierges, Oise, France. L'individu aurait survécu une douzaine d'années après la trépanation. À droite, le crâne d'un individu ayant subi une trépanation et qui fut trouvé près de Lima au Pérou. D'après J. Lucas-Championnière[1].

Le cerveau à l'époque pharaonique

On a longtemps attribué au grec Alcméon, qui vivait au Ve siècle avant notre ère dans la ville de Crotone en Calabre, centre de l'École pythagoricienne, le privilège d'avoir été le premier à écrire sur le cerveau. La surprise fut grande lorsque l'on apprit que certains Égyptiens de la IIIe dynastie étaient passés par là presque 3 000 ans avant lui. L'information est contenue en entier dans ce qu'il est convenu d'appeler le *papyrus chirurgical d'Edwin Smith*. Ce célèbre papyrus, dont l'original datait d'environ 2 500 ans, a été acheté par l'égyptologue anglais Edwin Smith (1822-1906) à Luxor en 1862. Sans être un érudit dans le domaine des langues égyptiennes anciennes, Smith en savait suffisamment pour comprendre que le papyrus traitait principalement de médecine. Edwin Smith fit l'achat d'un autre papyrus célèbre qu'il vendit en 1873 à l'égyptologue allemand Georg Ebers. Le *papyrus d'Ebers* fut écrit vers 1 555 avant J.-C., mais les données dont il fait état remontent à environ 3 000 ans avant notre ère. On y retrouve, entre autres, une description de ce qui semble être celle de la maladie de Parkinson[3].

Grâce au travail acharné de l'égyptologue français Jean-François Champollion (1790-1832) qui, le premier, a su déchiffrer le texte ptolémaïque se trouvant sur la fameuse *pierre de Rosette*, les mystères entourant les hiéroglyphes étaient en grande partie dissipés au moment où Edwin Smith fit l'acquisition du papyrus qui porte son nom. Cependant, pour des raisons inconnues, ce dernier ne fit aucun effort pour faire traduire, ou tenter de traduire lui-même, le papyrus. Smith mourut avant même que le monde ait pu prendre connaissance de l'existence de ce précieux document qui fut alors confié par sa fille à la New York Historical Society. Ce n'est qu'en 1920 qu'on demanda à l'égyptologue de l'Université de Chicago, James Breasted (1865-1935), d'en faire la traduction. Ce ne fut pas une tâche facile, puisque ce dernier mit dix ans pour y parvenir[4].

Figure 1-2. Imhotep, musée du Louvre à Paris.

Ce papyrus, d'une longueur de 4,68 mètres, contient les écrits de trois auteurs qui se sont succédé à des époques différentes. James Breasted aimait à penser que l'original était l'œuvre du célèbre *Imhotep* (figure 1-2), père de la médecine égyptienne, qui fut grand vizir, architecte et médecin auprès du roi Djoser qui régna à Memphis, il y a environ 2 700 ans avant notre ère. Lui-même fils d'architecte, Imhotep – dont le nom signifie « celui qui vient dans la paix » –, agissait à la fois à titre d'architecte, d'astronome, d'astrologue, d'alchimiste, de magicien et de médecin. Il est l'architecte de l'ensemble funéraire de Saqqarah qui comporte notamment la fameuse pyramide à degrés. Après sa mort, Imhotep rentra rapidement dans la légende ; on le considéra comme un demi-dieu et on lui voua un véritable culte.

Bien que le papyrus d'Edwin Smith ait vraisemblablement été écrit 1 000 ans après la mort d'Imhotep, les cas qu'il relate semblent bien dater du temps où régnait le roi Djoser. Il décrit de nombreuses blessures qui pourraient être en rapport avec les constructions d'envergure dont la réalisation était alors sous la supervision d'Imhotep. Par ailleurs, on se réfère à des blessures qui ont vraisemblablement été causées par des armes similaires à celles que l'on utilisait durant les guerres de cette époque. Ainsi, bien que le papyrus que nous possédons soit trop jeune pour avoir été écrit par le légendaire Imhotep, il est plausible que ce dernier ait compilé les cas cliniques qui sont décrits dans ce texte. Malheureusement, le début et la fin du papyrus manquent et l'on ne connaît même pas le titre du document.

Quoi qu'il en soit, il est fort probable que le véritable auteur du papyrus d'Edwin Smith ait été un chirurgien ayant accompagné les armées égyptiennes au cours de leurs nombreuses campagnes militaires. Les deux autres auteurs sont venus longtemps après, surtout pour faciliter la lecture des écrits originaux ainsi que pour les compléter en y ajoutant divers commentaires. Le document contient la description de 48 cas d'individus ayant souffert de blessures diverses. De ces 48 cas, 27 sont des patients ayant souffert de blessures à la tête. De ces 27 cas, 14 n'ont pas d'atteinte au cerveau, alors que les 13 autres ont effectivement souffert de fractures du crâne accompagnées de troubles neurologiques.

Le cerveau est nommé à l'aide de caractères hiéroglyphiques à différents endroits dans le document et la traduction du terme utilisé pour décrire ce viscère est la *moelle du crâne* (figure 1-3). Cette appellation définit la matière contenue à l'intérieur de la boîte crânienne, tout comme les termes *moelle épinière* et *moelle osseuse* désignent ce qui est contenu respectivement à l'intérieur de la colonne vertébrale et des os. Le papyrus fait aussi allusion aux circonvolutions que l'on retrouve à la surface du cerveau et que l'on compare à du métal ondulé. Par ailleurs, on parle d'un « sac » entourant le cerveau et l'on mentionne même la présence d'un fluide sous le sac ; il

Figure 1-3. Un fragment du papyrus d'Edwin Smith sur lequel apparaît, à plusieurs endroits (encadrés ajoutés), le mot « cerveau » en langage hiéroglyphique. Ce mot est recopié dans la vignette placée dans le coin supérieur droit de l'image. D'après J.H. Breasted[4].

s'agit là d'une référence directe aux méninges, les enveloppes protectrices et nourricières du cerveau, et au liquide céphalorachidien qu'ils contiennent.

Les descriptions de troubles observés après fracture du crâne démontrent clairement que les Égyptiens de cette époque étaient parfaitement conscients que des atteintes du système nerveux central pouvaient avoir des répercussions à distance, c'est-à-dire loin du site de la lésion primaire. On décrit aussi très clairement des cas où les déficits (perte de motricité et de sensibilité) se trouvaient du côté opposé à la lésion cérébrale. D'autres passages du texte font état de lésions dues à un contrecoup. Ces lacérations du tissu cérébral résultent du fait que le cerveau heurte la paroi du crâne du côté opposé au choc reçu sur la boîte crânienne ; on se trouve alors souvent en présence de symptômes bilatéraux. Beaucoup d'observations ont une précision clinique remarquable. À titre d'exemples, mentionnons la description d'une surdité unilatérale symptomatique d'une fracture de la partie interne de l'os temporal, une hémiplégie spasmodique consécutive à une lésion crânienne et caractérisée par ce double fait que « le blessé a les ongles au milieu de la paume » et « marche en traînant la plante du pied ». Notons finalement un cas d'aphasie causée par une perforation de l'os temporal et où l'on retrouve la recommandation suivante : « si vous appuyez vos doigts sur la bouche de cette blessure et que le patient se met à frissonner ; si vous lui parlez de sa maladie et qu'il ne vous répond pas, alors que de nombreuses larmes coulent de ses yeux [...] il s'agit là d'une affection à ne pas traiter[4] ».

Comme on peut le constater, l'exposé de chaque cas était fait selon un plan d'une logique et d'une cohérence remarquables. Le pronostic était l'un des trois suivants : favorable (« c'est un mal que je traiterai »), douteux (« c'est un mal que je combattrai ») ou défavorable (« c'est un mal que je ne traiterai pas »). Cette méthode de classement des maladies est en quelque sorte un système de triage comme celui qui prévaut dans les hôpitaux d'aujourd'hui. Cependant, les médecins d'alors n'étaient pas très interventionnistes et les traitements préconisés reflétaient le curieux mélange de mythologie et de croyances religieuses complexes dans lequel baignait la médecine égyptienne au temps des pharaons. Tout en récitant des prières dédiées aux nombreux dieux du panthéon pharaonique, on appliquait sur les blessures ouvertes de l'huile à base de matières grasses extraite de la chair de lions, d'hippopotames ou de crocodiles ; on allait même jusqu'à utiliser des médicaments à base d'urine et de fèces.

Bien que l'auteur du papyrus ait été un observateur perspicace pour son époque, sa connaissance du fonctionnement du système nerveux était plus que rudimentaire. D'ailleurs, pour la grande majorité des Égyptiens de l'époque pharaonique, la conscience et l'intelligence relevaient du cœur et non du cerveau. Ils ne faisaient pas la différence entre tendons, nerfs et vaisseaux sanguins ; ils utilisaient le terme *metu*, signifiant canal, pour désigner ces entités morphologiques différentes qui, selon eux, formaient un réseau très complexe mettant le cœur en contact avec les autres organes du corps. Les *metu* servaient à transporter l'air, le sang, le mucus et les produits solides. Bien que chacun de ces canaux et organes ait été important, comme on l'a vu pour le cerveau, tous ces *metu* étaient, en dernier lieu, au service de l'organe qui régnait sur tous les autres : le cœur qui palpitait au centre du corps.

Pour les Égyptiens, le corps humain était étroitement associé à la terre fertile du Nil avec ses bassins, ses digues et ses nombreux canaux. Sachant très bien que la sécheresse et les inondations pouvaient amener le peuple au bord de la famine, ils croyaient que le même type d'excès pouvait dérégler le corps humain. Selon eux, la maladie résultait du fait que certains canaux corporels étaient soit obstrués, soit trop grand ouverts. On procédait donc fréquemment à des saignées ou à des purgations afin de tenter de rétablir l'équilibre, mais le plus souvent on faisait appel à la magie et aux forces surnaturelles afin d'exorciser le malade.

D'après les écrits de l'époque, principalement ceux d'Hérodote (v. 450 av. J.-C.)[5], le célèbre historien grec qui avait beaucoup voyagé en Égypte et connaissait bien les procédures d'embaumement, le cœur était l'organe suprême pour les Égyptiens. Lors de la momification, on accordait donc une grande importance au cœur qui devait accompagner le défunt dans l'au-delà. En revanche, on ignorait le cerveau auquel on préférait les organes comme le foie, les reins et l'estomac. Parce que l'on croyait que le cerveau était sans importance pour la vie après la mort, on l'extirpait par une ouverture pratiquée au niveau du nez ou par le *foramen magnum* situé à la base de la cavité crânienne, et l'on remplissait simplement cette dernière avec des bandes de tissus trempées dans de la résine.

Asclépios : médecine et mythologie grecques

Comme leurs vis-à-vis Égyptiens, les Grecs de l'époque archaïque (v. 800-500 av. J.-C.), contemporains du célèbre chroniqueur Homère, considéraient le cœur comme le siège de l'âme et le centre de contrôle de l'ensemble des activités corporelles. La religion occupait alors une très grande place dans la vie des citoyens grecs qui se croyaient directement sous l'emprise

Figure 1-4. Asclépios, Musée national archéologique d'Athènes. Comme d'habitude, Asclépios est représenté ici avec son bâton autour duquel est enroulé un serpent.

du caprice des dieux. La redoutable colère de ces derniers pouvait se traduire par de nombreuses maladies ainsi que des épidémies meurtrières.

Dans la mythologie grecque, Asclépios (figure 1-4) est considéré comme le dieu de la médecine. Fils d'Apollon – lui-même fils de Zeus et de la nymphe Coronis –, Asclépios avait appris la médecine auprès du centaure Chiron, qui fut aussi chargé de l'éducation d'Achille et de Jason. Asclépios était aidé dans son travail de guérisseur par deux de ses filles : Panacée, qui possédait la connaissance des remèdes, et Hygie, qui excellait dans la prévention des maladies. Asclépios était si habile dans l'art de guérir qu'il pouvait, à l'occasion, ramener à la vie un homme qui venait d'être plongé dans le royaume des morts. Zeus fut très irrité par ce type de transgression de la part de son petit-fils et il finit par ramener l'habile guérisseur au royaume des dieux après avoir mis un terme à son séjour terrestre en le foudroyant d'un

éclair. Asclépios est en fait le résultat de l'assimilation par les Grecs d'Imhotep, le grand prêtre guérisseur de l'Égypte pharaonique. À son tour Asclépios sera assimilé plus tard par les Romains sous le nom d'Aesculapius (Esculape).

On sait aujourd'hui que le mythe d'Asclépios repose, du moins en partie, sur une base historique. Il semble qu'un personnage du nom d'Asclépios ait vraiment existé à l'époque de la guerre de Troie, soit il y a environ 1 200 ans avant notre ère. Il s'agissait du chef de guerre thessalien dont les qualités de guérisseur sont vantées par Homère dans l'*Iliade*. Avec le temps, le mythe d'Asclépios s'amplifia et se répandit dans toute la Grèce antique. Il devint progressivement un véritable dieu et l'on commença à édifier des temples – les *asclépieions* – en son honneur. Le plus célèbre asclépieion se trouvait à Épidaure. Ce sanctuaire comprenait, dans une vaste enceinte, outre le temple principal, de nombreux édifices, dont plusieurs autres temples (dédiés à Apollon, Artémis, Aphrodite et Thémis), des bâtiments de service pour l'accueil des malades, des portiques et des thermes. Hors de l'enceinte, se trouvaient un théâtre pouvant accueillir près de 15 000 spectateurs, un gymnase, une palestre et un stade.

Les blessés et les malades qui étaient admis dans ces temples devaient passer par différents rites purificatoires et participer à des cérémonies sacrées présidées par les *prêtres asclépiades*, dont le nom signifiait « fils du dieu de la médecine ». Après avoir revêtu des vêtements de lin blanc, les patients étaient conduits dans le grand hall de ces temples, que l'on appelait *ábaton*, où on leur demandait de se reposer et de dormir. On croyait alors qu'Asclépios lui-même, ou un membre de sa famille proche, ou même son serpent sacré, viendrait visiter les patients qui rêvaient d'une guérison par un simple toucher. Pour faire encore plus vrai, les grands prêtres de ces temples s'affublaient souvent comme Asclépios, ou comme sa fille Hygie, et ils laissaient circuler un chien spécialement entraîné ou un serpent inoffensif dans quelques-unes des chambres de repos.

Il semble que les conseils prodigués et les traitements administrés par les grands prêtres aux patients séjournant dans les temples eurent un certain succès. Cependant, on ne saura jamais si les effets de ces soi-disant traitements étaient le résultat d'un processus de suggestions, de changements dans la diète ou le simple fait de séjourner dans un lieu tranquille et propice au recueillement. Toujours est-il que les succès les plus retentissants, y compris la guérison de la cécité, de l'aphasie et de la paralysie, étaient soigneusement consignés sur des tablettes que l'on se faisait un plaisir de montrer aux visiteurs. Dans la plupart des représentations d'Asclépios, le dieu tient un bâton autour duquel est enroulé un boa inoffensif. Aujourd'hui, le bâton entouré d'un serpent (caducée) représente toujours le symbole de la profession médicale. Les Grecs de la période archaïque voyaient le serpent comme un animal sacré possédant les vertus curatives de la terre. De plus, comme le serpent se régénère en changeant de peau lors de la mue, il était considéré comme un symbole de vie éternelle.

Hippocrate de Cos

Le Ve siècle avant notre ère, le grand siècle de Périclès (v. 495-429 av. J.-C.), marque sans aucun doute l'apogée de la civilisation grecque. C'est durant cette période faste pour les arts et les sciences que naît Hippocrate en

Figure 1-5. Hippocrate, musée du Capitole à Rome.

460 avant J.-C. dans l'île de Cos, en Asie Mineure. Hippocrate (figure 1-5) appartenait à une grande famille de prêtres asclépiades qui descendaient du dieu Asclépios ; déjà Hippocrate l'Ancien, grand-père d'Hippocrate, avait enseigné l'anatomie, et Héracléidas son père, la diététique. Le grand Hippocrate, le *père de la médecine*, fit la synthèse de toutes les connaissances antérieures, écrivit une œuvre immense, et porta son enseignement dans toutes les parties du monde antique. Il fut en effet le *périodeute*, le professeur errant de cité en cité. On le représentait avec le chapeau et le bâton, emblèmes des voyageurs. Il visita l'Égypte, la Grèce, la Sicile et il enseigna à Larissa, en Thessalie. Il parcourut aussi l'Afrique et il se trouvait à Athènes lors de la fameuse peste de 431, dont Périclès fut victime. Hippocrate a eu deux fils, une fille et de nombreux petits-fils, qui prirent tous le nom d'Hippocrate (Hippocrate III jusqu'à Hippocrate VII) et furent tous médecins. Sa vie dura 80 ans et même plus selon certaines sources ; il mourut à Larissa en Thessalie, quelque part entre 375 et 351 avant notre ère[6]. Quatre siècles plus tard Galien dira de lui qu'il était le médecin idéal.

À la mort d'Alexandre le Grand en 323 av. J.-C., l'Égypte revient à l'un de ses généraux, Ptolémée, qui se fait couronner pharaon en 305 av. J.-C. sous le nom de Ptolémée Ier Sôter (« le Sauveur »). Il installe sa capitale dans une ville fondée par Alexandre sur l'emplacement d'un petit port méditerranéen, qui s'appelle depuis Alexandrie. Ptolémée Ier met tout en œuvre pour faire de cette ville l'un des grands foyers culturels de l'Antiquité et l'une des métropoles économiques les plus prospères du monde hellénistique. Il fonde une vaste institution d'enseignement et de recherche – au sens moderne du terme – comprenant un musée, de nombreuses salles de cours, des laboratoires et une bibliothèque qui, à l'époque des deuxième et troisième souverains de la dynastie, sera devenue gigantesque ; certains historiens diront qu'à son apogée la bibliothèque d'Alexandrie contenait environ 800 000 ouvrages[7].

Ptolémée Ier avait ordonné aux savants œuvrant à sa toute nouvelle bibliothèque de réunir tous les documents concernant la connaissance humaine. Dans ce contexte, les travaux d'Hippocrate étaient évidemment très recherchés. On répertoria une très grande quantité de documents divers reliés de près ou de loin à Hippocrate et on a réuni ces textes sous le terme de *Corpus hippocraticum* ou *Collection hippocratique*[8]. Il s'agit d'un ensemble très hétéroclite comprenant pas moins de 60 ouvrages, allant de manuels de médecine, de discours, de notes diverses, de lettres et de livres, incluant la célèbre série des *Épidémies* (*Epidemios*). Ce dernier traité comprend en fait sept livres consacrés à la santé de diverses populations vivant dans des régions bien spécifiques de la Grèce et ailleurs dans le monde et dans lesquels on met l'accent sur l'importance du climat et de la qualité de l'environnement sur la santé des individus. L'examen attentif de ces sept livres révèle qu'ils ne sont pas du même auteur, comme c'est le cas pour l'ensemble de la *Collection hippocratique*. Les experts s'entendent pour dire qu'Hippocrate pourrait être l'auteur des livres I et III des *Épidémies* mais, pour ce qui est du reste de la *Collection hippocratique*, la question de la contribution exacte du célèbre médecin grec est toujours chaudement débattue[6].

La *Collection hippocratique* contient évidemment les *Aphorismes*, le traité de la *Collection* qui a été le plus lu, le plus commenté et le plus cité. Jacques Jouanna, spécialiste de la médecine grecque à la Sorbonne, rappelle que le traité des *Aphorismes* fut le bréviaire des médecins jusqu'au XVIIIe siècle[6]. Il est connu de tous par le début du premier aphorisme : « La vie est brève, l'art est long. » La *Collection* comprend aussi le célèbre *Serment* qui n'a probablement pas été écrit par Hippocrate lui-même, mais qui nous donne tout de même une idée de la philosophie et de l'éthique sous-tendant la médecine hippocratique. Cependant, la gloire de la *Collection hippocratique* repose sur les nombreuses observations précises et les commentaires appropriés qui ont pour but d'aider le médecin à prévenir, diagnostiquer et traiter la maladie, tout en se laissant guider par la nature et non par la religion ou la mythologie. On retrouve dans la *Collection hippocratique* plusieurs références à des convulsions, des paralysies et autres troubles du système nerveux et la médecine hippocratique plaçait le cerveau au centre de l'économie corporelle.

Dans un des traités de la *Collection hippocratique* intitulé *Plaies de la tête*, on spécifie que la craniotomie pouvait restaurer l'équilibre humoral en procurant une voie de sortie aux humeurs accumulées dans la boîte crânienne. Dans les faits, cette trépanation permettait tout simplement une baisse radicale de la pression intracrânienne et pouvait effectivement réussir à sauver la vie du malade. Dans un autre traité hippocratique intitulé *Maladie sacrée*, on décrit l'épilepsie comme une maladie qui résulte d'une dysfonction cérébrale et l'on précise que le nom qu'on lui a attribué n'a rien à voir avec les dieux ou les démons. Hippocrate écrivait : « Aucune maladie n'est plus divine ni plus humaine qu'une autre ; elles ont toutes une cause naturelle sans laquelle aucune maladie ne peut se produire[6]. »

Selon toute évidence, les médecins qui ont participé à l'écriture de la *Collection hippocratique* n'étaient pas de très grands anatomistes. Ils semblaient peu familiers avec le démembrement de cadavres humains, une activité très mal vue à l'époque. Pourtant, quelque temps auparavant, le pythagoricien Alcméon de Crotone effectua des dissections qui sont parmi les plus anciennes à être rapportées par écrit. Ces travaux lui permirent de décrire, entre autres, le nerf optique et de proposer l'hypothèse selon laquelle le cerveau est l'organe central de la sensation et de la pensée. À son tour, Anaxagore (v. 500-428 av. J.-C.), fondateur de l'école d'Athènes, proposa que le cerveau était l'organe de l'esprit. Malgré ce changement important de paradigme, les contemporains d'Alcméon définissaient le cerveau en termes aussi vagues que celui de moelle du crâne utilisé auparavant par les Égyptiens de l'époque pharaonique. Le mot grec le plus couramment utilisé alors était *egkephalos*, qui veut dire « ce qui est contenu dans la tête » (*kephalos*) et d'où est tiré le terme encéphale.

À part les tentatives isolées d'Alcméon au Ve siècle av. J.-C., la dissection systématique du corps humain ne semble avoir débuté qu'au IIIe siècle avant notre ère à Alexandrie en Égypte, sous la dynastie des Ptolémées. Hérophile de Chalcédoine (v. 335-280 av. J.-C.), que l'on qualifie de père de l'anatomie, et Érasistrate de Céos (v. 310-250 av. J.-C.) y fondent l'école d'Alexandrie qui sera dominée, en grande partie, par la philosophie stoïcienne qui enseignait le mépris du corps. Le savoir d'Hérophile et d'Érasistrate reposait sur des notions acquises au cours de centaines de dissections de cadavres humains et même de criminels vivants qui leur étaient fournis par les dirigeants politiques soucieux de collaborer avec les scientifiques de l'époque.

Hérophile, admirateur et disciple d'Hippocrate, s'est particulièrement intéressé au cerveau. Outre les hémisphères cérébraux, il a décrit différentes structures cérébrales, dont le cervelet, les vaisseaux situés à la base du cerveau ainsi que les cavités ventriculaires. L'étude des ventricules cérébraux l'a mené à formuler l'idée que le ventricule postérieur (quatrième ventricule) est le siège « du principe dominant de l'âme ». Hérophile semble avoir émis cette hypothèse étonnante après s'être rendu compte du fait que plusieurs nerfs moteurs émergeaient près du quatrième ventricule, lui-même situé près de la moelle épinière. De plus, il semble être le premier a avoir tenté de distinguer les nerfs des tendons et les nerfs moteurs des nerfs sensitifs. Il a aussi décrit certaines parties de l'œil.

Pour sa part, Érasistrate s'est surtout fait connaître par ses études comparatives du cervelet et du cerveau chez différentes espèces. Il associait la grosseur du cervelet au mouvement et surtout à la possibilité de courir rapidement. Il a aussi établi un parallèle entre la complexité des circonvolutions cérébrales et le niveau d'intelligence. En plus, on attribue à Érasistrate l'idée que les nerfs étaient des structures tubulaires transportant les esprits animaux (ou pneuma). Ce concept sera repris quelque 400 ans plus tard par Galien et il persistera jusqu'au XVIIIe siècle. Les écrits d'Hérophile et d'Érasistrate n'ont malheureusement pas survécu.

La théorie humorale

Très tôt dans la pensée grecque, les questions de santé et de maladie du corps furent intimement associées à la théorie des éléments fondamentaux. Ces correspondances entre les éléments constitutifs du cosmos (macrocosme) et ceux du corps humain (microcosme) et cette vision de l'homme comme abrégé de l'univers furent initialement suggérées par de grands philosophes ayant vécu dans différentes villes situées le long du littoral asiatique de la mer Égée et qui faisaient partie de ce que l'on appelait alors l'Ionie. Le chef de file de ces philosophes ioniens est sans contredit Thalès de Milet (v. 655-547 av. J.-C.). Éduqué par des grands prêtres égyptiens à Memphis et considéré comme l'un des sept grands sages de la Grèce, Thalès prônait l'idée, d'origine orientale, que l'eau est l'élément fondamental de toute chose. Pour sa part, Anaximandre (v. 610-546 av. J.-C.), élève de Thalès, adopta une autre notion ancienne d'origine mésopotamienne, soit l'idée que toute matière est faite d'eau et de terre fusionnée par le soleil. Une troisième substance, l'air, fut considérée comme l'élément fondamental par Anaximène (v. 550-480 av. J.-C.), élève d'Anaximandre. Pour sa part, Héraclite d'Éphèse (v. 576-480 av. J.-C.), le physicien poète, croyait que le feu était l'élément fondamental du cosmos.

Au VIIe siècle avant notre ère, un phénomène intellectuel d'une portée considérable s'accomplit : le centre de la culture intellectuelle grecque migre d'Ionie vers la Sicile, où l'école italique fit briller les noms de Pythagore (v. 580-489 av. J.-C.), d'Alcméon de Crotone (Ve siècle av. J.-C.) et d'Empédocle d'Agrigente (v. 490-430 av. J.-C.), qui exercèrent une influence prépondérante sur l'évolution de la médecine. À Crotone, Pythagore propose l'idée que le mélange d'eau, de terre, d'air et de feu, qu'il considérait comme des éléments ou principes interchangeables, est à la base de tout ce qui existe dans l'univers, y compris, bien sûr, le corps humain. C'est cependant à Empédocle, qui était fasciné par les idées pythagoriciennes, que revient le plus souvent le mérite d'avoir énoncé et développé la *théorie quaternaire des éléments* de base (air, feu, terre et eau), qui guida toute la pensée médicale grecque, romaine et médiévale.

Au début, on a associé à chacun des éléments fondamentaux une qualité précise, soit l'humide, le sec, le chaud et le froid. Ces qualités étaient en fait des entités opposées (humide – sec, chaud – froid). Au début du IIIe siècle avant notre ère, on associa à chaque élément fondamental deux qualités : l'air fut alors associé à l'humide et au chaud, le feu au chaud et au sec, la terre au sec et au froid, et l'eau au froid et à l'humide. Sous Hippocrate, chaque élément allait être lié à un fluide corporel spécifique qu'on appela « humeur ». La notion des quatre éléments fondamentaux (air, feu, terre et eau) et leurs qualités respectives (le sec, le chaud, le froid et l'humide) continua à prendre de l'expansion du vivant d'Hippocrate. D'ailleurs, très tôt dans la *Collection hippocratique*, on retrouve le feu, l'air et la terre, associés respectivement à la bile (bile jaune), au sang et au phlegme (ou pituite). La bile noire (ou atrabile), à laquelle on associera l'élément terre et les qualités de froid et d'humide, viendra s'ajouter à la *Collection* un peu plus tard. Le sang deviendra rapidement associé au cœur, la bile noire à la rate, la bile jaune au foie et le phlegme au cerveau.

Une théorie humorale s'échafaude progressivement afin d'expliquer et de traiter les maladies. La médecine hippocratique conçoit la maladie comme le résultat d'un déséquilibre dans le mélange des quatre humeurs, déséquilibre qu'il faut absolument corriger si l'on veut recouvrer la santé. Cette dernière, que l'on appelle parfois *eucrasie*, est vue comme le résultat de l'équilibre harmonieux des humeurs, alors que la maladie reflète un déséquilibre dans ce mélange d'humeurs. La prédominance d'une humeur sur les autres dans l'organisme détermine un tempérament et la maladie (*dyscrasie*) apparaît lorsque cette prédominance devient excès. On aura alors recours à la saignée, la purgation, le jeûne, ainsi qu'à plusieurs autres procédures afin de rétablir l'équilibre brisé. Cette fameuse théorie des quatre humeurs – sang, phlegme, bile jaune et bile noire –, que toute la pensée occidentale, depuis Galien, a considérée comme la pierre angulaire de l'enseignement d'Hippocrate, est exposée dans un traité de la collection hippocratique intitulé *Nature de l'homme*. Cependant, les écrits d'Aristote (v. 384-322 av. J.-C.) nous indiquent que c'est à un certain Polybe, disciple et gendre d'Hippocrate, que l'on doit cet ouvrage et non à Hippocrate lui-même[6,9]. Il semble donc que l'on ait attribué au maître ce qui appartenait au disciple.

La doctrine des tempéraments, que l'on retrouve dans la *Collection hippocratique* et qui sera plus tard reprise et davantage élaborée par Galien et ses disciples du Moyen Âge, naît de la notion d'interaction possible entre l'univers et l'homme. À une saison, à un climat donné, correspondent, chez tous les hommes qui en dépendent, des affections spécifiques. Le tempérament de chaque individu change à tout instant et Hippocrate compare l'homme aux saisons, indiquant par là que tout dans la nature, l'histoire, l'homme, l'univers, passe par des phases de naissance, de croissance, de maturité et de mort. Ainsi s'élabore un schéma rationnel que l'on peut étendre à volonté afin de répondre à divers états et circonstances : les quatre humeurs (sang, bile jaune, bile noire et phlegme) peuvent être reliées aux quatre saisons de l'année (printemps, été, automne et hiver), aux quatre âges de l'homme (enfance, jeunesse, âge mur et vieillesse), aux quatre qualités primaires (humide, chaud, sec et froid) et aux quatre éléments fondamentaux (air, feu, terre et eau) (figure 1-6). Les érudits du Moyen Âge y ajouteront les

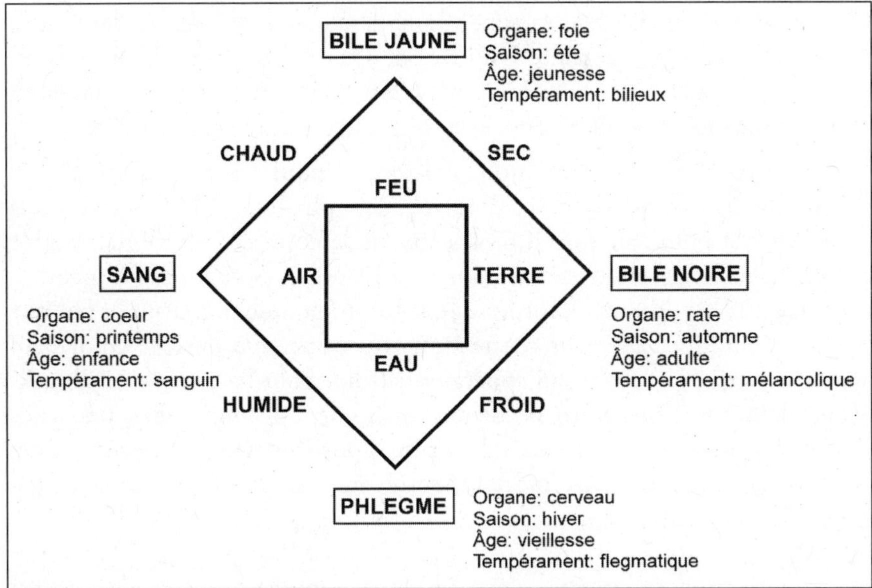

Figure 1-6. Schéma du système humoral décrit dans *Nature de l'homme*, un des traités de la Collection hippocratique. Certaines notions provenant de la médecine galénique et médiévale, principalement celles concernant les relations avec les tempéraments, ont été ajouté.

quatre tempéraments (sanguin, bilieux, mélancolique et flegmatique) que l'on utilise toujours de nos jours, ainsi que les quatre évangélistes et les quatre tonalités musicales principales. Il s'agit d'un schéma d'une grande valeur explicative, capable d'infinies variations, difficile à prendre en défaut et correspondant souvent aux observations cliniques. Il allait influencer toute la médecine occidentale pendant des siècles à venir.

Le cœur ou la tête ?

Démocrite de Thrace (v. 460-370 av. J.-C.) – un contemporain d'Hippocrate à qui l'on attribue la notion d'atome –, et le célèbre philosophe Platon (v. 429-348 av. J.-C.) croyaient en une âme triple. Une partie de cette âme – l'âme rationnelle –, était située dans la boîte crânienne et s'occupait de l'intellect. Une autre partie – l'âme irascible – se trouvait dans le cœur (viscères thoraciques) et s'occupait de sentiments comme la colère, la peur, l'orgueil et le courage. La troisième partie de l'âme – l'âme concupiscente – siégeait au niveau du foie ou de l'intestin (viscères abdominaux) et présidait aux destinés de la luxure, de l'avidité, du désir ainsi qu'aux basses passions qui leur sont associées. Démocrite pensait que l'âme tripartite périssait à la mort de l'individu. Pour sa part, Platon considérait immortelle l'âme intellectuelle et rationnelle, contrairement aux deux autres formes de l'âme souveraine qu'il croyait mortelles. Les idées de Démocrite et de Platon se trouvent donc à mi-chemin entre la vision cérébrocentrique d'Hippocrate et les vues cardiocentriques d'Empédocle et de plusieurs autres philosophes.

Bien que disciple de Platon, Aristote n'épousa pas la vision de son maître quant au siège de l'esprit. En effet, le plus grand philosophe de la nature que la Grèce ait connu professait que le cœur était le véritable siège des fonctions intellectuelles, incluant la perception. Son adhésion inconditionnelle à la vision cardiocentrique reposait en grande partie sur le fait que le cœur était situé en plein centre de l'organisme. De plus, le cœur était chaud alors que le cerveau lui apparaissait froid. Pour les Grecs de l'époque, le chaud était une qualité de beaucoup supérieure au froid, puisqu'on l'associait à la sensation et que l'on s'en servait pour distinguer les êtres animés (vivants) des êtres inanimés (morts). Aristote fut sans doute impressionné par les battements cardiaques qu'il voyait apparaître très tôt dans l'embryon de poulet. Il est possible aussi qu'Aristote se soit laissé influencer par les cultures mésopotamienne, égyptienne, juive, hindoue, chinoise et grecque primitives qui toutes considéraient le cœur comme l'Acropole du corps.

Aristote n'a cependant pas complètement ignoré le cerveau. Il considérait que la « région du cerveau » servait à tempérer « la chaleur et l'agitation » du cœur. Parce que la température augmente et que le cerveau est « frais », le réseau de vaisseaux sanguins couvrant le cerveau est bien adapté pour agir comme un dissipateur de chaleur[10]. Mais comment interpréter le fait que le volume du cerveau, particulièrement celui des hémisphères cérébraux par rapport à celui du poids corporel, atteint son maximum justement chez l'humain, le plus intelligent des êtres ? À cela, Aristote répond que la grosseur du cerveau humain reflète le fait que l'homme est le plus chaud des êtres et que son cerveau volumineux est tout à fait adapté au besoin qu'il a de refroidir le plus rationnel des cœurs. Ce dilemme entre le cerveau et le cœur se perpétua pendant plusieurs siècles ; il en reste encore des relents de nos jours, comme en font foi les expressions *apprendre par cœur* et *le cœur a ses raisons que la raison ne connaît point*.

Galien de Pergame

Alors que s'amorce le déclin de la civilisation grecque, s'amenuise l'intérêt des dirigeants politiques pour la médecine et les sciences. Plusieurs médecins trouvent le climat politique en Grèce de plus en plus intolérable et décident de s'établir à Rome. Certains d'entre eux commencent à rivaliser avec les praticiens irréguliers qui servaient les familles des riches seigneurs romains.

Tel fut le cas de Celse (Aulus Cornelius Celsus) qui, bien que dépourvu de formation médicale, est devenu consultant pour ce qui est des questions médicales auprès des empereurs Tibère (42 av. J.-C.–37 apr. J.-C.) et Caligula (12-41). Celse, un des écrivains médicaux le plus en vue de son époque – surnommé, à juste titre, le Cicéron de la médecine –, discute spécifiquement du système nerveux dans son fameux ouvrage *De medicina*[11] considéré comme le meilleur compte-rendu de la médecine romaine dont les préceptes différaient alors très peu de ceux de la médecine grecque.

Le médecin le plus influent de l'Empire romain fut sans contredit Galien (Claudius Galenus, v. 129-200 apr. J.-C.) qui est né dans la grande cité grecque de Pergame (aujourd'hui Bergama en Asie Mineure). Son père, le riche et érudit architecte grec Nicon, eut une influence considérable sur son éducation ; c'est lui qui convainquit Galien, alors âgé de 17 ans, d'opter pour la carrière médicale. Galien (figure 1-7) suivit assidûment l'enseignement donné au célèbre asclépieion de Pergame par des médecins et philosophes appartenant à différentes sectes et écoles de pensée. Après le décès de

Figure 1-7. Galien, lithographie de Pierre Roche Vigneron, 1865, et faisant partie de la collection de l'Académie nationale de médecine de Paris.

son père, Galien se mit à parcourir la Grèce pour parfaire ses connaissances. Il étudia entre autres à Smyrne, à Corinthe et surtout à Alexandrie, où il séjourna pendant cinq ans pour se familiariser avec l'anatomie. À l'âge de 28 ans, Galien revient dans sa ville natale ; il est alors immédiatement placé à la tête du service médical des athlètes et devient chirurgien des gladiateurs. Mais après quelques années à ce poste, Galien se sent à l'étroit. Ambitieux, il entend profiter des perspectives qu'offre la capitale de l'empire. Il quitte donc Pergame vers 168 pour Rome, où il connaît une ascension fulgurante ; il devient médecin auprès de Marc-Aurèle (121-180) et de trois autres empereurs après lui[12].

Galien est l'auteur d'une importante quantité de livres traitant de philosophie, de science et de médecine, tous rédigés en grec attique. Malheureusement, plus de la moitié de ces œuvres furent perdues lors de l'incendie de sa bibliothèque personnelle en l'an 191 à Rome. Galien idolâtrait à la fois Hippocrate et Aristote et, comme ces derniers, il pensait que seul devait être reconnu ce dont on peut faire l'expérience par les sens. En plus de son travail de praticien, Galien effectue de très nombreuses études anatomiques et entreprend de remarquables expériences physiologiques qui lui vaudront le titre de fondateur de la physiologie expérimentale.

La plupart des dissections et expériences importantes de Galien ont été faites chez des bovins, bien qu'il ait aussi étudié l'anatomie et la physiologie chez beaucoup d'autres types d'animaux : chèvres, porcs, chats, chiens, belettes, singes, anthropoïdes et au moins un éléphant. La loi romaine ne permettait pas les autopsies – terme que l'on doit à Galien et qui signifie « voir de ses propres yeux » – de cadavres humains et il n'y a pas de preuve que Galien ait lui-même procédé à la nécropsie de tels spécimens, bien qu'il eût accès à deux cadavres humains desséchés[13].

Les travaux les plus remarquables de Galien traitent du système nerveux ; ils sont en grande partie consignés dans deux œuvres majeures, soit le *De usu partium* (De l'utilité des parties du corps) et le *De anatomicis admi-*

nistrationibus (Des procédures anatomiques)[14]. Dans un cours intitulé « Au sujet du cerveau » que Galien aurait donné en l'an 177 en grec à des étudiants romains et dont on retrouve le texte dans le *De anatomicis administrationibus*, Galien fournit des directives précise pour bien disséquer le cerveau.

> Des cerveaux de bœuf, préparés et dégagés de la plupart des os du crâne, sont généralement en vente dans les grandes villes. Si vous croyez qu'il y a plus d'os que nécessaire qui y adhère, demandez au boucher qui vous vend les cerveaux de les enlever [...] Lorsque le tout est adéquatement préparé, vous verrez la dure-mère [...] Après avoir examiné les parties qui le recouvrent, il est temps de disséquer le cerveau lui-même [...] Préparez des coupes droites de chaque côté de la ligne médiane jusqu'aux ventricules [...] Essayez immédiatement d'examiner la membrane qui sépare ventricule droit et ventricule gauche [le septum]. Sa nature ressemble à celle du cerveau dans son ensemble et il peut donc facilement se briser si on l'étire trop vigoureusement [...] Lorsque vous avez exposé proprement toutes les parties en question, vous observerez un troisième ventricule entre les deux ventricules antérieurs et le quatrième derrière. Vous verrez le canal [aqueduc de Sylvius] sur lequel la glande pinéale est située passant dans le ventricule au milieu[14].

Anatomie et physiologie galéniques

Malgré son immense respect pour Aristote, Galien a critiqué ouvertement certains des préceptes prônés par ce grand philosophe. Entre autres, il a rejeté l'idée aristotélicienne qui voulait que le cerveau ne serve qu'à refroidir les passions du cœur. Galien considérait cette idée complètement farfelue car, dit-il dans son *De usu partium*, « si le rôle du cerveau était vraiment de refroidir le cœur, la nature aurait alors placé ce viscère bien plus près du cœur ». Contrairement à Aristote, Galien croyait que le cerveau, et non le cœur, était l'organe de l'esprit.

Galien fut un expérimentateur hors pair et les expériences qu'il effectuait chez des animaux vivants (vivisections) étaient souvent suffisamment spectaculaires pour attirer l'attention de la famille royale et, parfois, l'empereur lui-même y assistait[13]. Lors d'une de ces séries d'expériences ayant pour but d'identifier les nerfs contrôlant la respiration, Galien fut surpris de constater que le porc chez qui il venait de couper les nerfs qu'il croyait responsables des mouvements du diaphragme cessa de grogner tout en continuant à respirer normalement. Il répéta cette expérience chez des chèvres, des chiens et même des lions qui cessèrent immédiatement de rugir, au grand étonnement du public qui assistait à ces expériences extraordinaires. Galien s'aperçut alors qu'il venait de découvrir les nerfs qui innervent les muscles du larynx et contrôlent la phonation ; il s'agit, en fait, des nerfs laryngés récurrents que l'on continue de nos jours à appeler les nerfs de Galien. Dans une autre série d'expériences célèbres impliquant des vivisections, Galien procéda à des sections de la moelle épinière à différents niveaux afin de savoir qu'elle partie du corps deviendrait paralysée suite à de telles lésions expérimentales. Il procéda aussi à de sections impliquant seulement la moitié droite ou gauche de la moelle (hémi-sections) et il nota fort justement que, dans un tel cas, la paralysie se manifeste uniquement du côté de la lésion. Il remarqua aussi que des lésions qui impliquent la partie supérieure de la moelle, soit le niveau où elle émerge de la boîte crânienne (moelle cervicale), entraîne la mort par arrêt de la respiration. En revanche, le diaphragme continue à fonctionner normalement lorsque les lésions de la moelle se situent à des niveaux inférieurs. Ces données expérimentales permettaient à Galien de mieux comprendre pourquoi un gladiateur pouvait mourir immédiatement après une blessure au cou, alors que celui qui avait été frappé plus bas pouvait continuer à respirer normalement. Galien transposait ainsi très facilement à l'homme les données qu'il avait obtenues chez l'animal. Cependant, sa méconnaissance de l'anatomie humaine due à l'impossibilité dans laquelle il se trouvait de disséquer des cadavres humains, va le conduire à des conclusions fausses quant à l'anatomie et la physiologie de l'homme, erreurs qui lui seront plus tard longtemps reprochées.

C'est dans le *De usu partium* que Galien nous présente la première numérotation systématique des nerfs crâniens ; sept paires au total, commençant par le nerf optique et s'étendant de l'avant vers l'arrière. La classification de Galien ignore complètement le nerf olfactif qui apparaissait comme le tout premier nerf dans les traités anatomiques de l'époque. Galien croyait plutôt que les odeurs inhalées par le nez allaient directement au bulbe olfactif, sous la partie antérieure du cerveau et de là vers les ventricules cérébraux. Il était en cela influencé par la théorie du *pneuma*, mot grec signifiant « souffle » ou « esprit » (*spiritus* en latin) et désignant chez les stoïciens un principe de vie considéré comme cinquième élément. Ainsi, Galien pensait que le cerveau se dilatait pour laisser entrer l'air frais ainsi que les odeurs dans le système nerveux et qu'il se contractait ensuite pour les expulser.

Dans sa description du nerf optique, Galien parle de l'entrecroisement des fibres de ce nerf à la base du cerveau, à l'emplacement de ce qu'il nomme chiasma optique, nom tiré de la lettre grecque « khi » (le « X » français). Cependant, pour des raisons obscures, Galien refuse de croire que les fibres nerveuses de ce nerf croisent la ligne médiane du cerveau après avoir cheminé dans le chiasma, ce que l'on sait être le cas aujourd'hui. Galien décrivit aussi plusieurs des composantes de l'œil, comme les humeurs vitrées et aqueuses, la cornée, la lentille, la choroïde, et la sclérotique. Il fit aussi une part importante à la rétine, mais sans réaliser qu'elle était la structure réceptrice de l'œil ; comme beaucoup d'autres à cette époque, il attribuait ce rôle à la lentille. Contrairement à Érasistrate, Galien ne croyait pas que les circonvolutions cérébrales pouvaient être associées à l'intelligence. Il faisait remarquer que la surface de l'encéphale de l'âne est extrêmement compliquée, bien que cet animal soit remarquablement stupide !

Galien a compris que l'ensemble des nerfs émerge du cerveau ou de la moelle épinière, ou s'y termine. Il a su différencier les voies sensitives des voies motrices, ainsi que l'avaient fait ses prédécesseurs à Alexandrie. Il suggéra que les nerfs moteurs se rendent au cervelet, et les nerfs sensitifs au cerveau proprement dit. S'appuyant sur l'idée que les nerfs sensitifs devaient être plus tendres que les nerfs moteurs s'ils voulaient conserver les impressions sensorielles, il pensait que ces nerfs devaient se terminer dans l'encéphale dont il trouvait la texture plus délicate que celle du cervelet. En revanche, les nerfs moteurs, plus durs, devaient forcément émerger du cervelet. D'autres textes de Galien concernent le système nerveux autonome, dont il décrit assez précisément la chaîne sympathique, les rameaux communicants et les ganglions autonomes. À tort, il considérait le tronc de la chaîne sympathique comme l'une des trois branches du sixième nerf crânien. D'un point de vue plus physiologique, il traite de la façon dont pouvaient interagir les esprits vitaux qui voyageaient dans le système nerveux autonome ; il développe alors le concept de sympathie d'où est tiré le nom de système nerveux sympathique.

Galien s'éloigne d'Hippocrate en ce qu'il fut un théoricien adaptant à sa théorie les faits observés. Néanmoins, Galien reprendra à Hippocrate et à ses prédécesseurs plusieurs notions, dont celle des quatre éléments ou principes, pour nous offrir ce qui est peut-être la première théorie globale de l'organisation anatomique et fonctionnelle du cerveau, théorie qui survivra jusqu'au XVIIIe siècle. Galien épousait, du moins en partie, la théorie de Platon qui croyait à l'existence de trois organes fondamentaux – le foie, le cœur et le cerveau –, chacun associé à des formes différentes de l'esprit (ou âme). Il fusionna alors ce concept platonicien avec la théorie de l'école des pneumatistes d'Érasistrate, qui affirmait que les esprits ou pneuma voyageaient vers et à partir des cavités ventriculaires du cerveau en circulant à l'intérieur des nerfs qui étaient conçus comme de petites canalisations.

Galien décrivit ainsi trois types d'esprits : l'esprit naturel (ou pneuma physique), l'esprit vital (ou pneuma zootique) et l'*esprit animal* (ou pneuma psychique). L'esprit naturel est, selon Galien, étroitement associé au foie et à sa vascularisation et sert à réguler la nutrition, les fonctions végétatives et autres besoins fondamentaux. L'esprit vital, pour sa part, naît lorsqu'une partie du sang atteint le cœur et se convertit au contact de l'air frais des poumons. L'esprit vital, d'un niveau déjà plus élevé que l'esprit naturel, génère la chaleur interne du corps et est en partie responsables de nos émotions. Finalement, l'esprit vital est à son tour converti en esprit animal qui représente l'élément essentiel de la vie spirituelle. Cette dernière transformation s'effectue dans le *rete mirabile* (réseau admirable), un plexus vasculaire situé autour de la glande pituitaire (pituite ou phlegme) à la base du cerveau, ou dans les parois des ventricules antérieurs du cerveau où se trouvent les plexus choroïdiens qui sécrètent le liquide céphalorachidien dans les ventricules cérébraux. Dans le *De usu partium*, Galien compare le *rete mirabile* à « plusieurs filets de pêcheurs tendus les uns sur les autres », de sorte « que toujours les mailles de l'un sont attachés aux mailles de l'autre et qu'on ne saurait prendre l'un des filets sans l'autre[14] ». Selon Galien, les esprits animaux étaient emmagasinés dans les ventricules jusqu'à ce qu'ils soient appelés à entrer en jeu par le cerveau. Au besoin, les esprits animaux envahissaient l'espace vide au centre des nerfs pour faire bouger les muscles ou, à l'inverse, pour transmettre les sensations de l'œil, de la langue, de l'oreille et de la peau vers le cerveau.

La physiologie galénique est donc fondée sur le savoir accumulé, la critique fine des découvertes antérieures et sur la dissection, mais elle est aussi le résultat d'une combinaison complexe d'héritages, d'observations et de découvertes, dont le cœur semble avoir été l'emprunt à Hippocrate – probablement à Polybe – de la théorie des humeurs, qu'il poussera à son extrême limite. D'après Galien, il y aurait prédominance de telle ou telle humeur selon les âges de l'homme et les saisons de l'année : le sang au printemps et dans l'enfance ; la bile jaune en été et dans la jeunesse ; la bile noire en automne et dans l'âge mûr ; le phlegme en hiver et dans la vieillesse (figure 1-6). Pour Galien, la prédominance d'une humeur explique qu'il soit possible de distinguer quatre tempéraments : sanguin, flegmatique, cholérique (ou bilieux) et mélancolique[15].

Galien déclara qu'aucune blessure ne pouvait affecter la sensation ou le mouvement que si elle pénétrait jusqu'aux ventricules où résident les esprits animaux. Cependant, s'étant rendu compte qu'une blessure confinée au tissu cérébral pouvait quand même affecter l'esprit, il précisa plus tard dans ses *Commentaires sur Hippocrate et Platon* que, bien que les esprits animaux représentent l'instrument de l'âme, le siège de l'âme supérieure et de l'intellect doit être dans le cerveau lui-même. Il suggéra que les esprits animaux ne voyagent pas que dans la direction des ventricules vers les nerfs, mais se propagent aussi des ventricules vers le cerveau. Il alla jusqu'à affirmer que c'était au cours de son séjour dans la matière cérébrale elle-même que le pneuma psychique acquérait sa qualité toute spéciale. Ce parti pris tardif de Galien pour le tissu cérébral aux dépens des humeurs et des cavités ventriculaires – cette vision solidiste, dirions-nous aujourd'hui – surprend, d'autant plus que c'est la physiologie humorale galéniste qui nourrira la pratique médicale européenne médiévale et renaissante, en s'associant dès le XVe siècle à un savoir anatomique qui lui aussi émanait de l'œuvre de Galien.

Pour Galien, imagination, cognition et mémoire étaient les trois composantes de base de l'intellect. Il reconnut que ces trois divisions de l'esprit pouvaient être affectées individuellement dans différentes pathologies, mais, à ce que l'on sache de ses propres écrits, Galien n'a pas tenté de localiser ces fonctions dans des régions précises du cerveau. Ce passage sera franchi par ses successeurs au cours du Moyen Âge et de la Renaissance.

Chapitre 2

Le cerveau renaissant

> Nous affirmons qu'il existe une infinité de terres, une infinité de soleils et un éther infini.
>
> Giordano BRUNO

Après avoir vu Galien hisser la médecine à l'apogée de sa splendeur, on assiste au déclin des sciences médicales. Les causes en sont multiples, mais celles d'ordre médical concernent principalement la succession d'épidémies graves qui vont s'abattre sur la Ville éternelle et le bassin méditerranéen avec une force destructrice inconnue jusque-là. Ces épidémies de peste épouvantèrent le peuple romain qui se trouva fort désemparé face à l'impuissance du corps médical, ce qui eut pour effet d'augmenter la foi en l'intervention surnaturelle pour l'extinction de tels fléaux. L'avènement et le rapide progrès du christianisme favorisèrent cette tendance. Davantage que les scientifiques, les prêtres et autres propagateurs de la foi nouvelle s'occupèrent de médecine, érigeant en devoir absolu les soins assidus aux malades. Ils édifièrent des hôpitaux, hospices, léproseries et refuges de tout genre qui se multiplièrent dans l'ensemble du monde occidental. On assiste donc a un formidable retour en arrière ; les amulettes et les formules magiques sont désormais christianisées et le culte des Saints Guérisseurs fait son apparition[1].

La décadence de l'Empire romain a eu pour conséquence de transférer le siège de la culture médicale de Rome à Byzance, une ville qui joua un rôle crucial d'abord dans la conservation des notions médicales gréco-romaines et ensuite dans leur dissémination, tant à l'Ouest qu'à l'Est. La culture médicale byzantine elle-même ne fut pas sans éclat. On note particulièrement la contribution du médecin encyclopédiste Oribase (325-403) et celle du chirurgien et obstétricien Paul d'Égine (625-690 ?), avec qui prend fin la magnifique lignée de grands médecins qui, avec Hippocrate, ont marqué les principaux âges de la médecine grecque antique, hellénistique et byzantine. Nous quittons donc cette longue période fertile pour entrer dans l'importante phase de gestation que fut le Moyen Âge.

La théorie ventriculaire

La philosophie médiévale, telle qu'elle fut enseignée dans les écoles ecclésiastiques et les universités d'Europe du Xe au XVIe siècle, et qui, de ce fait, est appelée la *scolastique*, est entièrement dominée par la volonté d'établir une adéquation entre la philosophie grecque et la doctrine chrétienne. Étroitement liée à la théologie chrétienne, la scolastique cherche un accord entre la raison et la révélation, tel qu'enseignée par les Écritures et commentée par les Pères de l'Église. Héritière, pour l'essentiel, du christianisme, la pensée médiévale a ses racines dans une théologie qui se présente comme l'achèvement des doctrines de Platon, d'Aristote et des stoïciens. Les grands penseurs du Moyen Âge tentent surtout de concilier la philosophie païenne grecque et la pensée religieuse des trois grands monothéismes : d'abord et avant tout, celui du christianisme triomphant, mais aussi, antérieurement, celui du judaïsme et, dès le VIIe siècle, celui de l'Islam.

Ainsi, pour ce qui est du cerveau, les Pères de l'Église, aux IVe et Ve siècles de notre ère, reprirent les idées de Galien. Le seul changement conceptuel d'importance à survenir fut l'association des fonctions cérébrales aux différentes cavités ventriculaires du cerveau et non pas à la matière cérébrale elle-même. Un des premiers défenseurs de la théorie de la localisation ventriculaire des fonctions mentales fut Némésius (v. 390), évêque d'Émèse en Syrie. Dans son œuvre la plus connue, le *De natura hominis*[2] (« De la nature de l'homme », titre inspiré d'une œuvre d'Hippocrate), cet écrivain byzantin fusionne littéralement la science médicale galénique et la théologie chrétienne. Il localise la perception sensorielle dans les deux ventricules latéraux (les ventricules antérieurs, qui étaient alors considérés comme une seule entité), la cogitation ou l'intellect dans le ventricule moyen et la mémoire dans le ventricule postérieur. Némésius nous laisse croire que l'association qu'il propose entre structure et fonction est basée sur des faits cliniques solides. Selon lui, cette localisation ventriculaire rend compte des observations selon lesquelles une lésion touchant aux ventricules antérieurs affecte la sensation, mais pas l'intellect. L'esprit est altéré uniquement par des atteintes du cerveau moyen, lésions qui par ailleurs laissent la fonction de perception intacte. En revanche, lorsque le cervelet, situé à l'arrière du cerveau, est touché, seule la mémoire semble affectée, laissant l'intellect et la perception intacts.

Bien que la logique soutenant l'idée de cette localisation ventriculaire n'ait pas toujours été très bien comprise, cette théorie reçut un accueil très favorable. Elle a même été professée, avec quelques variantes, par saint Augustin (354-430), l'un des plus grands penseurs de la chrétienté. Augustin propose l'idée que la mémoire relève davantage du ventricule moyen, alors que le mouvement et la perception dépendent respectivement des ventricules postérieur et antérieur. Ayant reçu l'approbation d'Augustin, le concept de localisation ventriculaire des fonctions cérébrales devient une doctrine. On parlera désormais de la *doctrine ventriculaire* ou, mieux, de la *doctrine cellulaire*, puisque que l'on associait alors les cavités cérébrales à des cellules monacales (figure 2-1). On tentera de complexifier la doctrine en faisant

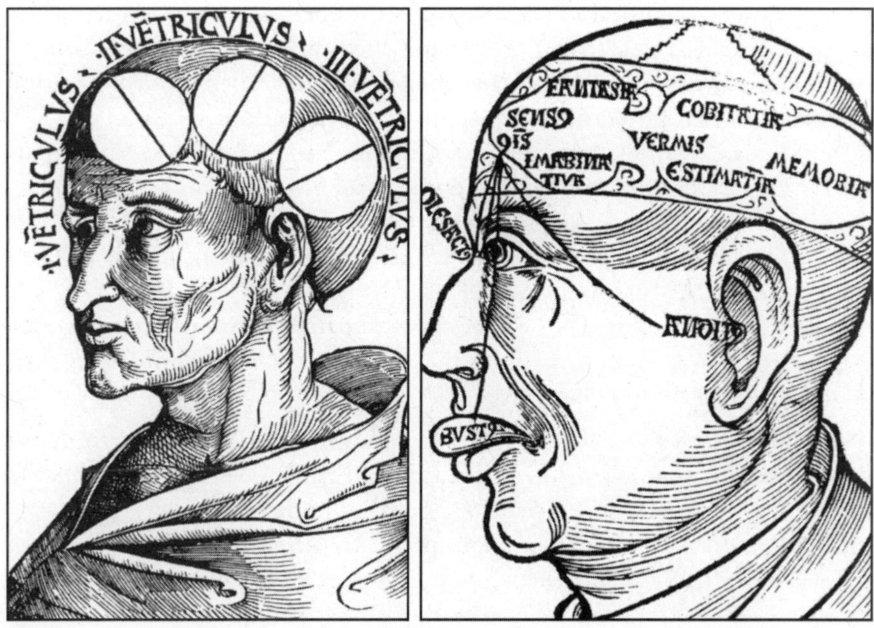

Figure 2-1. Deux gravures sur bois représentant la vision médiéviste des ventricules cérébraux et de leur rôle dans diverses fonctions mentales. La figure de gauche est tirée du *Philosophia pauperum*[3] d'Albert le Grand (Albertus Magnus, c. 1206-1280) publié à Venise en 1496, alors que celle de droite provient du *Dis ist das Buch der Cirurgia*[4] de Hieronymus Brunschwig (v. 1450-1512) paru à Strasbourg en 1497. La théorie ventriculaire représentée sur la figure de Brunschwig est plus élaborée que celle d'Albert le Grand et des traits indiquent une relation directe entre les sens (vision, goût et audition) et le ventricule antérieur (*sensus communis*).

passer le nombre de cellules de trois à cinq et en ajoutant un élément de dynamisme et de progression suggérant que les informations sensorielles sont d'abord perçues dans le ventricule antérieur, ensuite décodées dans le ventricule moyen et finalement stockées dans le ventricule postérieur. Mais, pour l'essentiel, la doctrine cellulaire des fonctions cérébrales resta intacte et domina la pensée médicale occidentale et même orientale pendant plus d'un millénaire.

L'arabisation du savoir médical

Durant le Moyen Âge, les Européens perdent progressivement contact avec les grands courants scientifiques et philosophiques de l'Antiquité. Il en va tout autrement pour les médecins et philosophes du Moyen-Orient qui, à partir de documents puisés principalement à Alexandrie, s'emparent du savoir médical gréco-romain dès les VIIe et VIIIe siècles. Ils traduisent alors l'ensemble des œuvres d'Hippocrate, d'Aristote et de Galien, entre autres, tout en enrichissant leurs propres traités médicaux à partir de ces sources classiques que l'Europe ne connaissait pas encore. La période d'arabisation du savoir médical s'étendra sur quelque 300 ans, soit du XIe au XIVe siècle. Pendant ce temps, le savoir médical classique absorbé par les Arabes parcourra un long chemin avant d'être transmis à l'Occident latin. Il cheminera d'abord d'Alexandrie à Bagdad, puis en Italie du Sud, en Sicile et en Espagne, pour arriver ensuite, déjà en versions latines, aux écoles de médecine de l'Europe occidentale : Salerne, Montpellier, Bologne, Paris[5]. Au Moyen Âge, le monde arabe se dit et se sent héritier et continuateur du monde hellénistique et, de fait, les Arabes ont été, nous dit Alexandre Koyré, « les *maîtres* et les *éducateurs* de l'Occident latin[6] ».

Les médecins arabes du Moyen Âge montrent déjà un vif intérêt pour l'anatomie et la physiologie. C'est le cas pour Rhazès (v. 860-923), Albucasis (936-1013) et Averroès (1126-1198), pour les nommer par leur nom latin, qui occupent une place prééminente parmi les auteurs arabes qui ont écrit sur le système nerveux à cette époque. Le premier travaillait en Iraq, alors que les deux autres œuvraient en Espagne mauresque. Cependant, le médecin perse Ali al-Husein ibn-Abdullah Ibn-Sina (980-1037), qui sera connu dans le monde chrétien sous le nom d'Avicenne, est probablement le plus célèbre d'entre tous. Avicenne est l'auteur d'une centaine de volumes, dont le célèbre *Canon de la médecine*, considéré par plusieurs comme le sommet de la médecine médiévale. Dans ce traité, Avicenne nous présente une synthèse remarquable des contributions médicales d'Hippocrate et de Galien, auxquelles l'auteur intègre les notions élaborées durant la période byzantine, tout en y incluant une version personnelle et relativement tarabiscotée du concept de localisation ventriculaire des hautes fonctions mentales. À ce sujet, Avicenne précise que le point de convergence de l'ensemble des sensations (en latin, le *sensus communis* ou *sensorium commune*) est localisé « dans la partie antérieure du ventricule frontal du cerveau[7] ». Immédiatement derrière cette faculté de perception « vient la faculté de représentation, localisée dans la partie arrière du ventricule frontal, laquelle préserve ce que le *sensus communis* avait reçu individuellement des cinq sens, mais en l'absence de l'objet senti[7] ». Vient ensuite « la faculté d'imagination sensorielle en relation avec l'âme animale et l'imagination rationnelle en relation avec l'âme humaine. Cette faculté est localisée dans le ventricule moyen du cerveau[7]. » Avicenne poursuit en précisant qu'« ensuite, il y a la faculté estimative localisée dans la partie la plus arrière du ventricule moyen du cerveau », le tout se terminant par « la faculté de rétention et de récollection localisée dans le ventricule arrière du cerveau[7] ». La théorie de la localisation ventriculaire des fonctions cérébrales se retrouve ainsi fixée à jamais dans un traité qui allait servir de texte de référence durant plusieurs siècles.

En 1347, la peste frappe très durement l'Europe et on estime que, durant cette seule année, la *mort noire* décima entre le quart et le tiers de la population européenne. La médecine basée sur les dogmes de l'Église et l'enseignement de Galien se montre alors totalement inefficace devant cette pandémie, ce qui souleva des doutes sérieux sur sa valeur intrinsèque. La période de réhabilitation sera longue et le renouveau nécessitera un retour au concret et à la table de dissection.

Voir de ses propres yeux

En Occident, les premières dissections de l'ère moderne auraient été pratiquées en Italie du Nord, vers les années 1270-1280. Il existe donc un hiatus d'une quinzaine de siècles sans dissection entre cette reprise et la courte période durant laquelle Hérophile et Érasistrate pratiquèrent les premières dissections de cadavres humains à Alexandrie au IIIe siècle avant notre ère. On a longtemps attribué ce vide à l'influence du christianisme, voire à une interdiction de la pratique de la dissection par l'Église ; mais la question semble beaucoup plus complexe. S'il est vrai que la notion chrétienne de l'immortalité et de la résurrection des corps implique le respect de l'intégrité du cadavre, il n'existe aucune évidence concrète que l'Église ait interdit la pratique de la dissection. D'après Rafael Madressi, il semble plutôt que le christianisme ait reçu en héritage et fait siennes les préventions et l'aversion païennes face au cadavre[5]. Toute l'Antiquité, tardive ou non, semble imprégnée de l'idée que la proximité des morts est porteuse d'impureté, une idée qui avait déjà obligé les anatomistes anciens, tel Galien, à se contenter de la dissection d'animaux. Par ailleurs, bien davantage que l'Église, ce qui s'opposait au développement de l'anatomie c'était l'orientation de la médecine vers une physiologie et une pathologie des humeurs, les difficultés techniques de la dissection et surtout un immense respect pour le savoir classique[7]. S'il n'y a pas eu de dissection pendant de longs siècles, c'est fort probablement parce qu'elles n'ont pas été jugées indispensables pour parfaire le savoir anatomique. Cependant, cette attitude change radicalement à la fin du Moyen Âge et au début de la Renaissance où l'on assiste au « réveil » de la chirurgie avec, entre autres, Guillaume de Salicet (v. 1210-1280), Henri de Mondeville (v. 1260-1320) et Guy de Chauliac (v. 1300-1368), qui réclament des connaissances anatomiques mieux adaptées et surtout plus précises[5].

Malgré l'importance de la chirurgie dans le retour à l'anatomie concrète, cette discipline cheminera largement seule ; elle ne sera réunie aux autres spécialités médicales qu'à la fin du XVIIIe siècle. De plus, le travail du chirurgien sera longtemps dévalorisé par rapport à celui du médecin, et cela en partie à cause de certaines prises de position de l'Église catholique au Moyen Âge. En effet, les édits ambigus du Concile de Latran (1139) et du Concile régional de Tours (1163) – et que l'on résume souvent, à tort, en utilisant la phrase-choc « Ecclesia abhorret a sanguine » (l'Église a horreur du sang) – furent interprétés par plusieurs comme une interdiction pour certains membres du clergé de pratiquer la médecine, principalement la chirurgie. Cette dernière discipline passa progressivement aux mains des barbiers et des bourreaux. Ces « chirurgiens de courte robe » appartenaient à une classe nettement inférieure à celle des médecins érudits. Ces derniers se distinguaient en lisant le latin et en portant de longues et riches robes (« chirurgiens de longue robe »). Ce clivage est exprimé très clairement dans les nombreuses représentations de scènes de dissection que l'on retrouve dans les traité du haut Moyen Âge et du début de la Renaissance. Les dissections avaient alors un caractère très formel. Elles étaient dirigées, la plupart du temps, par un médecin appelé *magister* ou *lector*, qui ne participait pas lui-même à la dissection. Le magister était assis sur une haute chaise, la *cathedra*, qui était habituellement placée derrière le cadavre. Le médecin lisait des versions latines des textes galéniques, alors que la dissection proprement dite était effectuée par un barbier que l'on nommait *sector*. On retrouvait aussi parfois un assistant muni d'un pointeur appelé *prosector* ou *demonstrator* et qui attirait l'attention des étudiants sur les différentes parties du cadavre que le médecin décrivait à mesure que le barbier les disséquait. Le *demonstrator* avait aussi pour tâche de traduire en langue vulgaire le discours latin que prononçait le magister du haut de sa chaire (figure 2-2).

La plupart des corps humains que l'on dissèque à cette époque sont ceux de criminels exécutés pour différents crimes majeurs. En somme, on dissèque essentiellement les cadavres de personnes qui, d'une façon ou d'une autre, ont été bannies de la société et donc plus ou moins destituées de leur statut d'homme. La dissection de ces criminels est alors perçue comme un prolongement de leur supplice et, parce que le criminel a contribué, bien involontairement il va sans dire, à l'avancée des connaissances, il retrouve un peu de son humanité perdue[5]. Les cadavres à disséquer sont fournis par des autorités civiles convaincues que le savoir est rédempteur et qu'il y a en toute chose une vérité divine à découvrir. Ces autorités exerçaient quand même un contrôle strict sur le nombre de cadavres pouvant être

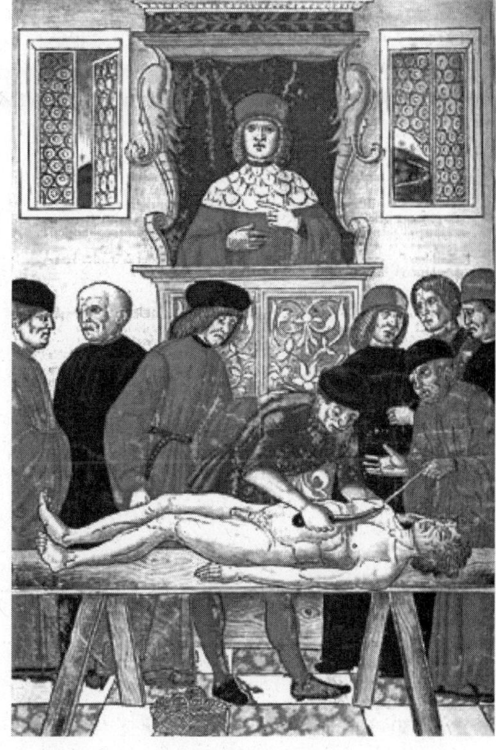

Figure 2-2. Gravure sur bois provenant du célèbre *Fasciculo de medicina*, contenant plusieurs traités médicaux du Moyen Âge, dont le célèbre *Anathomia*[8] de Mondino de' Liuzzi, et publié à Venise par G. et G. de' Gregori en 1493. On y voit une dissection anatomique universitaire typique de l'époque.

disséqués au cours d'une année. Ce contrôle s'estompe un peu lorsque l'on se rend compte que les quelques dissections que l'on effectue chaque année attirent un très grand nombre de personnes de tous les niveaux de la société, ce qui empêche même les étudiants en médecine de profiter de l'événement. En plus des autopsies pour l'enseignement médical, on commence à disséquer des cadavres afin de trouver un moyen d'enrayer les abominables épidémies qui frappaient l'Europe à cette époque, dont celle de la peste qui s'étendit de l'Asie à l'Europe en 1347. Des autopsies sont aussi effectuées pour déterminer légalement la véritable cause du décès dans certains cas de mort suspecte. On tente alors de savoir si le décès résulte de causes pathologiques et non pas de l'administration d'un poison quelconque, ou de faire la preuve qu'une blessure reçue dans une circonstance particulière est véritablement responsable de la mort ; on peut y voir là le début de la médecine légale. Même l'Église catholique réclamait parfois des autopsies, principalement pour rechercher des marques de sainteté à l'intérieur du corps en vue d'éventuels procès de canonisation.

La façon très hiérarchique de procéder aux dissections humaines dans les milieux académiques décrite plus haut allait changer du tout au tout à la Renaissance avec l'arrivée en scène de nouveaux médecins anatomistes totalement consacrés à l'étude de l'organisation morphologique de l'ensemble des organes du corps humain, y compris le cerveau.

Une transition à l'italienne

Dès la fin du XIIIᵉ siècle, Frédéric II d'Italie, reconnaissant le besoin d'acquérir de nouvelles connaissances sur les organes internes du corps humain, donne la permission aux médecins de la célèbre école de Salerne de procéder à des dissections de cadavres humains. Il décrète même que nul étudiant ne pourra pratiquer la médecine sans avoir étudié l'anatomie pendant au moins une année. L'école de médecine de Salerne devait, en partie du moins, sa réputation au traducteur prolifique que fut Constantin l'Africain (v. 1015-1087). Né en Afrique du Nord, Constantin se familiarisa avec le monde médical dans la ville de Kairouan. Il effectuera, par la suite, de longs voyages en Égypte, en Syrie et en Éthiopie, au cours desquels il développera ses connaissances linguistiques et amassera de très nombreux ouvrages de médecine, mais aussi de mathématiques et de grammaire. Il se retira au monastère du mont Cassin à quelques kilomètres de Salerne, où il commenca la production d'un corpus médical qui eut une grande influence sur l'ensemble de la médecine de l'Occident latin. Grâce à lui, Salerne deviendra, avec Tolède dans la péninsule ibérique où œuvra Gérard de Crémone (v. 1114-1187), un autre traducteur célèbre, un des centres majeurs auquel l'Occident chrétien viendra s'abreuver des connaissances médicales grecques et arabes.

C'est cependant de Bologne et non de Salerne ou de Tolède que nous arrive la première trace écrite de dissections de cadavres humains. L'école de médecine de Bologne devint célèbre dans le monde occidental peu de temps après qu'elle se joignit à la prestigieuse faculté de droit de l'Université de Bologne, vers 1260. C'est là que Guillaume de Salicet compose en 1275 sa *Cyrurgia*, dont le quatrième tome est consacré à l'anatomie, que Guillaume dit exposer *per visum et operationem*[5]. C'est aussi dans le sillage de Guillaume de Salicet que seront formés plusieurs maîtres qui effectueront des autopsies afin d'approfondir leurs connaissances anatomiques. Le plus célèbre d'entre eux sera Mondino de' Luizzi (v. 1270-1326). Titulaire de la chaire d'anatomie de l'Université de Bologne, Mondino rédigera en 1316 son *Anathomia* (le terme est de lui), un manuel de dissection rédigé à l'intention de ses élèves et dans lequel il dit avoir disséqué les cadavres de deux femmes, l'un en janvier et l'autre en mars 1315. Grâce au développement de l'imprimerie vers 1460, le texte de Mondino connaîtra une très grande notoriété et sera réédité dans plusieurs villes d'Europe de 1478 à 1550. De plus, l'*Anathomia* de Mondino, qui, à l'origine, ne contenait pas d'illustration, sera inclus dans plusieurs autres traités de médecine, dont le plus célèbre est probablement le *Fascicule de médecine*, auquel est souvent rattaché le nom de Johannes de Ketham (Hans von Kircheim), un obscur médecin allemand ayant vécu à la fin du XVe siècle. Ce traité fut publié à Venise par les frères Giovanni et Gregorio de' Gregori, d'abord en latin (*Fasciculus medicinae*) en 1491 et ensuite en italien (*Fasciculo de medicina*)[8] en 1493. Il s'agit du premier traité de médecine illustré à voir le jour ; le volume contient dix gravures sur bois d'une qualité exceptionnelle pour l'époque, dont celle qui décrit la scène de dissection médiévale illustrée plus haut (figure 2-2). Certaines illustrations sont révélatrices des croyances du monde médiéval, comme la représentation de l'homme zodiacal, où les régions et les fonctions corporelles sont reliées aux planètes qui les gouvernent et aux signes du zodiaque. Mondino reprend ici l'idée que l'homme est un abrégé de l'univers ou « microcosme ».

L'influence du monde arabe est évidente chez Mondino, dont le vocabulaire est chargé d'expressions anatomiques d'origine arabe et dont les sources sont essentiellement arabo-latines : Razès, Avicenne et Galien, pour l'essentiel. En nous proposant de disséquer les organes internes du corps humain en les regroupant en parties « animales », « spirituelles » et « naturelles », Mondino suit les préceptes de la médecine galénique. Cette proposition reflète, en effet, la subdivision galénique des fonctions qui gouvernent l'activité corporelle : animale, vitale et naturelle, dont les sièges respectifs sont le cerveau, le cœur et le foie. Ainsi, pour Mondino, les organes internes sont logés, selon leur nature et suivant l'axe vertical, dans l'une des trois cavités ou « ventres » dont le corps est constitué : le *venter superior* (cavité crânienne), le *venter medius* (cavité thoracique) et le *venter inferior* (cavité abdominale). Mondino nous suggère de commencer la dissection par le « ventre inférieur », car les organes qu'il contient sont les plus vils et donc pourrissent en premier. Il propose de disséquer ensuite le « ventre moyen », puis le « ventre supérieur », qui contient les organes les plus nobles. Cependant, le guide de Mondino nous apprend peu de choses sur le contenu du « ventre supérieur » qui n'aient déjà été décrites par Galien et ses prédécesseurs. Il nous fournit même une description détaillée du *rete mirabile*, ce plexus vasculaire situé à la base du cerveau et qui servait, selon Galien, à transformer les esprits vitaux en esprits animaux. L'existence de cette structure chez l'homme sera carrément mise en doute par ses successeurs, dont Berengario da Carpi (v. 1460-1530).

Jacopo Berengario da Carpi fut professeur de chirurgie à Bologne de 1502 à 1526. Aussi bien dans ses *Commentaria*[9] à l'*Anathomia* de Mondino de 1521, que dans son *Isagogae breves*[10] (Courte introduction à l'anatomie) de 1523, Berengario s'attarde, tout comme Mondino, à décrire le *rete mirabilis*, mais pour immédiatement préciser qu'il ne l'a jamais vu : « Istud tamen rete ego nunquam vidi ». Pour se justifier, Berengario déclare que ce sont les sens qui décident : « l'expérience sensorielle est mon guide[5] ». Pour lui, le témoignage des sens qui, en l'occurrence, consiste à exposer la structure « à la vue et au toucher » de nombreux observateurs, est ce qui en anatomie apporte la « preuve ». Il désignera sous le terme d'*anatomia sensibilis* cette méthode d'enseignement aussi bien que d'investigation[5]. Berengario innovera encore en produisant les premières « anatomies illustrées » : ses deux œuvres s'accompagnent, en effet, d'illustrations directement inspirées des textes et dessinées d'après nature, et non pas de figures ajoutées par la suite et souvent inspirées des images ornant les manuscrits médiévaux, comme c'était le cas pour les traités antérieurs. Les gravures sur bois qui accompagnent les deux textes de Berengario nous montrent des images saisissantes d'écorchés presque vivants dans un décor de paysages et de maisons lointaines. Ces illustrations tentent de masquer l'horreur du corps humain disséqué en faisant appel à différentes astuces iconographiques, comme celle du « mort-vivant » qui rabat lui-même sa propre peau. Cette voie nouvelle sera suivie par presque tous les illustrateurs anatomistes de la Renaissance.

Par ailleurs, l'*Isagogae breves* de Berengario contient ce qui est probablement la première représentation réaliste du cerveau humain. Ces illustrations complètent avantageusement les images relativement primitives que nous avaient fournies quelques années auparavant le médecin hollandais Lorenz Fries, mieux connu sous le nom de Laurentius Phryesen (v. 1480-1532). Ces illustrations, vraisemblablement parues vers 1517 sur une feuille volante, furent intégrées par la suite dans son *Spiegel der Artzney*[11], un traité de médecine populaire rédigé en allemand (figure 2-3).

Léonard de Vinci (1452-1519) est l'une des figures les plus glorieuses de la Renaissance. Ce remarquable pionnier fut tour à tour peintre, sculpteur, architecte et ingénieur et il s'intéressa de très près à l'anatomie humaine. N'ayant en main que l'*Anathomia* de Mondino de' Liuzzi, texte qu'il jugeait nettement insuffisant, Léonard décida de se mettre lui-même à la tâche en entreprenant une œuvre qui se situe à la jonction du travail artistique et de l'exploration scientifique. Il semble avoir disséqué une trentaine de cadavres entre 1487 et 1515. Ces séances de dissection eurent lieu d'abord à Milan, entre 1487 et 1492, ensuite à Florence et de nouveau à Milan, entre 1506 et 1511, et finalement à Rome de 1513 à 1516. L'historien américain des neurosciences Stanley Finger nous raconte que parmi les artistes qui assistaient alors à ses démonstrations anatomiques se trouvait le jeune Michel-Ange

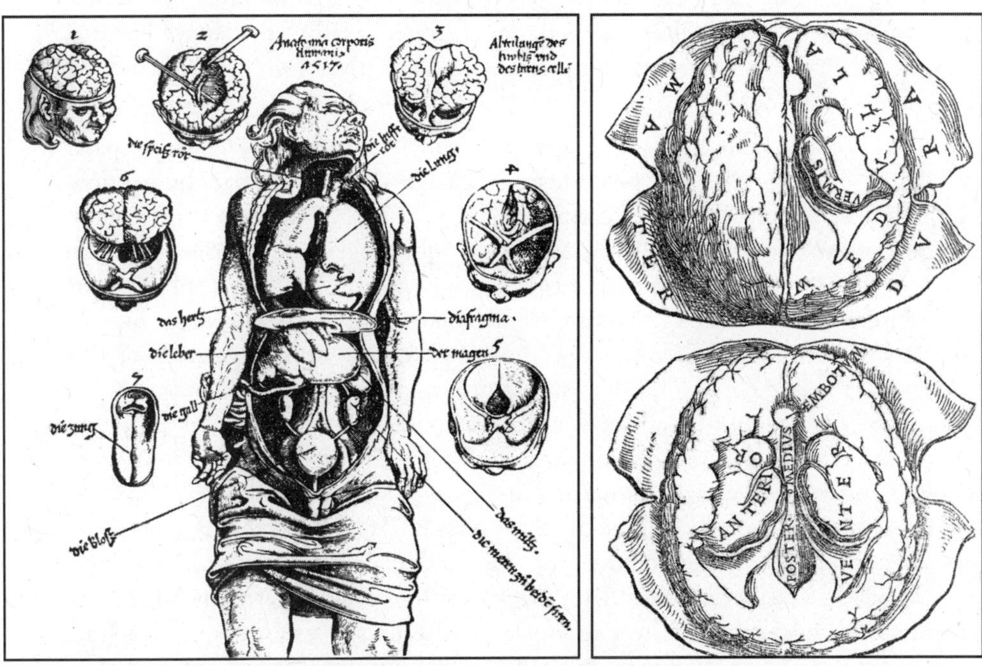

Figure 2-3. Premières images réalistes du cerveau humain d'après nature. L'illustration de gauche est tirée du *Spiegel der Artzney*[11] de Laurentius Phryesen (1532). Autour d'un cadavre humain anatomisé et dont on voit les viscères abdominaux et thoraciques, on retrouve six images (numérotées de 1 à 6) montrant le cerveau en place dans la boîte crânienne et disséqué dans le plan horizontal, allant de la surface dorsale (figure 1) aux régions les plus ventrales (figure 6). Bien que l'ouvrage dont est tiré cette gravure sur bois ait été publié en 1532, on retrouve en haut et au centre de la figure la mention suivante : « Anatomia corporis humanis, 1517 ». L'illustration de droite provient de l'*Isagogae breves*[10] de Berengario da Carpi (1523). Les images nous montrent une vue dorsale du cerveau humain pratiquement intact (figure du haut) et partiellement disséqué (figure du bas). La représentation de Berengario est beaucoup plus fidèle à la nature que celle de Phryesen. Berengario nous indique l'emplacement de la dure-mère qui enveloppe et protège le cerveau (figure du haut) ainsi que celui des ventricules cérébraux (figure du bas).

(1474-1564)[12]. Comme Léonard, Michel-Ange assouvira ses besoins de connaissances anatomiques et esthétiques en effectuant de très nombreuses dissections et s'investira dans l'écriture d'un traité d'anatomie humaine qui ne verra jamais le jour. Pour sa part, Léonard développa de nouvelles techniques de dessin, entre autres, l'utilisation d'eaux-fortes, qui lui ont permis de représenter les parties anatomiques avec la plus grande fidélité, passant du relief à la transparence, de la coupe à l'estompage des contours. De plus, il illustrera le même organe à partir de trois angles différents, ce qui aura pour effet de nous fournir une représentation tridimensionnelle de cet organe digne de celui qu'il est possible d'obtenir avec les techniques modernes d'imagerie. Ces nouvelles façons de faire lui permettront de décrire l'anatomie de certaines parties du corps humain à un niveau de précision jamais encore atteint.

Léonard était aussi un ingénieux technicien. Se basant sur ses connaissances approfondies des procédés de coulage du bronze, il entreprit une expérience originale visant à connaître la vraie forme du système ventriculaire du cerveau. Vers 1507, il injecta de la cire liquide dans le système ventriculaire d'un bovin que l'on venait tout juste d'abattre. Tout en n'oubliant pas d'insérer un tube dans le système ventriculaire afin de permettre au liquide céphalorachidien de s'écouler à mesure que la cire y entrait, Léonard laissa le temps à la cire de se solidifier, puis il pela la matière cérébrale et obtint un moulage très fidèle de la forme et du volume des ventricules cérébraux chez cet animal. Ainsi, les dissections très fouillées et les expériences anatomiques ingénieuses de Léonard nous ont apporté de précieuses informations sur l'organisation morphologique du corps humain, dont le cerveau. Cependant, les conceptions physiologiques de Léonard étaient bien en deçà de ses connaissances anatomiques. Par exemple, si l'on examine attentivement certains dessins du cerveau humain que Léonard nous a laissés, nous y trouvons une représentation du *rete mirabile* tout à fait conforme aux préceptes médiévaux prônés à l'origine par Galien. D'autre part, Léonard transposa directement l'image des ventricules cérébraux qu'il venait de dégager chez les bovins à ses schémas du cerveau humain (figure 2-4) et il entérina la vision médiéviste de la localisation des fonctions cérébrales en assignant aux diverses cavités ventriculaires les fonctions d'imagination, de cognition et de mémoire. Il se détacha légèrement des idées reçues en déplaçant le siège de la sensation (*sensus communis*) des ventricules latéraux vers le ventricule médian. Il justifia cette modification en affirmant que les nerfs sensitifs entretenaient un rapport plus étroit avec le ventricule médian qu'avec le ventricule antérieur. Malgré cette variation mineure, Léonard a continué à croire aux esprits animaux voyageant vers et à partir des ventricules cérébraux en circulant à l'intérieur des nerfs, comme l'enseignaient les préceptes médiévaux. Comme nous le verrons plus loin, d'autres scientifiques de la Renaissance furent beaucoup moins tolérants à l'égard des anciennes idées.

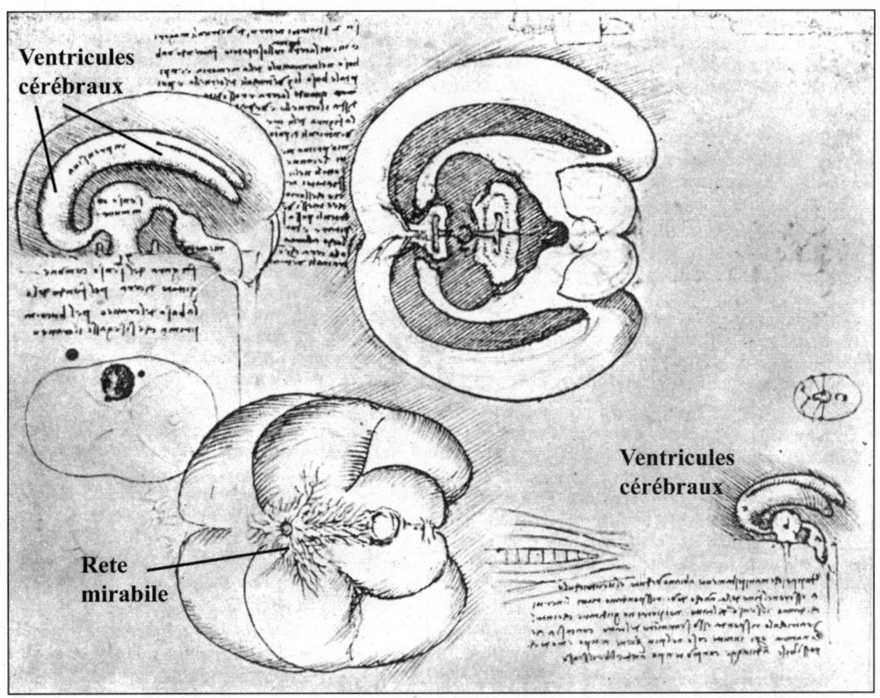

Figure 2-4. Le système ventriculaire et le *rete mirabile* de l'homme d'après des schémas de Léonard de Vinci[13]. Quelques termes ont été ajoutés pour faciliter la compréhension des schémas.

Les dissections de cadavres humains fournirent à Léonard suffisamment de matériel pour produire des milliers de dessins, où toute mise en scène artistique est exclue, ainsi que des centaines de notes qui sont aujourd'hui éparpillés dans différents codex. Vers 1510, sous l'impulsion de l'anatomiste Mercantonio Della Torre (v. 1481-1511) qui travaillait à Pavie, Léonard décida de rassembler ses données morphologiques sous la forme d'un traité d'anatomie humaine : son *Libro dell' anatomia*. Pour ce faire, il comptait sur l'aide de son élève favori Francesco Melzi (v. 1491-1570), pour ce qui est de la rédaction du texte latin, et surtout sur la compétence du médecin Della Torre pour combler ses lacunes en physiologie humaine. Malheureusement, le projet avorta suite au décès de Della Torre, qui fut brusquement emporté par la peste en 1511 alors qu'il n'avait qu'une trentaine d'années. Ainsi, le corpus anatomique élaboré par Léonard ne fut connu que d'une poignée d'amis et collaborateurs et il n'eut aucune influence sur le développement spectaculaire que connut l'anatomie au cours de la Renaissance et des siècles suivants. À son décès, les œuvres anatomiques de Léonard se retrouvèrent dans les mains de son héritier, Francesco Melzi qui, à son tour, les léga à son fils. Elles furent redécouvertes au XIXe siècle et la plupart d'entre elles se trouvent maintenant à la bibliothèque royale du château de Windsor en Angleterre[13].

André Vésale : un regard neuf sur l'anatomie humaine

André Vésale (figure 2-5) est probablement né le 31 décembre 1514 à Bruxelles. Son nom de famille à l'origine était Witing, mais il fut changé au cours du XVe siècle pour Van Wesele et finalement Vésale. Il semble que ce changement visait à refléter le nom de la ville d'origine de la famille, soit Wesel, située près de Clèves en Basse-Rhénanie.

Après avoir étudié à Bruxelles, Vésale se dirige vers Louvain où l'on avait inauguré une université un siècle plus tôt. On le retrouve par la suite à Paris où, âgé de 19 ans, il s'attaque à l'étude de la médecine avec ardeur et curiosité. Son but était alors de devenir le cinquième médecin de la lignée familiale. L'école de médecine de Paris était à cette époque très traditionnelle ; on y prodiguait un enseignement qui s'inspirait largement de Galien et les dissections de cadavres humains étaient beaucoup moins fréquentes qu'en Italie.

Un des maîtres anatomistes de Vésale à Paris fut le réputé Jacques Dubois, dit Sylvius (1478-

Figure 2-5. Vésale, gravure appartenant à la première édition (1543) de la *Fabrica*[14]. Il s'agit de la seule représentation authentique de Vésale. Cette gravure comporte des erreurs de perspective évidentes : Vésale semble un nain à côté du long bras de l'écorché.

1555), un adepte inconditionnel de Galien. Sylvius enseignait principalement à partir de dissections d'animaux, mais il tenait à disséquer lui-même les diverses préparations, ce qui le différenciait des autres professeurs de l'école de médecine de Paris. Comme Berengario da Carpi en Italie, Sylvius attribuait une grande importance au témoignage des sens ; il déclarait dans un de ses ouvrage : « il vaut mieux que tu apprenne la maniere de découpper à l'œil & au toucher, plustost qu'a lire & ecouter[15] ». Il fait alors écho aux propos de Galien qui, dans son De usu partium, affirmait : « celui qui veut contempler les œuvres de la nature ne doit pas se fier aux ouvrages anatomiques, mais s'en rapporter à ses propres yeux[16] ». Parmi les camarades d'étude de Vésale à Paris se trouvaient Charles Estienne (v. 1505-1564) et Johann Eichmann, dit Dryander (v. 1500-1560), qui allaient tous deux devenir célèbres pour leur contribution à l'étude de l'anatomie humaine.

Face au déclenchement possible d'une guerre pouvant entraîner le saccage de Paris, Vésale quitte la capitale française trois ans après y être arrivé et retourne à Louvain sans avoir terminé ses études de médecine. Peu de temps après s'être installé dans cette ville, il se rend lui-même près d'un gibet et réussit à obtenir le corps d'un criminel qui venait tout juste d'être pendu, ce qui lui permis de reprendre la dissection. Cet événement particulier, ainsi que ses longues promenades de nuit dans les cimetières en disent long sur sa volonté d'apprendre l'anatomie en allant chercher lui-même l'information où elle se trouve, non pas dans les beaux livres, mais au creux du cadavre putride et nauséabond.

Vésale à Padoue

En 1537, Vésale se dirige vers Padoue, une petite ville italienne située à 20 kilomètres environ de Venise. L'Université de Padoue avait été fondée en 1222 par des étudiants et des professeurs mécontents du type d'enseignement que l'on prodiguait alors à Bologne. La faculté de médecine de Padoue vit le jour en 1250 et se retrouva sous le contrôle de la puissante République de Venise en 1440. C'est sous l'égide de cette République que l'école de médecine de Padoue s'améliora au point de devenir un des principaux foyers d'attraction européens, tant pour les étudiants que pour les professeurs. Peu de temps après son admission, Vésale se vit offrir la chaire de chirurgie de l'Université de Padoue, un événement exceptionnel car Vésale était étranger et n'avait que 23 ans. Vésale devait alors enseigner aux étudiants en médecine, aux chirurgiens, aux autres professeurs de la faculté ainsi qu'aux invités d'honneur.

Vésale n'était pas du genre à laisser les barbiers chirurgiens s'occuper seuls des dissections. Pour lui, l'anatomie « entra en décadence complète dès que les médecins déléguèrent à d'autres les opérations manuelles et perdirent toute notion pratique d'anatomie », et Vésale demande d'en finir avec « l'abandon aux barbiers de toute la pratique[5] ». Ainsi, lorsque qu'il y avait un cadavre humain disponible, c'était Vésale lui-même qui coupait, montrait et expliquait en même temps. Les autorités vénitiennes fournissaient des cadavres de criminels aux anatomistes sur une base régulière. Elles allaient même jusqu'à faire en sorte que les exécutions des suppliciés aient lieu durant l'hiver, période convenant particulièrement bien aux anatomistes de l'époque qui n'avaient aucun moyen de conserver les cadavres durant les étés chauds et humides typiques de cette région de l'Italie.

Peu après avoir accepté la chaire de chirurgie à Padoue, Vésale publia trois travaux brefs ; le plus important d'entre eux, les *Tabulae anatomicae sex*[17] (« Six tables d'anatomie »), vit le jour en 1538. L'ouvrage, destiné aux étudiants, renferme six grandes illustrations (gravure sur bois) d'assez belle facture. On s'entend aujourd'hui pour dire que les trois premières planches de l'œuvre, soit celles qui montrent les organes internes, sont de Vésale lui-même (figure 2-6). En revanche, les illustrations de squelettes humains sont probablement l'œuvre de Jan Stephan van Calcar, né à Kalkar en Basse-Rhénanie vers 1499 et mort à Naples vers 1546, un élève de Titien (Tiziano Vecellio, 1490-1576), le célèbre peintre italien de la haute Renaissance.

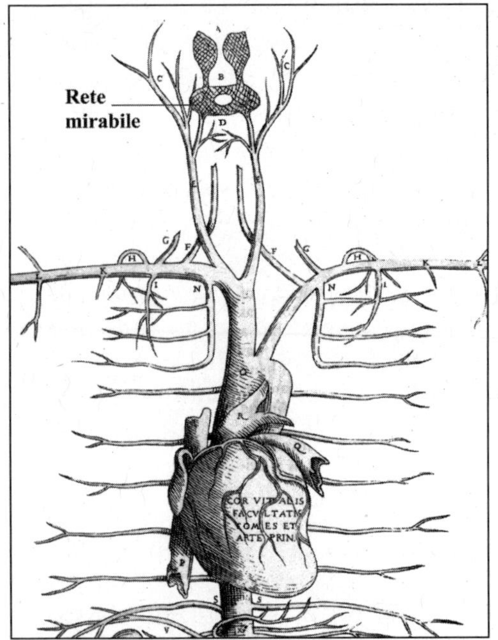

Figure 2-6. Schéma de la vascularisation artérielle chez l'homme, tiré des *Tabulae anatomicae sex*[17] de Vésale publiées à Venise en 1538. Il s'agit de la troisième des six feuilles volantes qui constituaient les tables anatomiques de Vésale. Le cœur représenté ici n'est pas celui d'un homme mais bien celui d'un singe anthropoïde. De plus, Vésale a pris soin d'illustrer le *rete mirabile*, un réseau vasculaire situé à la base du cerveau (terme rajouté à l'illustration originale) chez certains animaux, mais pas chez l'homme. Cette partie de la gravure trahit l'adhésion de Vésale aux dogmes galéniques de cette époque.

C'est en ayant la possibilité de disséquer des cadavres humains pour la préparation de ses tables anatomiques que Vésale commença à réaliser l'imperfection de l'anatomie de Galien. Il devenait chaque jour plus perplexe devant les erreurs qu'aurait pu commettre un si grand anatomiste. En 1540, Vésale fut invité à Bologne où il effectua des dissections auxquelles assistait, entre autres, un étudiant en médecine du nom de Baldasar Heseler (v. 1507-1567). Cet individu, duquel nous ne savons presque rien sinon qu'il étudia la théologie avec Martin Luther (1483-1546) à Wittenberg, était présent aux premières démonstrations qui durèrent deux semaines (du 15 au 28 janvier 1540) et où furent disséqués trois cadavres humains, six chiens et plusieurs autres animaux.

Les notes laissées par Heseler nous apprennent que Vésale commençait alors à remettre en question ouvertement les affirmations de Galien, tout en continuant à adhérer à la plupart des dogmes promulgués par ce dernier, y compris l'existence du *rete mirabile* chez l'humain[18]. Vésale avait cependant dû utiliser un mouton afin de démontrer l'existence de cette structure vasculaire lors des dissections. Les efforts de Vésale pour attirer l'attention de ses étudiants sur ce qui n'avait pas encore été vu ni même pensé impressionnèrent Heseler, pour qui les démonstrations de Vésale étaient nettement supérieures aux leçons d'anatomie de Matteo Corti, dit Curtius (v. 1474-1544), un disciple inconditionnel de Galien qui enseignait l'*Anathomia* de Mondino à Bologne à la même époque.

À Bologne, Vésale aurait assemblé un squelette humain complet qu'il donna en cadeau à ses hôtes. C'est en comparant les ossements d'un anthropoïde à ceux de l'homme qu'il réalisa que les erreurs de Galien ne résultaient pas d'un manque de savoir anatomique, mais reflétaient le fait que Galien ne décrivait pas des structures humaines[19]. Contraint à ne disséquer que des animaux par les lois de la Rome impériale, Galien avait produit une anatomie qui concernait davantage les grands singes que l'homme. Tout devenait alors plus clair pour Vésale, y compris le besoin d'une véritable anatomie humaine.

La *Fabrica*

L'année 1543 tient une place de choix dans l'histoire des sciences puisqu'elle vit paraître à la fois le *De revolutionibus orbium coelestium*[21] (« De la révolution des corps célestes ») du physicien polonais Nicolas Copernic (1473-1543) et le *De humani corporis fabrica*[14] (« De la structure du corps humain ») de Vésale. En remettant en question la vision héliocentrique du système solaire, le livre de Copernic fut à l'origine d'une véritable révolution scientifique. Pour sa part, l'ouvrage de Vésale est considéré comme un des plus importants traités de science médicale jamais écrits.

L'œuvre majeure de Vésale, un grand in-folio de 663 pages, fut terminé en 1542 alors que l'auteur n'avait que 28 ans. Elle a été publiée deux ans avant le *De dissectione partium corporis humani*[20] (« De la dissection des parties du corps humain ») de Charles Estienne et sept ans après l'*Anatomia capitis humani*[22] (« L'anatomie de la tête de l'homme ») de Johannes Dryander, deux ouvrages qui offraient des représentations assez rudimen-

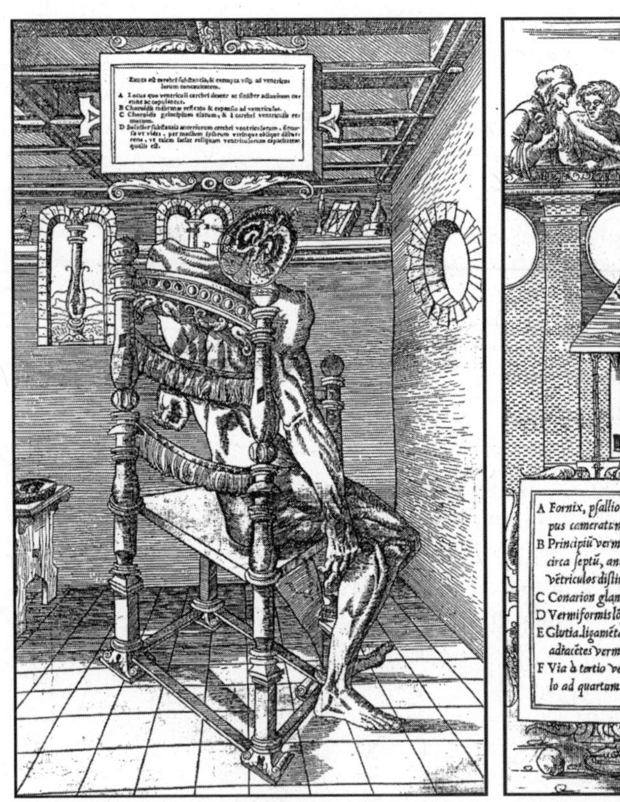

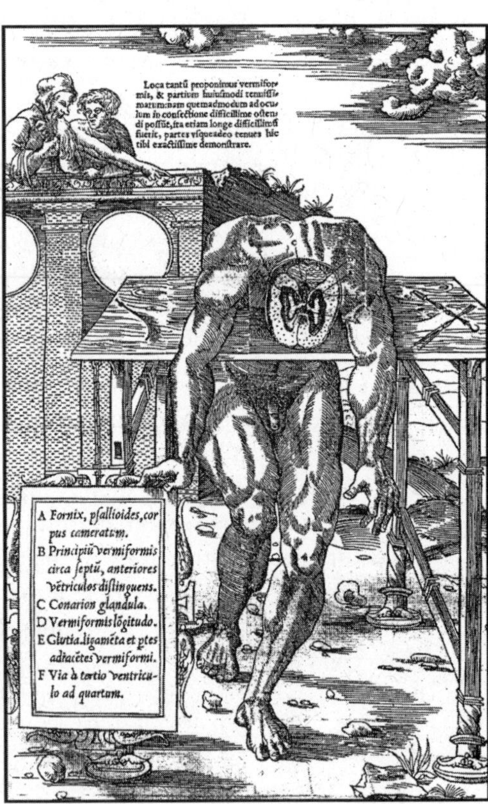

Figure 2-7. Deux illustrations de l'anatomie cérébrale d'après le *De dissectione partium corporis humani*[20] de Charles Estienne publié à Paris en 1545. Sur la figure de gauche, un texte contenant l'identification de certaines structures cérébrales apparaît au-dessus de l'écorché ; sur la figure de droite, c'est l'écorché lui-même qui tient une carte décrivant l'anatomie de son propre cerveau. La partie supérieure gauche de la gravure montre deux personnages vêtus à la mode antique (celui à gauche est probablement Galien lui-même) discutant entre eux.

taires du cerveau humain (figures 2-7 et 2-8). La *Frabrica* de Vésale renferme de très nombreuses gravures de qualité nettement supérieure à ce qui avait été publié auparavant, dont les figures de ses propres *Tabulae anatomicae*. On y retrouve, entre autres, 25 magnifiques illustrations du cerveau et de ses différentes parties, telles qu'elles sont révélées sur des sections effectuées dans le plan horizontal et présentées du haut vers le bas. On ne connaît pas le nom de l'artiste qui a réalisé ces splendides illustrations ; Vésale ne nous en dit mot dans son texte et l'on ne trouve aucune indication à ce sujet sur les figures elles-mêmes. Cependant, plusieurs experts pensent que l'illustration de l'ouvrage de Vésale est l'œuvre de peintres associés à l'école de Titien ainsi qu'à des graveurs experts qui travaillent alors à Venise[23]. Plusieurs illustrations montrent des écorchés se tenant debout dans des décors naturels, qui souvent représentaient la campagne environnant Padoue. De par leur qualité artistique, elles servirent longtemps de modèles aux peintres et sculpteurs soucieux des détails anatomiques dans leurs représentations du corps humain (figure 2-9).

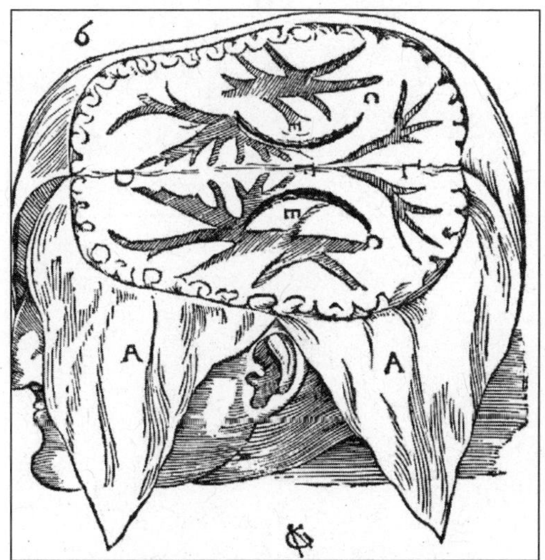

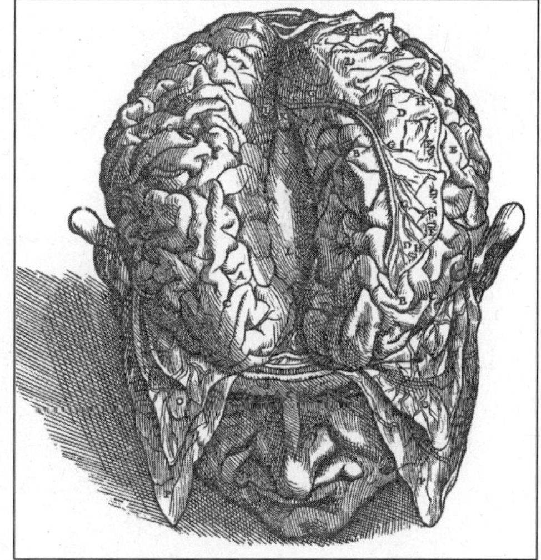

Figure 2-8. Deux gravures sur bois représentant une dissection du cerveau humain. Celle de gauche est tirée de l'*Anatomia capitis humani*[22] de Johannes Dryander publiée à Marburg en 1536, celle de droite de la *Fabrica*[14] d'André Vésale publiée à Bâle en 1543. Les deux illustrations montrent la surface dorsale du cerveau restée en place dans la boîte crânienne avec la dure-mère rabattue de chaque côté. Malgré le peu de temps qui sépare les deux publications, l'image présentée par Vésale est infiniment plus près de la réalité et beaucoup plus artistique que celle de Dryander.

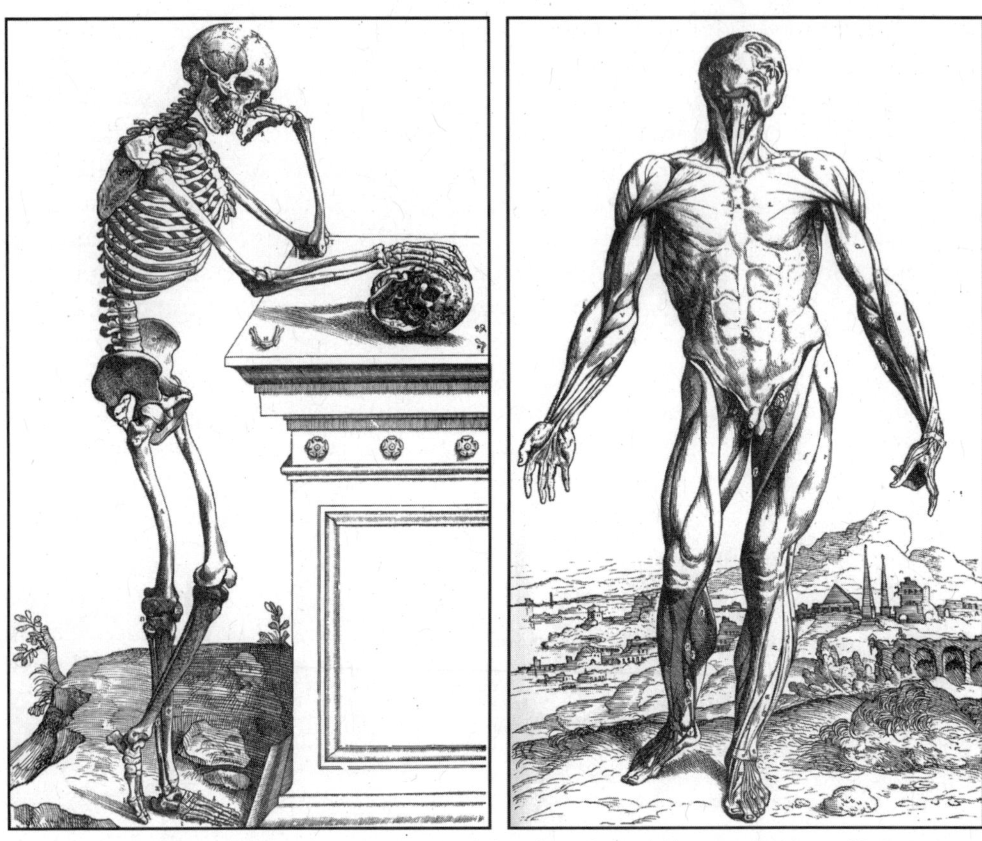

Figure 2-9. Deux illustrations représentatives de la *Fabrica* de Vésale[14]. Le squelette pensif (à gauche) et l'écorché en pleine nature (à droite) sont tirés respectivement du livre I traitant de l'ossature et du livre II décrivant le système musculaire. Dans la planche de droite, l'arrière-scène décrit un paysage des environs de Padoue, paysage qui se continue d'une planche à l'autre.

La *Fabrica* comprend sept livres (ou chapitres) traitant des différents aspects de l'anatomie humaine : I- l'ossature, II- le système musculaire, III- le système vasculaire, IV- les nerfs périphériques, V- les viscères abdominaux, VI- les viscères thoraciques et VII- le cerveau. L'œuvre s'ouvre sur une merveilleuse figure allégorique montrant Vésale procédant à la dissection d'un cadavre de femme. Cette représentation très vivante d'une dissection anatomique publique est remplie de symboles ; il s'agit d'une affirmation visuelle de la profession de foi empiriste de Vésale[5]. Ce frontispice montre Vésale entouré d'étudiants, de collègues médecins, mais aussi de très nombreux dignitaires. Vésale n'occupe pas une chaire surplombant la scène, comme c'était le cas au Moyen Âge ; il dissèque lui-même le cadavre et pointe vers l'abdomen ouvert. Pour leur part, le *sector* et le *demonstrator* sont repoussés sous la table de dissection où ils se chamaillent. À côté de Vésale, une plume et un livre aux pages vierges ; l'auteur veut nous faire comprendre ici que l'anatomie ne s'apprend pas dans les livres et que ces derniers ne peuvent s'écrire qu'après une observation attentive du cadavre. En avant-plan, deux personnages vêtus d'une longue tunique représentent l'âge d'or de l'anatomie de l'Antiquité, ce qui indique l'importance que Vésale attribue aux connaissances ayant émergé durant cette période. En revanche, la redevance de Galien envers la dissection animale est rappelée par la présence d'un chien et d'un singe au bas de l'image. Finalement, le centre de la gravure est occupé par un squelette articulé, symbole de l'importance que Vésale accordait aux os pour la compréhension de l'organisation fonctionnelle du corps humain (figure 2-10).

Figure 2-10. Détail de la page frontispice de la première édition (1543) de la *Fabrica* de Vésale[14].

En même temps que paraît la *Fabrica*, Vésale demande à son éditeur à Bâle, le professeur de grec Johann Herbst (Johannes Oporinus, 1507-1568), de publier une version abrégée et moins coûteuse de l'œuvre. Ce volume qui s'adresse principalement aux étudiants paraîtra la même année que la *Fabrica* sous le titre d'*Epitome*. La *Fabrica* et l'*Epitome* sont le résultat d'un effort titanesque de la part de Vésale qui, pour éviter les erreurs du passé, a dû vérifier lui-même tout ce qu'il décrit grâce à de nombreuses dissections de cadavres humains. Il nous présente une description admirable et très moderne de l'anatomie humaine, description qui inclut plusieurs nouvelles structures découvertes lors d'autopsies. De plus, en comparant les données obtenues chez l'homme avec les résultats provenant de différents animaux, Vésale réussit à convaincre que Galien n'a jamais vraiment décrit un être humain. Bien qu'il identifie plus de 200 erreurs dans l'anatomie galénique, il ne tente jamais d'humilier son illustre prédécesseur, non plus qu'aucun de ses disciples, et il prend bien soin d'apporter des preuves irréfutables avant de mettre en doute les dires de ses devanciers. Comme d'autres avant lui, Vésale n'acceptait que les choses dont il pouvait vérifier l'existence de ses propres yeux.

En plus des descriptions anatomiques, la *Fabrica* renferme des observations sur certaines pathologies. Mentionnons, entre autres, ce qui semble être la première description valable de l'hydrocéphalie, une pathologie causée par l'augmentation du volume du liquide céphalorachidien provoquant une dilatation des ventricules cérébraux et, chez l'enfant, une augmentation du volume crânien. Vésale signale le cas d'un mendiant qui errait dans les rues de Bologne ainsi que celui d'un garçon faible d'esprit qui vivait à Gènes en Italie. Il nous parle aussi « d'un petit garçon qu'une mendiante promenait de porte en porte et que des gens de foire exhibaient dans le Brabant ; sa tête était, sans exagération, plus grande que les têtes de deux hommes et elle faisait saillie des deux côtés[12] ».

Le cerveau vu par Vésale

La *Fabrica* de Vésale est, sans contredit, le premier traité scientifique de facture résolument moderne. Les magnifiques illustrations sont parfaitement intégrées au texte, le tout formant un de plus beaux exemples de collaboration entre scientifiques et artistes que la Renaissance nous ait donné. L'œuvre n'est cependant pas parfaite puisque, comme le montre Charles Singer, le texte de Vésale est très souvent lourd, verbeux et répétitif, ce qui explique le fait que l'on ait davantage commenté les illustrations que le texte[23]. Le livre IV de la *Fabrica* est dévolu à l'organisation d'ensemble du système nerveux. Il s'ouvre avec une figure très approximative montrant la face ventrale du cerveau que Vésale utilise pour illustrer l'origine des nerfs crâniens. Il ne modifie que légèrement la classification des nerfs crâniens en sept paires proposée à l'origine Galien et l'illustration qu'il nous donne du point d'émergence de ces nerfs est très confuse. Comme Galien, Vésale croyait que le nerf olfactif – le premier des 12 nerfs crâniens de la nomenclature d'aujourd'hui – était, en fait, une extension du cerveau. Son énumération des nerfs crâniens commençait dont par le nerf optique, qu'il décrit comme une entité solide et non pas une structure tubulaire, comme le croyait Galien. Pour ce qui est des nerfs périphériques, Vésale nous donne une excellente description de ceux qui innervent les régions lombaire et sacrée, mais son compte-rendu des nerfs qui forment le plexus brachial laisse à désirer. Son illustration de la moelle épinière est intéressante, mais elle ne laisse entrevoir qu'une seule des deux paires de nerfs qui en émergent.

Le livre VII de la *Fabrica* contient quinze magnifiques planches illustrant le cerveau. Ces figures, d'un réalisme tout à fait saisissant, sont parmi les meilleures illustrations à avoir vu le jour dans toute l'histoire de l'anatomie cérébrale. Les figures, abondamment légendées, permettent à Vésale de nous faire connaître plusieurs structures cérébrales nouvelles. Elles décrivent fidèlement le cerveau, tel qu'il apparaît progressivement lorsqu'on dissèque cet organe en partant du haut vers le bas. Vésale a donc suivit ici la méthode décrite quelques années auparavant dans l'*Anatomia capitis humani*[22] de Dryander, un confrère de Vésale à l'École de médecine de Paris. Les premières figures nous offrent une représentation très réaliste des méninges comprenant, entre autres, une description exacte du trajet de l'artère méningée moyenne qui nourrit ces enveloppes protectrices du cerveau. On y voit aussi très clairement la faux du cerveau qui sépare l'encéphale en deux hémisphères. Viennent ensuite des images de sections sériées du cerveau coupé dans le plan horizontal ; elles nous présentent, pour la première fois, une vision très juste de l'ensemble des structures situées à l'intérieur du cerveau.

Vésale fut le premier à faire la distinction entre matière blanche et matière grise, la première étant essentiellement constituée de fibres nerveuses et la seconde d'amas cellulaires. Vésale précise que la substance du cerveau n'est pas entièrement blanche, puisqu'elle paraît jaunâtre ou grise à la surface des circonvolutions cérébrales, et qu'il en est ainsi jusqu'au fond de chacune des circonvolutions. Il ajoute que cette matière, d'un gris cendré, s'étend aussi profondément que la circonvolution, donnant à cette dernière une double couleur. Cette distinction primordiale apparaît très nettement sur plusieurs des schémas dont Vésale se sert pour localiser différents groupes de fibres nerveuses, dont le corps calleux qui relie les deux hémisphères cérébraux entre eux, et le fornix qui rattache certaines régions cérébrales situées dans un même hémisphère. Vésale a aussi illustré, mais sans les nommer, différents amas de matière grise, dont les noyaux gris centraux, comprenant le thalamus et les ganglions de la base, le premier étant un centre de relais des voies sensorielles et le second un centre de contrôle de la motricité (figure 2-11). Les cavités ventriculaires ainsi que les plexus choroïdes qui sécrètent le liquide céphalorachidien dans les ventricules sont très justement représentés. Vésale nous fournit aussi une image étonnamment fidèle du tronc cérébral et du cervelet. De plus, il nous donne la première description valable de la glande pinéale.

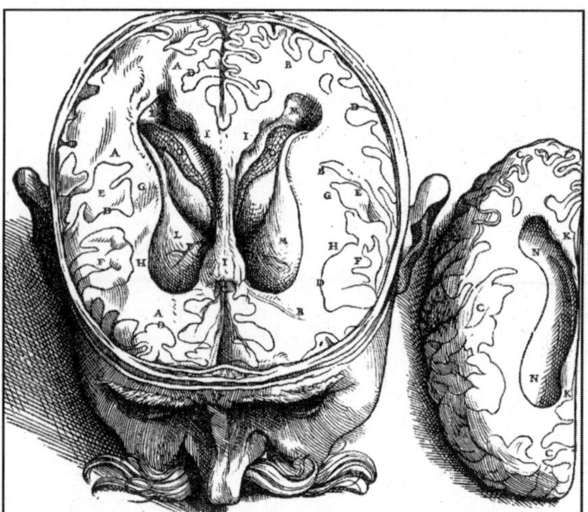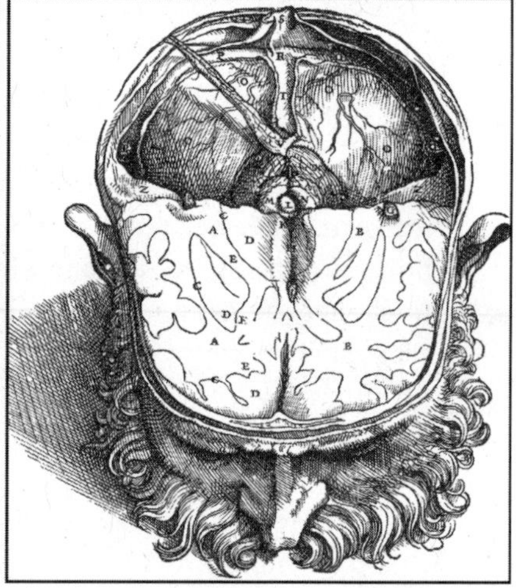

Figure 2-11. Deux illustrations du cerveau humain d'après des gravures tirées du livre VII de la *Fabrica* (édition 1543)[14]. Il s'agit de deux sections (coupées dans le plan horizontal) d'un cerveau humain laissé en place dans la boîte crânienne. La section de gauche, plus superficielle que celle de droite, montre les cornes frontales des ventricules latéraux (lettres L et M) ainsi que les plexus choroïdes (lettre O). La section de droite montre, entre autres, les masses de matière grise que l'on retrouve enfouies sous le cortex cérébral et qui sont délimitées par des faisceaux de matière blanche. Vésale trace ici et pour la première fois les contours du thalamus (lettre D dans l'hémisphère droit) et des ganglions de la base (dont la limite médiane est indiquée par la lettre E et la limite latérale par la lettre C).

Les ventricules cérébraux et le *rete mirabile* sont deux structures sur lesquelles repose toute la physiologie nerveuse élaborée par Galien ; elles occupent une place particulière dans la *Fabrica*. Vésale écrit que la forme des ventricules cérébraux de l'homme ne diffère pas significativement de celle des ventricules cérébraux des autres mammifères, bien que le pouvoir de raisonner des animaux ne se compare pas à celui de l'homme. Après avoir mis subtilement en doute le rôle des ventricules cérébraux dans le contrôle des fonctions cérébrales, Vésale aborde la question du *rete mirabile*, ce réseau de vaisseaux sanguins à la base du cerveau que l'on croyait responsable de la production des esprits animaux. On se souvient que Vésale décrivait ce réseau à la manière de Galien dans ses *Tabulae anatomicae* (voir figure 2-6). Sa croyance dans l'existence du *rete mirabile* chez l'homme était si forte qu'il ne disséquait jamais un cadavre humain en public sans avoir près de lui un animal afin de pouvoir démontrer ce qu'il ne pouvait voir chez l'homme. Cependant, dans la *Fabrica*, Vésale finit par nier l'existence de ce réseau chez l'humain.

La physiologie vésalienne

Très sûr de lui lorsqu'il s'agissait de ce qu'il pouvait voir, Vésale demeurait hésitant pour ce qui a trait aux énigmatiques fonctions cérébrales. Il n'a pas rejeté d'emblée le concept d'esprits animaux enfouis dans les ventricules cérébraux et a même affirmé que le fin prolongement du troisième ventricule qui s'oriente vers la glande pituitaire servait à excréter à l'extérieur du cerveau l'excès de phlegme. Vésale a quand même exprimé de sérieux doutes relatifs à l'idée d'associer différentes fonctions cérébrales à certaines cavités ventriculaires. Il fut suffisamment lucide pour admettre que l'approche anatomique avait ses limites et qu'il n'arrivait pas à se faire une opinion précise sur la façon dont le cerveau régule l'âme rationnelle sur la base de données strictement morphologiques.

Vésale avait néanmoins l'impression de pouvoir associer l'intelligence au poids du cerveau, une chose que Galien avait toujours refusé de faire après avoir réalisé combien était volumineux le cerveau d'un âne, animal qu'il croyait particulièrement stupide. En fait, Vésale nous semble très moderne lorsqu'il mentionne que le cerveau humain se compare avantageusement à celui des animaux, surtout lorsque l'on considère son poids en tenant compte de celui du corps.

L'idée que les nerfs étaient des structures tubulaires, ou de simples tuyaux, est un autre principe important de la physiologie galénique. Ce concept permettait d'expliquer comment les esprits ou pneuma voyageaient le long de ce réseau complexe de tubulures afin d'apporter l'information sensorielle au cerveau et, en retour, assurer le contrôle des muscles. Galien écrivit qu'il avait vu le canal central des nerfs en étudiant le nerf optique, mais, près de 1 300 ans plus tard, Vésale déclare ne pas avoir pu vérifier cette affirmation de Galien. Cependant, étant incapable de trouver une meilleure théorie pour expliquer le fonctionnement du nerf optique, il se contentera de dire que l'allégation de Galien semble fausse.

Les réactions à la publication de la *Fabrica*

La *Fabrica* marque une rupture avec l'anatomie et, partant, la physiologie galénique dont les dogmes prévalaient depuis plus de 1 000 ans. L'arrivée de Vésale sur la scène scientifique sonne la relève de la garde ; les autorités scientifiques anciennes sont progressivement remplacées par des hommes de savoir dont la connaissance repose essentiellement sur leurs propres expériences et qui ne tiendront plus rien pour acquis. L'influence du puissant message contenu dans la *Fabrica* ne fait aucun doute. Malgré son prix exorbitant, l'ouvrage de Vésale connut rapidement une très large diffusion au travers toute l'Europe. Par ailleurs, la *Fabrica* et son abrégé l'*Epitome* furent abondamment plagiés et traduits du latin en langues modernes, en particulier en français et en allemand. Qui plus est, Fallope (Gabriele Falloppio dit Fallopius, 1523-1562), Eustache (Bartolomeo Eustachi dit Eustachius, 1514-1574), Varole (Constanzo Varolio dit Varolius,1543-1575) et plusieurs autres grands anatomistes de la Renaissance puisèrent abondamment dans la *Fabrica* et utilisèrent cet ouvrage comme point de départ pour leur propre exploration du système nerveux.

Malgré ce succès, la *Fabrica* rencontra beaucoup d'oppositions et plusieurs disciples inconditionnels de Galien refusèrent d'accepter les nouvelles idées véhiculées dans cet ouvrage. À la tête des forces réactionnaires on retrouve Sylvius, l'ancien maître de Vésale à l'École de médecine de Paris. Dans la préface de la première édition de la *Fabrica*, Vésale rend hommage à son mentor en ces termes : « celui qui ne sera jamais suffisamment couvert d'éloges, Jacobus Sylvius[14] ». Néanmoins, les erreurs de l'anatomie galénique mises en évidence dans la *Fabrica* rendirent Sylvius furieux. Ne pouvant admettre que Galien se soit trompé sur autant de points, Sylvius alla jusqu'à défendre à ses élèves, fussent-ils les plus doués, de s'approcher de l'œuvre de Vésale qui, selon lui, était remplie d'hérésies.

En 1549, dans sa traduction révisée du livre de Galien traitant des os, Sylvius se porte à la défense de Galien. Bien qu'il ne mentionne pas le nom de Vésale, l'objet de sa colère ne fait aucun doute lorsqu'il écrit : « Honnête lecteur, je t'exhorte à ne pas porter attention à un certain fou ridicule et complètement dénué de talent qui jette la malédiction et fulmine irrespectueusement contre ses professeurs[15]. » La colère de Sylvius se manifeste avec encore plus de violence en 1551 lorsqu'il publie en latin un ouvrage au titre révélateur : *Réfutation des calomnies d'un fou qui s'attaque à l'anatomie d'Hippocrate et de Galien*[24]. On y retrouve la phrase suivante : « Que personne ne porte attention à cet homme ignorant et arrogant qui, par son ignorance, son ingratitude, son impudence et son impiété, nie tout ce que sa vision affaiblie et troublée ne peut voir[24]. » Sylvius en appelle aux autorités afin qu'elles punissent sévèrement, comme il le mérite, ce monstre né et élevé dans sa propre maison, ce suprême exemple d'ignorance, d'ingratitude, d'arrogance et d'impiété qui devrait être supprimé afin qu'il ne puisse plus empoisonner le reste de l'Europe de son haleine pestilentielle. Bien que ce comportement outrancier de Sylvius fasse certainement partie d'une réaction extrême au changement, il faut dire que ce type d'agissement était assez fréquent au cours la Renaissance qui fut une période tumultueuse où naquirent de nombreuses idéologies nouvelles qui s'entrechoquèrent en plus d'avoir à affronter les anciennes philosophies déjà bien implantées.

Sylvius a fondé sa défense de Galien sur trois points principaux. Premièrement, il prétendit que la confusion de Vésale provenait du fait qu'il comprenait mal les préceptes galéniques. Deuxièmement, il blâma les mauvaises éditions et transcriptions des œuvres de Galien. Troisièmement, il alla jusqu'à prétendre que l'anatomie humaine avait subi des changements significatifs depuis la chute de l'Empire romain. Autrement dit, l'anatomie de Galien était valable pour l'homme ayant vécu entre le Ier et le IIe siècle de notre ère, mais ne s'appliquait plus à l'homme d'aujourd'hui[12]. Dans sa lettre de 1546 sur la *Racine chinoise* (*Smilax china*, une plante dont on se servait pour traiter la syphilis), Vésale répondit à quelques-unes des remarques désobligeantes de son ancien professeur, mais il le fit avec tact et avant tout dans le dessein de se détacher de Sylvius. D'ailleurs, dans la réédition de la *Fabrica* parue en 1555, il n'est plus question de Sylvius dans la préface de l'ouvrage ; Vésale pensait probablement que son ennemi était déjà vaincu et qu'il ne fallait pas en remettre. De plus, il était depuis devenu membre de la cour impériale de Charles-Quint (1500-1558), le Saint Empereur romain germanique dont le royaume européen comprenait, entre autres, les Pays-Bas ainsi que certaines régions d'Espagne et d'Italie. Vésale devait se conduire avec toute la dignité qu'impose un tel rang social.

Bien que Vésale n'ait pas reçu d'accolade de son ancien mentor Sylvius, son œuvre fut quand même accueillie très favorablement par d'autres sommités, dont Leonhart Fuchs (1501-1566), professeur d'anatomie à Tübingen, qui en 1551 publia un traité dans lequel il fit l'éloge de Vésale avant d'emprunter allègrement à la *Fabrica*. On peut y lire :

> Galien n'apporte que très peu d'aide à l'anatomie et il est clair que ses exposés rapportent des données obtenues chez les grands singes et les chiens plutôt que chez l'homme, comme n'importe qui peut le comprendre s'il utilise ses yeux comme témoins et s'il effectue lui-même des dissections. Parmi ceux qui de nos jours ont écrit à propos de la structure de l'homme, Vésale est le seul qui l'a fait avec un soin exquis et d'une façon adéquate. Si ses commentaires n'avaient pas été ainsi publiés, nous aurions été privés de descriptions justes de plusieurs parties du corps humain [...] On doit le louanger pour le zèle dont il a fait preuve dans sa recherche de la vérité[25].

Après les assauts de Sylvius, les mots de Fuchs durent avoir l'effet d'un baume sur l'âme blessée de Vésale. Il n'empêche que la réaction intempestive de Sylvius après la publication de la *Fabrica* a grandement contribué à faire de Vésale celui qui scinda l'histoire de l'anatomie en deux grandes époques distinctes : une période « pré-vésalienne », entièrement sous l'emprise de la médecine galénique, et une période « post-vésalienne », résolument tournée vers l'avenir et mettant à mal les préceptes de la médecine humorale. Une telle vision est nettement excessive et la *Fabrica* ne peut être, en aucun cas, considérée comme le point de rupture avec les textes anciens en faveur de l'observation[5]. Vésale n'a pas été le premier à noter certaines erreurs de Galien – rappelons-nous le doute jeté par Berengario da Carpi sur l'existence du *rete mirabile* – et, de fait, bien peu de chose sépare Vésale de beaucoup de ces prédécesseurs. Du haut Moyen Âge jusqu'à la fin de la Renaissance, le savoir anatomique s'est construit de façon relativement progressive et en s'inspirant largement du galénisme, dont l'influence en clinique s'étendra jusqu'à la fin du XVIIIe siècle. Ainsi, la valeur historique de la contribution de Vésale ne peut être évaluée avec justice qu'en la comparant à celle de ses prédécesseurs et de ses contemporains. Parmi ces derniers, notons : le Français Charles Estienne, un collègue de Vésale à Paris et l'Italien Realdo Colombo (1510-1559) élève et successeur de Vésale à Padoue, qui tous deux produisirent des traités d'anatomie d'une très riche facture et dont l'importance est souvent négligée (figure 2-7).

Les dernières années de Vésale

Une année après la publication de la *Fabrica*, Vésale renonça à son poste de professeur à Padoue. Il partit pour Bologne où il visita quelques amis et participa à des dissections. Après avoir refusé un poste de professeur à Pise, il joignit le service médical impérial de Charles-Quint, continuant ainsi une longue tradition familiale. Malheureusement, en devenant chirurgien militaire et médecin auprès d'un roi malade, Vésale mit fin à sa carrière de scientifique créatif. Vésale devait pressentir que cela arriverait plus tôt que prévu puisque, après avoir prêché qu'un scientifique véritablement voué à son œuvre ne devrait jamais se marier, il épousa Anne van Hamme de qui il eut une fille. À la même époque, il brûla plusieurs manuscrits inachevés et fit vœu de ne jamais plus revenir à la dissection[12].

Vésale voyagea énormément au cours des années où il fut au service de Charles-Quint. Apparemment en contradiction avec sa décision de ne plus écrire, il compléta la révision de la *Fabrica* qui parut en 1555, l'année même où mourut son plus éloquent opposant Jacobus Sylvius, qui fut enterré au cimetière des pauvres érudits à Paris. En 1556, Charles-Quint abdiqua au profit de son fils Philippe II (1527-1598) qui régnait sur le royaume d'Espagne. Vésale se retrouva donc à Madrid, où il servit les Néerlandais à la cour de Philippe II et, à l'occasion, la famille royale et le roi lui-même. Ce fut le cas lorsque Don Carlos, le fils aîné de Philippe II, qui avait un caractère difficile et menait une vie dissolue, se blessa à la tête en dégringolant dans un escalier alors qu'il revenait d'une soirée avec des amis. Il fut retrouvé le lendemain matin, inconscient, aveugle et à demi paralysé. Philippe II demanda alors à Vésale de se joindre aux autres médecins de la cour qui étaient déjà au chevet du prince. Lorsqu'ils apprirent que ce dernier était toujours dans un état comateux, les citoyens de la ville allèrent au monastère franciscain du Palais royal où reposaient les restes, vieux d'un siècle, du moine Diego d'Alcalá. Ils ramenèrent ces restes au chevet de Don Carlos en pensant que, si le moine avait opéré de nombreuses guérisons miraculeuses de son vivant, il pouvait bien en faire autant après sa mort. Lorsque le prince sortit finalement de sa torpeur, les roturiers ainsi que les membres de la famille royale attribuèrent cette guérison aux pouvoirs du moine décédé et ne portèrent aucune attention aux efforts déployés par les nombreux médecins qui s'étaient relayés sans relâche à son chevet. Diego d'Alcalá fut canonisé en 1588 sous le nom San Diego.

Vésale quitta l'Espagne peu de temps après avoir été témoin de cet acte incroyable de superstition. Il faut dire qu'il était aussi ennuyé par la jalousie dont faisaient montre à son égard plusieurs médecins espagnols, ainsi que par la rigidité et le conservatisme du corps médical espagnol et l'acharnement de l'Inquisition à mettre fin, souvent de façon terrifiante, à toute poursuite intellectuelle hors des sentiers battus. Il aurait même été obligé de feindre la maladie afin d'obtenir la permission de quitter la cour de Philippe II. Selon certains chroniqueurs, Vésale aurait été condamné à mort par le tribunal de l'Inquisition à Madrid, mais aurait vu sa peine commuée en pèlerinage à Jérusalem par Philippe II. Le tribunal de l'Inquisition aurait, toujours selon la légende, condamné Vésale parce que ce dernier avait autopsié, alors qu'il était toujours médecin à la cour, un personnage de la noblesse pour finalement se rendre compte que le cœur de cet individu battait toujours[12]. Quelques années auparavant, Berengario da Carpi avait dû fuir Bologne pour échapper à l'Inquisition parce qu'il avait, prétend-on, disséqué deux espagnols vivants atteints de syphilis pour observer le battement de leur cœur[5].

Il n'existe cependant aucune preuve crédible de la condamnation de Vésale par l'Inquisition et les dernières années de la vie de cet anatomiste célèbre resteront probablement à jamais entourées de mystère. Tout ce que nous savons avec certitude c'est que Vésale réapparut à Venise en 1564 alors qu'il se dirigeait en pèlerinage à Jérusalem et que les membres de sa famille retournaient à Bruxelles. Après avoir atteint Jérusalem suite à un voyage effectué avec la flotte vénitienne, il reçut une missive de l'État vénitien l'enjoignant d'accepter le poste de professeur que lui offrait l'université de Padoue ; ce poste était devenu vacant après le décès de son élève et ami Fallope. Au retour, son bateau dut combattre pendant plusieurs jours des vents adverses dans la mer ionienne ; il s'échouera finalement sur l'île de Zante (Zakynthos), au large de ce qui est aujourd'hui la Turquie. Vésale a apparemment survécu au péril du voyage, mais il lui fallut ramper jusqu'à l'île de Zante où il arriva dans un fort mauvais état. Il mourut peu après cet événement, probablement en avril 1564. Certains chroniqueurs racontent que Vésale était dans un tel état de délabrement que les frais de ses funérailles ont été acquittés par un bon citoyen de l'île et que ses restes furent jetés aux chiens. D'autres mentionnent que les restes de Vésale furent inhumés dans le cimetière de l'église Santa Maria delle Grazie, sur l'île de Zante, bien loin des Flandres si chères à Vésale[12]. Au moment de sa mort, Vésale avait à peine cinquante ans.

Paracelse et l'iatrochimie

Le XVIe siècle fut une période de grands bouleversements caractérisée par une volonté ferme de remettre en question les vérités reçues, principalement celles de la médecine galénique. En anatomie, Vésale mena la bataille en s'efforçant de décrire le corps humain de la façon la plus réaliste possible, tant en mots qu'en illustrations. En revanche, le controversé médecin d'origine suisse Paracelse (Philippus Aureolus Theophrastus Paracelsus Bobastus von Honenheim, 1493-1541) y alla beaucoup plus brusquement, comme le démontre le fait qu'il commença une série de cours à Bâle en brûlant les vénérés ouvrages de Galien et d'Avicenne devant un groupe d'étudiants ahuris.

Paracelse (figure 2-12) était un être complexe, capable de tous les extrêmes ; sa vision de la médecine était teintée de magie, d'alchimie et de religion[26]. Pour lui, le monde était rempli de deux grand types de forces spirituelles et vitales : d'une part, les *archei*, sortes d'alchimistes internes qui contrôlaient les processus comme celui de la digestion et, d'autre part, les *semina* ou graines émanant de Dieu, le grand Mage à qui l'Univers entier obéissait. Par la maladie, l'homme entrait en rapport avec Dieu, de qui seul la guérison peut venir. Paracelse était profondément imprégné du principe des correspondances qui présupposait l'existence de corrélations étroites entre l'organisation du corps (le microcosme) et celui de l'univers (le macrocosme). Pour lui, les maladies résultaient de l'effet d'émanations délétères provenant de minéraux stellaires ou terrestres, principalement les sels[26].

Se disant disciple d'Hippocrate, Paracelse passa une grande partie de sa vie à combattre la théorie humorale à laquelle il voulait substituer l'*iatrochimie*, ou chimie médicinale, approche faisant appel à la pharmacopée traditionnelle ainsi qu'à de nouveaux principes, tels le soufre (combustibilité), le mercure (vapeur) et le sel (solidité). Il décriait l'enseignement scolastique et particulièrement les sessions de dissection humaine qui avaient lieu dans les universités de l'époque ; il s'agissait pour lui d'une « anatomie morte » puisqu'elle ne pouvait décrire le fonctionnement normal et pathologique des différentes parties du corps humain. La véritable anatomie, selon Paracelse, se devait de dévoiler la physiologie normale du corps en découvrant la façon spécifique dont chacune de ses parties est nourrie. La médecine paracelsienne requérrait en plus une connaissance détaillée de l'influence qu'exercent différents astres sur certaines parties spécifiques du corps humain. Il se moquait de l'insistance des médecins de l'époque à examiner superficiellement les urines (uroscopie) pour trouver la cause des maladies. Pour lui, la justesse du diagnostic ne pouvait résulter que de la « dissection » chimique (distillation) des urines qui permettait de détecter des niveaux anormaux de sel, de sulfure ou de mercure et, ainsi, d'orienter le médecin vers une pathologie précise. L'insistance de Paracelse sur l'importance de la distillation aida au développement d'une véritable industrie visant à extraire les principes actifs d'une série de médicaments, dont les plantes (*les simples*) utilisées depuis l'Antiquité par les médecins. Ces principes actifs étaient souvent combinés de différentes façons pour en faire de nouveaux médicaments que l'on qualifiait de *remèdes chimiques*.

Figure 2-12. Paracelse. Détail d'une gravure sur bois d'Étienne Bocourt d'après une toile qui se trouve au Musée de Nancy et que certains attribuent au peintre et graveur allemand Albrecht Dürer (1471-1528) et d'autres au peintre hollandais Jan Van Scorel (1495-1562).

En niant catégoriquement la théorie des humeurs, Paracelse heurtait de front la médecine galénique. Il affirmait que les semblables pouvaient guérir les semblables ; selon lui, on combattait beaucoup plus efficacement la maladie par la connaissance des éléments spécifiques à l'organe affecté qu'en tentant de rétablir l'équilibre des humeurs. Ainsi, si la maladie résultait de l'effet d'un poison quelconque (ou de l'action à distance d'un astre en particulier), il fallait la combattre en utilisant un autre poison (ou en favorisant l'influence d'une autre étoile). Paracelse plaçait la religion et la magie sur le même pied que l'expérience personnelle comme moyen ultime d'acquérir une connaissance personnelle de la nature : une vision que partageaient d'ailleurs beaucoup de ses contemporains pour qui la magie naturelle pouvait expliquer comment le monde céleste interagit avec le mode terrestre.

La plupart des traités médicaux et iatrochimiques de Paracelse ont été publiés après le décès de leur auteur, et c'est dans les pays européens ayant adopté la religion réformée que le paracelsianisme commença à exercer son influence sur la médecine. La médecine paracelsienne fut, il va sans dire, rejetée en bloc par les universités d'obédience galénique. Elle connut néanmoins une croissance rapide à partir de 1575 grâce à l'appui de médecins œuvrant auprès de la haute noblesse, d'une part, et de quelques activistes et réformateurs sociaux influants, d'autre part. Certains historiens ont attribué à Paracelse le changement de paradigme qui s'est opéré entre les XVIe et XVIIe siècles dans la conception du corps humain, soit le passage d'une entité essentiellement anatomique vers une structure composée d'éléments chimiques. La bataille que mena Paracelse en faveur des remèdes chimiques était vue par ces historiens comme le catalyseur qui fit en sorte que l'alchimie délaissa progressivement la quête de la pierre philosophale au profit de la recherche de médicaments, se transformant ainsi en iatrochimie. Cette interprétation *a posteriori* du rôle de Paracelse est nettement exagérée, comme l'indique l'historien anglais des sciences médicales Andrew Wear[27]. Les remèdes d'origine minérale étaient déjà connus au temps de Dioscoride (v. 40-90 apr. J.-C.) et leur utilisation fut encouragée par les alchimistes médiévaux, dont le Catalan Raymond Lulle (v. 1235-1315). La distillation des simples pour en extraire « les essences » était pratiquée en Allemagne médiévale bien avant la naissance de Paracelse. Il n'en reste pas moins qu'à la fin du XVIIe siècle, le paracelsianisme et les remèdes chimiques ont fini par avoir raison de la médecine galénique. L'iatrochimie a frappé de plein fouet les fondements de la médecine de Galien, tant du point de vue social, politique qu'intellectuel. Le paracelsiansime réussit à envahir aussi bien le monde populaire des apothicaires et des chirurgiens que celui des cours royales. Il y eut bien quelques tentatives de récupération de l'iatrochimie par la médecine galénique, dont celle de Guinther d'Andernach (Johann Winther von Andernach, 1487-1574), médecin et humaniste avec qui Vésale avait collaboré à Paris pour traduire le célèbre *De anatomicis administrationibus* de Galien, mais ces efforts furent vains : c'était trop peu, trop tard. Les successeurs de Paracelse, dont le Flamand Jean-Baptiste Van Helmont (1577-1644), à qui l'on doit la découverte des gaz, et le Hollandais d'origine allemande Franciscus Sylvius (1614-1672), celui qui découvrit la scissure cérébrale latérale qui porte toujours son nom, raffinèrent les concepts du maître de la chimie médicinale et aidèrent cette discipline à quitter le monde de l'ésotérisme pour se rapprocher de celui des malades.

Grâce à l'audace d'individus aussi déterminés que Berengario da Carpi, André Vésale et Paracelse, la véritable révolution culturelle que fut la Renaissance changea la face de la médecine. Cependant, malgré toutes les percées importantes effectuées dans le domaine de l'étude du système nerveux durant cette période cruciale, incluant l'avènement de l'iatrochimie paracelsienne, les notions de physiologie demeurèrent infiniment plus floues que celles qui avaient émergé des études anatomiques. Il allait s'écouler encore beaucoup de temps avant que l'on puisse aborder de façon rationnelle les questions impliquant le contrôle qu'exerçait le cerveau sur la perception sensorielle, la cognition et la mémoire.

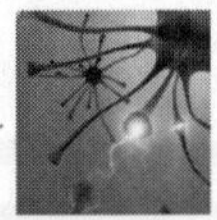

Chapitre 3

Du cerveau machine à la doctrine des nerfs

Le corps humain est une machine qui monte elle-même ses ressorts : vivante image du mouvement perpétuel.

Julien de LA METTRIE

La Renaissance fut pour l'Europe une période d'éveil et d'intense bouillonnement culturel. La redécouverte et l'exégèse des textes littéraires, philosophiques et scientifiques de l'Antiquité a permis l'essor d'une toute nouvelle façon de penser et de concevoir les arts et les sciences. Pour ce qui est des sciences médicales, il s'établit alors une heureuse symbiose entre le médecin qui dissèque et l'artiste qui illustre la dissection, ce qui propulse l'anatomie à des niveaux scientifiques et esthétiques jamais atteints jusqu'alors. Pour leur part, les scientifiques du XVIIe siècle vont davantage s'orienter vers la physique et les mathématiques afin d'expliquer le fonctionnement de l'ensemble du monde matériel, la *machina mundi*. Dès le début du *Grand Siècle*, il se développe une vision mécaniciste du monde et de l'homme. Au XVIIe siècle, comme le dit Mirko Grmek, « la découverte des lois fondamentales de la mécanique, l'introduction d'expériences quantitatives, l'usage du microscope et la construction de machines d'un type nouveau donnaient l'impression que tous les phénomènes pouvaient être, et même devaient être, expliqués par de simples propriété physiques des structures et des mouvements[1] ». En somme, les « physiologistes » du Grand Siècle feront appel aux lois de la physique et aux formules mathématiques afin de tenter d'insuffler la vie au cadavre que les anatomistes de la Renaissance avaient si magnifiquement disséqué. L'époque entière sera obnubilée par l'image horlogère de l'organisme et fascinée par la réalisation emblématique du mécanicisme : l'automate[2].

Le mécanicisme du XVIIe siècle est tout entier contenu dans le *De motu cordis* publié en 1628 par l'Anglais William Harvey (1578-1657)[3]. Ce traité, qui allait exercer une influence durable tout au long du siècle et même au-delà, contient la fameuse théorie de la circulation du sang qui fait appel autant aux données anatomiques de Realdo Colombo, successeur de Vésale à la chaire d'anatomie de Padoue (voir chapitre 2), qu'aux observations effectuées par Harvey lui-même chez l'homme et l'animal, ainsi qu'à des notions qu'il a empruntées à l'hydrodynamique. L'idée maîtresse d'Harvey est que le cœur se comporte comme une pompe qui aspire et refoule le sang dans un circuit fermé. On est alors forcé de conclure, comme le dit Harvey lui-même « que le sang décrit chez les animaux un mouvement circulaire, et que l'action ou fonction du cœur – la seule cause de sa pulsation – est de maintenir ce sang dans un état de mouvement perpétuel[3] ». La théorie d'Harvey va donc directement à l'encontre de la notion prônée par Galien selon laquelle le sang est l'une des quatre humeurs constamment produite et rapidement dispersée au travers du corps. Il n'est donc pas étonnant de constater que cette théorie fut très mal reçue dans plusieurs milieux conservateurs, dont l'École de médecine de Paris. Le doyen de cette institution, Guy Patin (1601-1672) et l'un de ses professeurs les plus célèbres, l'anatomiste Jean Riolan fils (1580-1657), furent parmi les plus farouche opposants à Harvey et ses supporteurs qu'ils qualifiaient de « circulateurs », jouant ainsi sur le sens du mot latin *circulator* qui signifie charlatan.

D'autres travaux allaient aussi ébranler la façon de concevoir le monde qui avait prévalu jusqu'alors. Ce fut le cas des observations astronomiques de Galilée consignées dans son *Sidereus Nuncius*[4] (« Le messager céleste », 1610) et qui soutenaient, avec force, la vision héliocentrique du mouvement des planètes proposée plus tôt par Copernic, vision qui allait directement à l'encontre du modèle géocentrique prôné jusque-là par Aristote et la scolastique. Tous ces événements majeurs changèrent radicalement l'atmosphère et firent en sorte que l'on jeta sur le cerveau un regard neuf. Le nouveau défi auquel faisait face alors la communauté scientifique était de comprendre comment le système nerveux nous permet de percevoir, de se déplacer volontairement et de se souvenir. Ce changement de paradigme conduisit les scientifiques vers le domaine de la physiologie, royaume infiniment moins tangible que celui de l'anatomie.

René Descartes : le philosophe anatomiste

L'un des premiers érudits à élaborer un modèle pour tenter d'expliquer comment le système nerveux fonctionne n'appartenait pas au monde médical mais à celui de la philosophie. Il s'agit du grand philosophe français René Descartes (figure 3-1). Il naquit le 31 mars 1596 à La Haye, petite ville située près de Tours et que l'on appelle aujourd'hui Descartes (Indre-et-Loire). Son père, Joachin, était un personnage politique qui œuvrait à titre de conseiller au Parlement de Bretagne à Rennes. Sa mère, Jeanne Brochart, mourut lorsque Descartes n'avait que 13 mois. Son père se remaria, resta à Rennes et laissa son fils à La Haye où il fut élevé par sa grand-mère et une nourrice. De religion catholique romaine, la famille Descartes vivait dans le Poitou, tout près de Châtellerault, une région ouverte aux catholiques réformés.

En 1611, Descartes est admis au collège de La Flèche, situé en Anjou, dans la Sarthe. Ce collège, fondé en 1604 par Henri IV (1553-1610), était un lieu où l'on préparait les jeunes hommes à devenir des dirigeants militaires, des ingénieurs ou des administrateurs gouvernementaux ; cette institution était en quelque sorte un prototype des grandes écoles françaises qui virent le jour sous le régime de Napoléon Bonaparte (1769-1821). Éduqué par les jésuites dans la plus stricte obédience scolastique, Descartes s'intéresse alors à la littérature, aux langues et à la philosophie, tout en portant un intérêt particulier aux mathématiques et à la physique.

En 1614, après avoir obtenu son diplôme du collège de La Flèche, Descartes entreprend des études de droit, à Poitiers. Il obtient une licence en droit civil et en droit canon deux ans plus tard et quitte ensuite Poitiers pour Paris. Dès son arrivée dans la capitale, le jeune homme est fasciné par les fabuleuses fontaines animées des jardins royaux. On pense que les figures de Neptune, de Diane et d'autres personnages mythiques se déplaçant sous l'effet des mouvements de l'eau influencèrent sa conception mécaniciste du corps humain. Cependant, à cette époque

Figure 3-1. René Descartes, tableau du portraitiste flamand Frans Hals (v. 1581-1666). Hals a peint au moins deux portraits de Descartes et la toile d'où a été tiré cette illustration aurait été peinte vers 1650, soit peu de temps avant la mort du philosophe. Ce tableau est exposé au musée du Louvre à Paris.

de sa vie, la physiologie humaine n'intéresse pas Descartes qui traverse alors une période de crise où il remet en question l'utilité de son éducation et de son érudition. Il devient de plus en plus reclus et dépressif. Il sort de sa torpeur vers l'âge de 22 ans en se donnant comme mission d'examiner « le grand livre de la nature » de ses propres yeux. Désireux de se libérer de la tutelle de son père qui souhaitait le voir siéger au Parlement comme lui, Descartes décide d'embrasser la carrière militaire. Il se dirige alors vers les Pays-Bas où se trouvent les meilleures académies militaires de l'époque et, en 1618, il entre au service de Maurice de Nassau (1567-1625), prince d'Orange et commandant en chef des armées néerlandaises. Ce dernier possédait une célèbre école d'architecture et d'ingénierie militaire située à Breda, et Descartes profita de son séjour dans cette ville pour parfaire ses connaissances scientifiques.

C'est aussi lors de cette halte aux Pays-Bas que Descartes rencontre le Néerlandais Isaac Beckman (1588-1637), directeur du Collège de Dordrecht, qui l'incite à opter pour la physique et les mathématiques. Le séjour de Descartes au sein des forces protestantes de Breda fut bref ; un an après son arrivée, il reprend ses voyages à travers l'Europe dans l'espoir de joindre les forces catholiques de Maximilien I, duc puis électeur de Bavière (1597-1651). Le 10 novembre 1619, on le retrouve en Allemagne, près d'Ulm, installé dans ce qu'il appelait son « poêle » : une chambre chauffée par un grand poêle placé en son milieu et qui alimenta la légende. Descartes connaît alors une période intellectuellement très intense ; dans un état de total surexcitation, il est sujet à des visions et à des songes qui prêteront à de nombreuses interprétations. C'est à cette époque que Descartes fait une de ses premières grandes découvertes, la géométrie algébrique, et qu'il met au point le système de coordonnées cartésiennes. Descartes devient de plus en plus obsédé par l'idée que la connaissance des sciences naturelles doit atteindre le même degré de certitude que celui des mathématiques et que cette connaissance doit reposer sur des notions simples et impossibles à mettre en doute. Au réveil d'une de ses nombreuses nuits agitées, Descartes se crut investi du devoir de développer une science universelle basée sur les lois claires et précises qui régissent la physique et les mathématiques, une science à propos de laquelle on ne pourrait plus douter. Dans ses carnets privés, il note en 1619 : « J'étais rempli d'enthousiasme et je découvrais les fondements d'une science admirable[5]. »

Après cette débauche intellectuelle, Descartes vagabonde en Europe pendant plusieurs années, « un pied dans un pays, et l'autre dans un autre », en compagnie de son seul valet. Il effectue de courts séjours à Paris, particulièrement en 1622 et en 1625, mais les beaux esprits qu'il côtoie dans la capitale le laisse sur sa faim. Il continue alors à développer sa méthode analytique et à remettre en question tout ce qui l'entoure, ne tenant rien pour acquis ; Descartes devient progressivement l'apôtre du doute systématique et de la raison pure.

Descartes quitte la France en 1628 pour se réfugier aux Pays-Bas, qui représentaient alors un havre de paix et un îlot de tolérance au milieu de l'Europe absolutiste d'alors. Il veut se connaître lui-même, seule façon à ses yeux de comprendre le monde. Isolé dans sa tour d'ivoire, Descartes médite longuement et commence à coucher sur papier quelques idées. En 1633, il écrit à son ancien condisciple du collège de La Flèche, le père Marin Mersenne (1588-1648), à Paris, pour lui annoncer qu'il vient de terminer l'écriture d'un ouvrage intitulé *Le traité du monde* dans lequel il présente sa vision mécaniciste du monde inanimé et du monde vivant. Ce livre comprenait, entre autres, un texte traitant de la physique et de l'optique, ainsi que son *De homine* (« De l'Homme ») dans lequel il examinait le fonctionnement du corps humain. Alors qu'il était sur le point de contacter un éditeur pour la publication de son manuscrit, Descartes reçoit une lettre du père Mersenne l'informant que Galilée venait tout juste d'être amené devant le tribunal de l'Inquisition. Le Saint-Office n'avait pas apprécié la publication, en 1632, de son *Dialogo sopra i due massimi sistemi del mondo*[6] (« Dialogue sur les deux principaux systèmes du monde »), dans lequel il critique vertement le système aristotélicien et appuie avec force la vision héliocentrique de Copernic. Étant donné que Descartes endossait la conception de l'organisation du système planétaire de Copernic et de Galilée dans la première partie de son *Traité du monde*, il décide de ne publier que la portion de ses écrits qui lui paraissait ne pas porter à controverse.

En 1637, il fait paraître, sans nom d'auteur, le *Discours de la méthode*, véritable déclaration des droits et des pouvoirs de la raison sur un monde qu'elle domine et organise[7]. Toute la pensée occidentale moderne est contenue dans cet ouvrage, dont la langue, concise, dense, mais toujours claire, n'a pas vieilli. Fait étonnant pour l'époque, Descartes publie cet ouvrage en français et non en latin, probablement pour toucher un plus vaste public, et aussi « afin que les femmes mêmes puissent y entendre quelque chose », comme il le dit lui-même. Le *Discours de la méthode*[7] est en fait une préface à trois essais tirés du *Traité du monde* : le premier traite de la *Dioptrique*, le second des *Météores*, le dernier de la *Géométrie*. Descartes publie ses *Méditations métaphysiques* (*Meditaniones de Prima Philosophia*)[8] en 1641, et ses *Principes de la philosophie* (*Principia philosophiae*)[9], traité dans lequel il expose l'ensemble de la métaphysique et de la science cartésienne, en 1644.

La pensée cartésienne est avant tout marquée par la recherche d'une méthode « pour bien conduire sa raison et chercher la vérité dans les sciences » et par l'idée de l'unité des connaissances ; Descartes rêvait même d'étendre la certitude mathématique à l'ensemble du savoir humain. L'ardent partisan de la distinction entre l'âme et le corps et du déterminisme mécaniciste, qui allait jusqu'à assimiler tous les corps vivants à des automates, aspire à ce que l'homme soit capable, grâce à la science et à la technique, de se rendre « maître et possesseur de la nature », rien de moins. Avec le *Discours de la méthode*, c'est bel et bien la « vieille philosophie » qui se voit contestée. Une véritable révolution intellectuelle s'amorce avec le doute méthodique préconisé par Descartes. Ce dernier propose de réexaminer le monde à la lumière de la raison et pose comme postulat que le premier objet d'une science, c'est l'individu qui s'y consacre, le sujet pensant. Jusqu'alors, nul n'avait osé attribuer à l'homme une telle place, de crainte d'ébranler le monde clos et monolithique élaboré par Aristote, Ptolémée et Thomas d'Aquin, sur lequel reposait l'ensemble de la connaissance de l'époque.

Descartes fut surpris de voir que la parution de ses ouvrages irrita considérablement les forces conservatrices à l'intérieur et à l'extérieur des Pays-Bas. En 1642, le Sénat d'Utrecht va jusqu'à interdire d'enseigner la philosophie de Descartes de peur qu'elle ne détourne la jeunesse de la vieille et saine philosophie. Craintif et se sentant traqué, Descartes ne demeura jamais très longtemps au même endroit ; seuls ses amis très proches, dont le père Mersenne, pouvaient le retracer. Il publie *Les passions de l'âme* qu'il dédie à la reine Christine de Suède (Christina Wasa, 1626-1689) en 1649, quelques mois seulement avant sa mort[10]. Son *De Homine* (« De l'homme ») qui avait été écrit en 1633 et devait, à l'origine, faire partie du *Traité du monde*, ne parut que plusieurs années après la mort de son auteur. La version latine de cette œuvre[11] dans laquelle Descartes expose l'ensemble de la vision philosophique sur le fonctionnement du cerveau paraît 1662, et une version française de cet ouvrage[12] suivra deux années plus tard.

En 1649, l'apôtre de la raison pure accepte, pour son malheur, l'invitation de la très matinale reine Christine de Suède. Cette jeune femme de 22 ans, insomniaque et affamée de philosophie, aimait suivre ses cours dès l'aube. Ainsi, tous les matins à cinq heures, Descartes traversait le palais royal de Stockholm transi de froid pour rejoindre son insatiable élève. Ces longs trajets hivernaux minèrent sa santé ; Descartes mourut le 11 mars 1650 à Stockholm des suites d'une pneumonie. Il n'avait pas encore 55 ans et ne laissait aucun héritier. En revanche, il nous a légué une œuvre considérable qui influença fortement la philosophie occidentale et la démarche scientifique rationaliste.

Le cerveau machine

Fasciné par les travaux de William Harvey et de Galilée qui avaient tous deux fait appel à des principes mécaniques pour expliquer, l'un la circulation du sang, l'autre le fonctionnement du système solaire, Descartes va, à son tour, tenter d'expliquer le fonctionnement du cerveau sur des bases mécanicistes. À Amsterdam, il vit au centre de la ville, dans la Kalverstraat, le quartier des bouchers, ce qui lui permet de faire de nombreuses dissections. Il rencontre plusieurs savants, dont le médecin hollandais Plemp (Fortunatus Plempius, 1601-1671), qui l'initie à l'art de la dissection. Descartes possédaient donc de solides notions de biologie et de médecine. Stanley Finger nous raconte qu'à un visiteur désireux de voir sa bibliothèque, Descartes aurait répondu en montrant différentes parties d'un cadavre de mouton qu'il venait de disséquer : « Voilà mes livres[13]. »

Comme plusieurs autres philosophes de son époque, Descartes adhérait au concept galénique des esprits animaux (*pneuma* ou *psyché*). Pour lui, cependant, ces esprits animaux n'étaient pas générés dans le *rete mirabile*, comme le croyait Galien, mais dans la glande pinéale, une petite structure enfouie entre les deux hémisphères cérébraux, juste au-dessus de l'aqueduc cérébral. On sait aujourd'hui que la glande pinéale fonctionne un peu comme un photorécepteur et que, grâce à la sécrétion d'une hormone appelée mélatonine, elle intervient dans la régulation du cycle circadien et le contrôle de la reproduction.

Bien sûr, rien de cela n'était connu des contemporains de Descartes, mais ce dernier savait que la pinéale se trouvait près des ventricules. D'ailleurs, il avait même dessiné cette glande en la situant, à tort, à l'intérieur même des ventricules, et non au-dessus comme l'avait déjà décrit Galien (figure 3-2). Descartes proposa l'idée que les capillaires situés à la base de la pinéale agissaient comme filtres ne permettant qu'aux particules les plus fines de passer du sang vers les ventricules et ainsi être transformées en purs esprits animaux. En plus, Descartes postula que les nerfs renfermaient des filaments extrêmement fins à l'intérieur de leur long canal. Il proposa que le fait de tirer sur la partie distale de ces filaments entraînait l'ouverture de toutes petites valves dans la paroi des ventricules, permettant ainsi aux esprits animaux d'entrer dans les nerfs et d'atteindre les muscles. En s'infléchissant d'un côté et de l'autre, la glande pinéale pouvait, selon Descartes, diriger le flot des esprits animaux vers certaines ouvertures spécifiques dans la paroi ventriculaire. Il expliquait les mouvements d'inclinaison de la pinéale par l'effet de vortex causé par l'entrée rapide des esprits vitaux dans les nerfs. Descartes pensait que les mouvements de la pinéale pouvaient aussi s'expliquer par les esprits animaux qui émergeaient de différents endroits sur la surface de la pinéale. Il croyait qu'un rien pouvait faire bouger la pinéale puisque cette glande ne reposait que sur un lit de fins capillaires (figure 3-3).

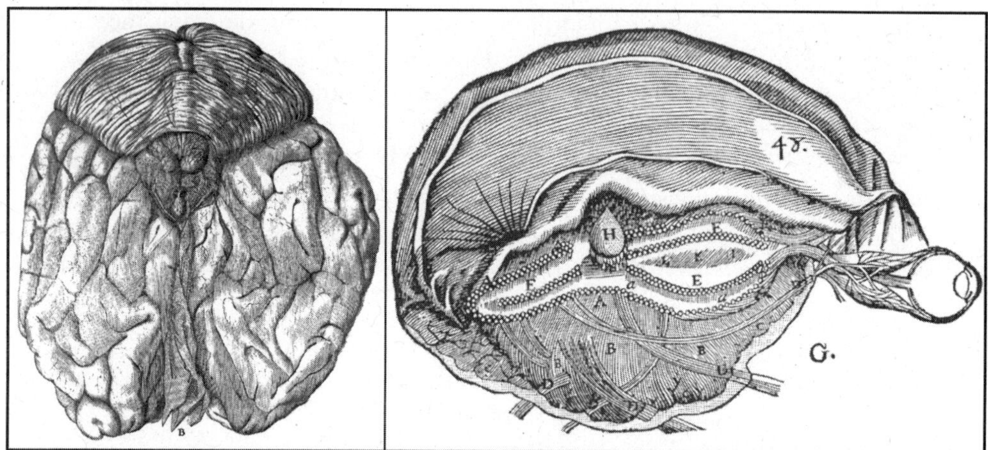

Figure 3-2. Gravures du cerveau humain tirées du *De homine* de Descartes[11]. Celle de gauche montre une vue dorsale du cerveau humain et celle de droite une vue médiane. Dans l'illustration de droite, la glande pinéale (lettre H) est placée à l'intérieur du système ventriculaire que l'on voit tapissé de pores.

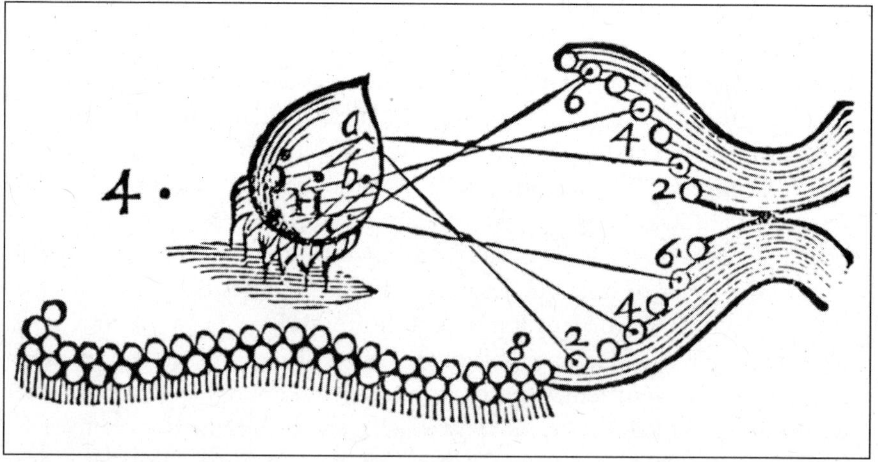

Figure 3-3. Illustration de la glande pinéale tirée du *De homine* de Descartes[11]. Ce schéma montre la glande pinéale reposant sur un lit de petits vaisseaux sanguins. En bougeant, la glande peut tirer sur les filaments qui se trouvent à l'intérieur du nerf et ouvrir ainsi les pores qui tapissent la surface des ventricules, ce qui permet la circulation des esprits animaux à l'intérieur du nerf (le nerf optique, en l'occurrence).

Bien qu'il n'ait jamais utilisé le terme
« réflexe » dans ses écrits, Descartes fut probablement le premier à être intrigué par l'idée
d'actions automatiques, telles celles de retirer sa
main rapidement lorsqu'on l'approche d'une
flamme (figure 3-4). C'est pour expliquer ce
type de comportement en termes
essentiellement mécanistiques que
Descartes imagina le concept d'actions réflexes. Il fournit alors une
explication qui, bien que théorique, nous apparaît très juste, au
point d'être encore acceptable
aujourd'hui, du moins en principe.
Le concept cartésien d'actions
réflexes reposait sur l'idée qu'une
impression sensorielle qui se rendait au cerveau, plus spécifiquement vers la pinéale, qu'il associait
au *sensus communis*, était immédiatement « réfléchie », comme la
lumière, vers les nerfs moteurs afin
d'induire une contraction musculaire appropriée et coordonnée au
stimulus sensoriel. Le tout se faisait
en dehors du domaine de la volonté
et de la conscience.

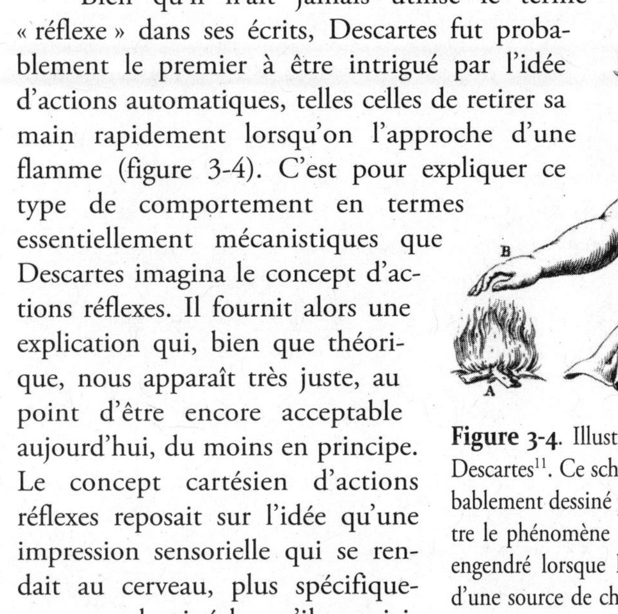

Figure 3-4. Illustration tirée du *De homine* de
Descartes[11]. Ce schéma souvent reproduit et probablement dessiné par Descartes lui-même, montre le phénomène d'attention et d'action réflexe
engendré lorsque la main (lettre B) s'approche
d'une source de chaleur intense (ici un feu indiqué par la lettre A). Descartes a aussi illustré les
nerfs qui cheminent des membres supérieures
jusqu'au centre du cerveau où se trouve enfouie la
glande pinéale. Agissant comme véritable *sensus
communis*, cette glande reçoit l'information douloureuse, comme d'ailleurs tous les autres types
d'information sensorielle. En retour, elle permet
aux esprits se rendant aux muscles de compléter
l'action réflexe.

Pour Descartes, ce type de comportement automatique ne nécessitant
pas l'intervention de l'esprit caractérisait l'ensemble du comportement des
animaux, ou des « brutes » pour utiliser le langage d'alors, qu'il associait
essentiellement à des machines de type stimulus-réponse semblables aux
automates des fontaines des jardins royaux.

Ainsi que vous pouvez avoir vu, dans les grottes et les fontaines qui sont aux
jardins de nos Rois, que la seule force dont l'eau se meut en sortant de sa
source, et suffisante pour y mouvoir diverses machines, et même pour les y
faire jouer de quelques instruments, ou prononcer quelques paroles, selon la
diverse disposition des tuyaux qui la conduisent. Et véritablement l'on peut
fort bien comparer les nerfs de la machine que je vous décris, aux tuyaux des
machines de ces fontaines ; ses muscles et ses tendons, aux autres divers engins

et ressorts qui servent à les mouvoir ; ses esprits animaux, à l'eau qui les remue, dont le cœur est la source, et le cerveau le réservoir[12].

Toujours en s'appuyant sur des concepts mécanicistes, Descartes pensait pouvoir expliquer aussi facilement le sommeil et l'éveil. Il postulait que le sommeil intervenait lorsque le cerveau était relativement dépourvu d'esprits animaux. Le cerveau entrait alors dans un état de mollesse, les nerfs se relâchaient, ce qui réduisait sa capacité à répondre aux stimuli extérieurs. En revanche, lorsque les esprits animaux entraient en grand nombre dans le cerveau, ce dernier prenait de l'expansion, les nerfs devenaient plus tendus, et l'éveil survenait en s'accompagnant d'une sensibilité accrue aux stimuli externes. Ainsi, les éléments fondamentaux de la vie animale – alimentation, respiration, mouvement, reproduction, réponse aux stimuli, et autres – pouvaient être réduits à de simples actions mécaniques explicables par les lois bien établies de la physique.

La dualité du corps et de l'esprit

Selon Descartes, ces agissements de type stimulus-réponse pouvaient expliquer l'ensemble du comportement animal, mais caractérisaient uniquement les activités dites involontaires ou automatiques de l'homme : les actions réflexes. Au contraire, les actes volontaires, conscients et « réfléchis » sont des traits typiquement humains puisqu'ils impliquent l'intervention de l'esprit. L'unicité de l'homme dans la nature repose sur le fait qu'il possède un esprit. Seuls les humains peuvent penser et, en pensant, seuls les humains peuvent être certains qu'ils existent. Cette logique est résumée dans ce qui est peut-être l'expression la plus célèbre de la pensée philosophique occidentale : le *cogito ergo sum* (je pense, donc je suis), tirée du *Discours de la méthode*[7].

Descartes s'attaqua alors à un épineux problème, celui d'expliquer les interactions entre le corps et l'esprit, c'est-à-dire comment une chose matérielle (le corps) pouvait interagir avec quelque chose d'immatériel (l'esprit) et vice-versa. Bien que le problème des relations entre substance matérielle (*res extensa*) et esprit (*res cogitans*) semblait d'emblée insoluble d'un point de vue scientifique, Descartes finit par y trouver une réponse. Il émit l'hypothèse que l'âme humaine devait avoir un centre opérationnel unique et bien défini dans le cerveau, qui pourrait contrôler les mouvements des esprits animaux à travers le système nerveux. En fait, Descartes ne croyait pas vraiment que l'âme était confinée à une seule structure corporelle, mais il trouvait plus simple de considérer que l'âme exerçait son rôle à partir d'une seule structure centralisée. Il conclut que la glande pinéale était la candidate la plus sûre pour accomplir cette importante fonction régulatrice chez l'homme. C'était probablement grâce à cette glande que l'âme rationnelle, avec ses idées innées sur l'infini, l'unité et la perfection, agissait sur la machinerie du corps qui était sa demeure temporaire. De plus, l'âme était informée du flot des esprits animaux par la glande pinéale, ce qui lui permettait de percevoir, d'imaginer et de générer de nouvelles idées.

Descartes a choisi la glande pinéale comme siège de l'âme probablement à cause de son unicité ; il n'y a, en effet, qu'une seule glande pinéale, et une structure cérébrale impaire est certainement idéale pour fusionner, par exemple, les impressions visuelles provenant des deux yeux aux impressions auditives provenant des deux oreilles pour former une expérience consciente unique. La glande pinéale avait aussi deux autres avantages : sa localisation et sa mobilité. Enfouie profondément au centre du cerveau, cette glande était protégée et pouvait exercer une action déterminante. De plus, le fait qu'elle soit localisée près des ventricules faisait d'elle une sorte de fontainier capable de contrôler le système de tuyauterie et de valves d'une machinerie complexe. Pour ce qui est de la mobilité, la pinéale, reposant sur son lit vasculaire, pouvait facilement être déplacée. C'était là un atout majeur puisque l'âme rationnelle, étant immatérielle, avait besoin de toute l'aide dont elle pouvait bénéficier pour bouger la moindre chose matérielle.

Ce sont de tels raisonnements qui ont conduit Descartes à conclure que, grâce à sa capacité de sentir les mouvements et d'agir sur la glande pinéale afin que cette dernière puisse relâcher et diriger les esprits animaux, l'âme rationnelle pouvait contrôler la machinerie complexe du corps humain. C'est cette interaction entre l'âme et le corps qui permettait l'exécution harmonieuse de différents actes volontaires. En revanche, on pouvait rendre compte de tous les actes automatiques ou réflexifs sans faire intervenir l'âme rationnelle. Pour Descartes, un corps sans âme n'était qu'un automate, alors que l'âme sans le corps pouvait encore posséder des idées innées et même une riche expérience sensorielle.

Certains ont affirmé que Descartes avait choisi la pinéale comme siège de l'âme parce qu'il croyait que cette glande n'existait que chez l'homme, le seul être à posséder une âme. Il s'agit là, comme le mentionne Stanley Finger, d'une profonde erreur d'interprétation de la pensée du philosophe[13]. Descartes devait certainement savoir que la pinéale existait aussi chez les animaux, puisque même Galien en avait fait la démonstration lors de sa dissection du cerveau d'un bœuf en l'an 177 de notre ère (voir chapitre 1). À la Renaissance, Vésale avait aussi démontré l'existence de la pinéale chez le mouton (voir chapitre 2). Descartes lui-même se plaignait du fait que la pinéale était beaucoup plus difficile à trouver chez l'homme que chez l'animal, probablement parce que la glande à tendance à se calcifier tôt dans la vie chez l'humain. Dans une lettre au père Mersenne datée d'avril 1640, Descartes écrit : « Il y a trois ans à Leyde, lorsque j'ai voulu la trouver [la pinéale] chez une femme que l'on disséquait, je n'ai pu la reconnaître, bien que j'aie cherché minutieusement, et que je savais où elle devait se trouver, étant habitué à la trouver sans difficulté chez des animaux fraîchement sacrifiés[14]. »

Plus tôt la même année, Descartes expédia une lettre au médecin Lazare Meyssonnier (1602-1672) dans laquelle il associe mémoire et pinéale, et postule que la glande pourrait être moins mobile chez les individus dont l'esprit est lent. Il discute ensuite des esprits brillants et fait alors une autre allusion à la glande pinéale chez les animaux : « Pour ce qui est des très bons et subtils esprits, je pense que leur glande doit être libre de toute influence extérieure et facile à bouger, tout comme nous observons que la glande est plus petite chez l'homme qu'elle ne l'est chez les animaux, contrairement à d'autres parties du cerveau[14]. »

Malheureusement, dans ses différents ouvrages, Descartes est loin d'être clair à propos de la glande pinéale des animaux. Cependant, ses lettres nous montrent qu'il n'a jamais épousé l'idée que l'homme était unique parce qu'il était le seul à posséder une glande pinéale. Il croyait simplement que seule la pinéale humaine était habitée par l'âme rationnelle, une entité spirituelle que l'on ne retrouvait chez aucune autre créature vivante.

Les réactions à la biologie cartésienne

L'accueil réservé à la biologie cartésienne par les médecins de son temps fut plutôt froid et critique quant à son contenu concret, ses affirmations anatomiques et ses déductions physiologiques[2]. En revanche, comme le dit si bien Mirko Grmek, « la notion d'organisme-machine fascine. Elle est à la mode et envahit, avec des variantes soit matérialistes soit vitalistes, aussi bien les belles-lettres que les ouvrages scientifiques. Elle se glisse même dans le langage courant[1]. »

Louis de La Forge (1632-1672), Henricus Regius (1598-1679) et quelques autres médecins de renom appuyèrent, en tout ou en partie, les idées de Descartes. Professeur de médecine à l'Université d'Utrecht, Regius était particulièrement fasciné par l'idée que l'on puisse réduire tout le comportement animal ainsi qu'une partie du comportement humain à de simples actions de type cause-effet susceptibles d'être étudiées de façon scientifique. Les philosophes humanistes furent plus lents à accepter l'idée que le corps n'était qu'une machine complexe, mais ce concept mécaniciste fit son chemin pour finalement s'étendre à toute l'Europe. Cependant, plusieurs penseurs furent troublés par la solution de Descartes au problème du dualisme corps-esprit. L'idée d'interactions entre des entités immatérielle et matérielle semblait difficile à accepter, même pour certains de ses plus ardents adeptes. On a déjà beaucoup écrit sur les critiques du clergé, sur les batailles qui eurent lieu dans les universités et sur les procès qui se sont tenus entre l'*arrière-garde* et les *révolutionnaires cartésiens*, sans que nous ayons à insister davantage.

Pour la plupart des anatomistes et des physiologistes, l'élévation de la glande pinéale au rang de siège de l'âme n'avait pas grand sens ; on croyait la glande beaucoup trop petite pour une si noble fonction. De plus, lors d'autopsies, on avait remarqué que cette glande pouvait afficher des difformités et cela même chez des gens qui avaient semblé parfaitement normaux durant leur vie. Certains critiques ont suggéré d'autres sites possibles, comme le cervelet pour Lazare Meyssonnier, alors que d'autres prétendaient que le siège de l'âme rationnelle devait être beaucoup plus volumineux chez l'homme que chez l'animal, ce qui ne s'appliquait pas à la glande pinéale. Descartes ne niait pas le fait que la glande pinéale était proportionnellement plus petite chez l'humain que chez l'animal ; il prétendait même que cette situation favorisait l'homme, puisqu'il était plus facile à l'âme de bouger un petit objet qu'un gros. Cependant, pour plusieurs, cette argumentation manquait de logique.

L'anatomiste Danois Thomas Bertelsen (1616-1680), mieux connu sous le nom de Thomas Bartholin (ou Bartholinus), critiqua principalement l'idée que cette glande puisse être mobile et danser comme un ballon au-dessus d'une flamme. Selon lui, ce concept était farfelu, comme d'ailleurs l'était la notion de pores ventriculaires et de valves servant à disséminer les esprits. De telles structures n'avaient jamais été décrites, même par les anatomistes les plus compétents. Selon Bartholin, la théorie pinéaliste de Descartes faisait aussi face à un autre problème, soit celui de la découverte « récente » du liquide céphalorachidien ; la présence d'un liquide dans les ventricules, même le moins visqueux des fluides, gênerait considérablement les mouvements de la pinéale.

Par ailleurs, les critiques les plus érudits avaient une nette impression de déjà-vu face à la théorie pinéaliste de Descartes. En effet, l'idée que la pinéale puisse réguler le flot des esprits animaux remontait probablement à Hérophile, anatomiste ayant vécu à Alexandrie environ 300 ans avant notre ère (voir chapitre 1). Quelques centaines d'années après Hérophile, l'idée que la pinéale puisse, en se soulevant et s'abaissant, réguler le flot des esprits animaux, fut considérée comme absurde par nul autre que Galien lui-même : « L'idée que le corps pinéal régule le passage du pneuma est l'opinion de ceux qui sont ignorants [...] Puisque cette glande [...] ne fait en aucun cas partie du cerveau et est attachée non pas à l'intérieur mais à l'extérieur des ventricules, comment pourrait-elle, ne pouvant se mouvoir par elle-même, avoir un si grand effet sur le canal ? Pourquoi dois-je mentionner combien ignorantes et stupides sont de telles opinions[15] ? »

Figure 3-5. Nicolas Sténon quelques années avant sa mort en 1686. En plus d'être membre du clergé catholique, ce médecin d'origine danoise s'est illustré tant dans le domaine de l'anatomie humaine que dans celui de la géologie et de la paléontologie. Gravure faisant partie de la collection de l'Académie nationale de médecine, Paris.

Malgré cette sévère mise en garde de Galien, certains scientifiques venus après lui, Jean Fernel (1497-1558) entre autres, empêchèrent la théorie pinéaliste de sombrer dans l'oubli. Il est vrai que Descartes modifia et développa davantage la théorie pinéaliste, mais pas suffisamment au dire de certains pour que ses idées ne soient autre chose qu'une variante sur un thème qui aurait dû être abandonné des siècles auparavant. Plusieurs intellectuels du XVIIᵉ siècle, dont l'anatomiste danois Niels Stensen (1638-1686), mieux connu sous le nom de Nicolas Sténon (figure 3-5), considéraient comme naïve et même dépourvue d'originalité la théorie pinéaliste de Descartes. Au printemps 1665, Sténon séjourna à Paris et prononça, dans la résidence d'été de Melchisédec Thévenot à Issy, son célèbre *Discours sur l'anatomie du cerveau*, qui fut publié en 1669[16]. Dans son discours, Sténon arguait que la théorie de Descartes était physiologiquement intenable.

Il affirmait que « bien que la méthode de Descartes soit digne d'éloges, on doit blâmer une philosophie dont l'auteur oublie sa propre méthode et prend pour acquis ce qui n'a pas encore été démontré par la raison[16] ». Le texte du discours de Sténon n'est pas seulement une réfutation cinglante des affirmations de Descartes et des idées alors en vogue concernant la structure et la fonction du cerveau, il est surtout un programme pour étudier l'encéphale d'une manière nouvelle[17]. Cette publication de Sténon[16] contient d'ailleurs des illustrations intéressantes qui présentent le cerveau humain sous un angle nouveau ainsi que des descriptions originales des relations qu'entretiennent certaines structures cérébrales entre elles.

L'homme et l'animal

Un des aspects souvent négligés de l'immense héritage philosophique de Descartes est que sa théorie voulant que l'homme soit radicalement différent de l'animal a conduit à des recherches détaillées ayant pour but de définir précisément ce qui différencie l'homme de l'animal. Dans un premier temps, la notion d'une séparation nette entre l'animal et l'humain proposée par Descartes déclencha une formidable controverse entre « matérialistes » d'une part, et « vitalistes » ou « cognitivistes » d'autre part, controverse qui dura jusqu'à la fin du XVIIIe siècle. Dans un second temps, cette même problématique conduisit à un rapprochement progressif entre l'homme et l'animal qui s'initia à partir du milieu du XIXe siècle.

Parmi les contemporains de Descartes, Nicolas de Malebranche (1638-1715) fut certainement un des plus ardents défenseurs de l'idée de l'animal-machine. Pour cet ecclésiastique davantage intéressé par l'âme humaine que par le comportement animal, les animaux « mangeaient sans plaisir, hurlaient sans douleur, croissaient sans le savoir, ne désiraient rien, ne craignaient rien et ne connaissaient rien[18] ». Cependant, la palme de la vision matérialiste revient sans l'ombre d'un doute à Julien de La Mettrie (1709-1751) qui publia en 1748 *L'Homme-machine*[19], un livre qui fit scandale et le força à s'exiler à Berlin. Dans cet ouvrage, La Mettrie, que l'on finit par appeler « Monsieur Machine », va jusqu'à écrire que les êtres humains, comme leurs cousins les animaux, ne sont rien de plus que des automates sans âme. Selon lui, les humains sont supérieurs aux animaux grâce à leur cerveau mieux développé et non pas à cause d'une quelconque âme rationnelle. Pour lui, toutes les facultés de l'âme « dépendent tellement de la propre organisation du cerveau et de tout le corps qu'elles ne sont visiblement que cette organisation même[19] ».

En revanche, les cognitivistes prétendaient que les animaux supérieurs pouvaient percevoir, penser et mémoriser. Pour eux, il n'était pas acceptable de rabaisser l'homme à l'état d'animal, comme l'avait fait La Mettrie, mais il était louable de tenter de rapprocher davantage les animaux de l'homme, surtout si l'on tenait compte des capacités cognitives des animaux, capacités qui avaient largement été négligées jusque-là. Puisque les animaux possédaient des organes des sens, ils devaient pouvoir percevoir et faire l'expérience du monde autant que les hommes. Pierre Gassend (dit Gassendi, 1592-1655), l'influent philosophe Français du XVIIᵉ siècle et ardent défenseur de Galilée, était l'un des chef de file de l'école cognitiviste. Selon lui, la différence d'intelligence entre l'homme et les animaux supérieurs n'était qu'une question de degré. Par un curieux retour des choses, humains et animaux se sont trouvé liés les uns aux autres plus que jamais auparavant au milieu du XIXᵉ siècle par la théorie de l'évolution des espèces de Charles Darwin (1809-1882) et Alfred Russel Wallace (1823-1913). Bien que cette théorie fut aussi le sujet d'une énorme controverse, la plupart des scientifiques épousèrent progressivement l'idée d'une progression graduelle de l'animal à l'homme, comme l'avait déjà envisagé Gassendi.

De l'autre côté de la Manche

Les travaux de René Descartes eurent une influence considérable sur la pensée philosophique occidentale au XVIIᵉ siècle. Bien que reçue avec un certain scepticisme, sa vision mécaniciste de l'homme et des animaux permit d'aborder l'étude de l'organisation anatomique et fonctionnelle des êtres vivants de façon beaucoup plus concrète et tangible. Ainsi, la deuxième moitié du XVIIᵉ siècle verra l'émergence de la neurologie basée sur une connaissance précise de l'anatomie cérébrale, ce qui relèguera à l'arrière-scène le modèle philosophique élaboré par Descartes pour expliquer le fonctionnement du cerveau. Cette avancée ne sera pas le fruit du labeur des philosophes français, comme on s'y serait attendu suite aux efforts consentis en ce sens par Descartes, mais bien plutôt le résultat du travail d'un petit groupe de médecins cliniciens anglais regroupés autour de Thomas Willis (1621-1675), une des figures centrales du développement des sciences neurologiques (figure 3-6).

Thomas Willis partageait avec René Descartes la tendance irrépressible à la spéculation typique des scientifiques du Grand Siècle. Cependant, l'approche que Willis utilisa pour étudier le cerveau fut radicalement différente de celle de Descartes, dont les concepts physiologiques baignaient encore dans la théorie humorale. La vision que Willis allait élaborer était davantage tributaire des données du laboratoire et de la clinique. En ce sens, Willis doit être reconnu comme l'un des premiers représentants d'un nouveau type de physiologiste médical[13].

Figure 3-6. Thomas Willis à l'âge de 45 ans. Gravure servant de frontispice à son *De anima brutorum*, publié à Londres en 1772[22].

Contrairement à Descartes, Willis ne s'est pas lancé dans une tentative éperdue visant à définir les interactions entre l'immatériel et le matériel, entre l'esprit et le corps. Il n'a pas non plus tenté de disséquer et comprendre l'âme humaine. Cependant, il partageait l'avis de Descartes pour ce qui est de l'importance d'en savoir davantage sur le cerveau, thème récurrent dans son célèbre ouvrage *Cerebri anatome*[20] (« L'anatomie cérébrale ») publié à Londres en 1664. Comme Descartes, Willis a épousé l'idée de l'existence de structures cérébrales assurant le contrôle de différentes fonctions spécifiques. Cependant, contrairement à Descartes qui avait mis seulement l'accent sur la glande pinéale, Willis aborda la connaissance de l'encéphale en envisageant plusieurs niveaux fonctionnels différents. Il croyait que les structures localisées dans les régions supérieures de l'encéphale occupaient des fonctions caractérisant les organismes supérieurs alors que celles des étages inférieurs, comme le cervelet et le tronc cérébral, se chargeaient des fonctions élémentaires communes à l'ensemble des espèces.

La fulgurante carrière de Thomas Willis

Thomas Willis est né le 27 janvier 1621 dans le Wiltshire anglais, plus exactement dans la petite ville de Great Bedwyn près d'Oxford. Bien qu'il aspirât à devenir médecin, Willis reçut une éducation médicale on ne peut plus sommaire. Commencées à Oxford en 1643, ses études de médecine ne durèrent qu'environ six mois, car elles furent interrompues par la guerre civile anglaise (1642-1651) qui éclata un an plus tôt et qui opposa Oliver Cromwell (1599-1658) et son groupe de *Parlementaires* au roi Charles Ier d'Angleterre (1600-1649) et ses forces royalistes. Lorsque Charles Ier s'installa à Oxford, toutes les activités académiques cessèrent et cette ville devint une véritable garnison. Lorsque Willis obtint son baccalauréat en 1646, sa formation médicale se résumait à l'équivalent d'un diplôme de maître ès arts, doublée d'une connaissance de base en latin ainsi que d'une excellente maîtrise du système philosophique aristotélicien. Willis tenta néanmoins de s'établir comme médecin généraliste à Oxford, mais ses débuts furent difficiles puisqu'il se trouvait dans des conditions financières précaires. Cependant, avec le temps, Willis allait surmonter cet handicap et devenir l'un des médecins les plus courus d'Angleterre.

Dans le sillage de Paracelse, Willis utilisait une médecine qui reposait sur les soi-disant principes actifs du mercure, du sulfure et du sel, auxquels il rajouta deux substances inertes, soit l'eau et la terre. Comme son prédécesseur suisse, il souhait qu'une nouvelle chimie médicinale remplace la pharmacopée humorale gréco-romaine, idée très clairement exprimée dans ses premiers ouvrages qui traitent de fermentation, de fièvre et d'urine. Cependant, le respect que l'on voue aujourd'hui à Willis n'a rien à voir avec son incursion dans le monde de l'iatrochimie, mais découle du regard neuf qu'il jeta sur l'organisation anatomique et fonctionnelle du cerveau humain. Cependant, il semble que l'étude du système nerveux n'attira l'attention de Willis qu'après qu'il se fût associé à un groupe de philosophes de la nature, dont certains s'intéressaient beaucoup à l'anatomie et à la pathologie du cerveau. Comme Descartes avant eux, ces philosophes voulaient développer une approche méthodologique originale qui leur permettrait de jeter un éclairage neuf sur le fonctionnement du cerveau. La série d'épidémies qui frappa la région d'Oxford au cours des années 1650 fut un deuxième facteur qui rapprocha Willis du cerveau. Les individus frappés par ces épidémies souffraient souvent de méningite, pathologie qui touchait directement le système nerveux ; l'autopsie du cerveau de certaines victimes permit à Willis de se rendre compte à quel point la connaissance de l'encéphale était imparfaite.

Willis reçut le titre de docteur en médecine en 1660, l'année même où l'on restaura la monarchie en Angleterre. Willis était alors déjà marié depuis trois ans à Mary Fell, dont le père, John Fell (1625-1686), avait été doyen du Christ Church College à Oxford. Gilbert Sheldon (1598-1677), archevêque de Canterburry, aurait lui-même recommandé Willis en vue de l'obtention du titre de docteur, lequel s'accompagnait d'une élection au poste convoité de *Sedleian Professor of Natural Philosophy* au Christ Church College. Cependant, aussi prestigieuse qu'elle fut, cette chaire ne correspondait pas à une position d'ordre médical ; elle exigeait de son titulaire qu'il enseigne au moins deux fois par semaine selon la tradition aristotélicienne. Cependant, Willis donna une interprétation beaucoup plus large du rôle de *Sedleian Professor* à Oxford et profita de ce poste pour étudier d'une façon très personnelle les sens, les nerfs et les « affections de l'âme ». La préparation de ses cours nécessitait beaucoup de matériels provenant d'autopsies de différents animaux ainsi que de cadavres humains, principalement ceux de criminels condamnés au gibet. Dans le sillage d'Aristote et de Galien, Willis commença à disséquer porcs, chevaux, chèvres, moutons, renards, chiens, chats, lièvres, singes, poules et poissons. Même les huîtres, les homards, les vers de terre et les vers à soie ne purent échapper à son scalpel ; peu d'anatomistes avant lui avaient prêté attention à des créatures aussi primitives que ces invertébrés.

L'Université d'Oxford avait beaucoup changé entre le moment où Willis y était étudiant en médecine et celui où il y devint professeur. Les liens qui reliaient la prestigieuse université au passé médiéval avaient été rompus et, grâce à des hommes comme Willis, Oxford allait bientôt devenir un centre majeur de diffusion des idées nouvelles. La chute de la garnison royaliste en 1646 fut l'élément déclencheur de cette transformation ; elle conduisit au licenciement des membres ultraconservateurs de la faculté de médecine. Ces changements longtemps attendus survécurent à la restauration de la monarchie en 1660. Les liens qui reliaient la neurologie naissante à diverses notions obscures s'estompaient partout en Europe. Les anciennes idées, telle celle qui associait la perception, la cognition et la mémoire à différentes cavités du cerveau, ou celle qui considérait le phlegme (la pituite) comme un déchet de l'organe de l'esprit, perdaient de plus en plus de terrain.

Pour l'essentiel, les idées de Willis sur l'organisation du système nerveux sont résumées dans son *Cerebri anatome*[20]. Écrite en latin et publiée pour la première fois en 1664, cette œuvre fondatrice de la neurologie traite du cerveau, de la moelle épinière et des nerfs. Dès sa sortie de presse, on reconnut l'importance et le caractère novateur de l'ouvrage. Malgré son titre, le livre ne traite pas uniquement d'anatomie, car l'intérêt de Willis pour la physiologie des nerfs et du cerveau transparaît tout au long du texte. Les écrits de Willis eurent un écho retentissant dans toute l'Europe surtout grâce à la publication de son *Opera omnia*[21], un traité qui réunissait ses principaux ouvrages et qui connut pas moins de neuf rééditions.

Comme Descartes avant lui, Willis a été grandement influencé par William Harvey et sa théorie de la circulation du sang. On sait qu'Harvey résida à Oxford entre 1642 et 1646 et qu'il a alors agi à titre de médecin consultant auprès de Charles Ier. Durant cette période, Harvey prit soin de bien expliquer aux membres de la faculté de médecine comment le sang circulait à travers le système clos constitué par les artères et les veines. Contrairement à Descartes, Harvey croyait que les tissus solides de l'organisme étaient beaucoup plus importants que les fluides (ou humeurs). Il insistait particulièrement sur le tissu musculaire du cœur qui, en agissant comme une pompe, était responsable des mouvements du sang et non l'inverse. Willis devait plus tard appliquer cette même logique au cerveau, en faisant une large place à la substance cérébrale et non aux cavités du cerveau qui servaient de réservoir aux fluides. Cependant, on ne sait pas si Willis a assisté aux leçons données par Harvey à ce moment-là, ni même s'il a connu personnellement le célèbre physiologiste. Ce qui est certain, c'est que Willis a bien compris le message d'Harvey qui réclamait une nouvelle physiologie et qu'il a tenté d'y répondre dans *Cerebri anatome*.

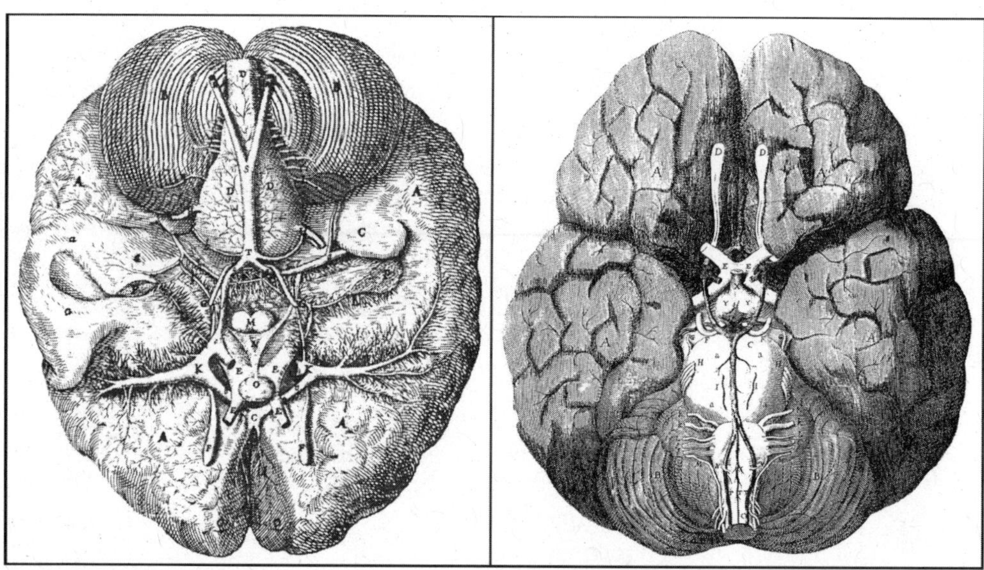

Figure 3-7. À gauche, une illustration de l'anatomiste allemand Johann Vesling (Veslingius) pour son *Syntagma anatomicum*[23] publié à Padoue en 1647. Avant d'être publiée par Veslingius, cette figure fut d'abord modifiée par l'anatomiste danois Caspar Bartholin qui l'utilisa dans ses *Institutiones anatomicae*[24] qui parurent pour la première fois à Leyde en 1645. Il s'agit de l'illustration la plus fidèle de l'organisation des vaisseaux à la base du cerveau avant la contribution de Willis. À droite, la première figure de *Cerebri anatome*[20] de Willis. Cette gravure sur cuivre, d'après un dessin de Christopher Wren, montre la face ventrale du cerveau humain. Elle nous offre une image détaillée de ce qui sera désigné sous le terme de polygone (ou cercle) de Willis. On peut noter aussi la représentation assez fidèle de la distribution des nerfs crâniens (12 paires et non plus 7 paires, comme au temps de Galien et Vésale). Notez que les deux images sont inversées ; le lobe frontal du cerveau se trouve en bas de l'image de gauche et en haut de celle de droite.

Dans l'épilogue de *Cerebri anatome*, Willis promet d'écrire un autre livre qui traitera cette fois des relations entre l'âme et le corps et servira de complément à ses textes sur l'anatomie. Fidèle à sa parole, il publie en 1672 *De anima brutorum*[22] (« L'âme des animaux »), un ouvrage définitivement plus orienté vers la clinique. Ce volume parut quelques années seulement après que Willis eut déménagé à Londres afin de répondre à la demande de Gilbert Sheldon. Ce dernier, à qui Willis dédia ses ouvrages sur le système nerveux, était l'ami et le patient de Willis. L'archevêque avait lancé cet appel à l'aide parce que beaucoup de médecins avaient fui la ville de Londres lors de l'épidémie de peste de 1665 et que beaucoup de ceux qui décidèrent de rester y laissèrent la vie. Willis répondit à cette demande d'aide médicale en 1667, tout en conservant son poste de professeur à Oxford et en gardant des liens étroits avec cette ville universitaire. Willis mourut des suites d'une pneumonie en 1675. Il était alors âgé de 54 ans et sa mort survint trois ans à peine après la parution de *De anima brutorum* et avant que cet ouvrage ne fut traduit du latin à l'anglais. Il eut l'honneur d'être inhumé à l'Abbaye de Westminster.

Un travail d'équipe

Même si seul le nom de Willis y est intimement associé, *Cerebri anatome* fut, en fait, le résultat d'un effort de groupe. D'ailleurs, Willis remercie dans son texte plusieurs collègues qui ont contribué à cet ouvrage. C'est particulièrement le cas pour Richard Lower (1631-1690), un expérimentateur talentueux ; il fut l'un des premiers à effectuer une transfusion sanguine. Lower a grandement aidé Willis dans son travail d'anatomiste et de physiologiste ; les deux hommes étaient d'ailleurs si inséparables que Lower suivit Willis à Londres lorsque ce dernier y déménagea avec sa famille. Willis exprima aussi sa gratitude envers Robert Boyle (1627-1691) célèbre physicien et chimiste qui formula les lois des gaz et à qui l'on attribue souvent le titre de fondateur de la chimie moderne. Le médecin Thomas Millington (1628-1704), qui allait succéder à Willis comme *Sedleian Professor* à Oxford, fut un autre collaborateur important à titre d'expert clinicien. Pour sa part, Edmund King (1629-1709), chirurgien londonien qui devint par la suite médecin au service du roi Charles II, assista Willis dans ses dissections.

Christopher Wren (1632-1723), qui fut plus tard anobli, devint un des collaborateurs les plus prestigieux de Willis. Il apporta une aide précieuse aux dissections de Willis, entre autres en injectant de l'encre dans les vaisseaux sanguins afin de mieux les visualiser. Ce procédé permis d'obtenir une image très détaillée de l'organisation des vaisseaux sanguins qui forment, à la base du cerveau, un polygone qui porte toujours le nom de Willis (figure 3-7). On est loin ici du nébuleux *rete mirabile* de Galien qui, pourtant, occupait la même position anatomique que le polygone de Willis. Christopher Wren est aussi responsable de plusieurs des merveilleuses gravures sur cuivre qui ont servi à l'illustration du *Cerebri anatome*. D'ailleurs, Willis reconnaît clairement dans la préface de cet ouvrage le fait que le « Docteur Wren a gracieusement accepté de tracer de sa main talentueuse plusieurs dessins du cerveau et du crâne afin que le travail puisse être plus exact[20] ». Wren devint célèbre en tant qu'architecte de la cathédrale Saint-Paul de Londres ; il fut d'ailleurs chargé de reconstruire des quartiers entiers de Londres qui avaient été dévastés lors du grand incendie de 1666.

En plus d'avoir travaillé ensemble, Wren, Lower, Millington, King et les autres membres talentueux du groupe qui avait Willis comme centre se sont efforcés de créer un nouvel esprit de collaboration et de prôner le partage des idées et des talents en sciences. Tous s'entendaient pour dire que de telles collaborations entre scientifiques de différents horizons ne pouvaient que faciliter l'avancement de la science. Cet « Invisible College », pour utiliser l'expression de Boyle, ou cet « Experimental Philosophical Clubbe », joua un rôle important dans la création de la Société royale de Londres (*Royal Society of London*). Le nom de Willis apparaît sur la liste de ses quarante membres lorsqu'elle fut fondée en 1660 pour promouvoir la connaissance de la nature (*Natural Knowledge*). En 1664, Willis devint aussi membre du Collège royal de médecine (*Royal College of Physicians*).

Willis et la dualité du corps et de l'esprit

Willis croyait profondément à l'enseignement de l'Église anglicane ; il ne voulut en aucune façon offenser le clergé par ses œuvres et aborda très prudemment les questions touchant à l'âme ou à l'esprit. Il fit une distinction très nette entre l'âme immortelle de l'homme et l'âme des brutes, qu'il appelait aussi *âme corporelle* ou *âme matérielle*. Après avoir précisé que, selon lui, seuls les êtres humains possèdent une âme immortelle, il s'empressa d'expliquer que cette âme immortelle ne pouvait pas être étudiée d'un point de vue anatomique et physiologique. Willis prétendait que, bien qu'elle puisse être analysée par les membres du clergé et les philosophes, l'âme immortelle n'était pas un sujet tangible d'étude pour ceux qui œuvrent dans le domaine des sciences de la nature.

En revanche, Willis considérait l'âme matérielle comme une entité que nous partageons avec les animaux. Bien qu'inférieure à l'âme immatérielle,

elle était une force suprême pour les animaux. Willis soutenait que, puisque les animaux faisaient montre de phénomènes cognitifs, perceptifs et mnémoniques rudimentaires, ces fonctions devaient être associées à l'âme matérielle, donc reliées au cerveau et éventuellement soumises à des études scientifiques, à la fois chez l'animal et l'homme. Willis venait ainsi de rejeter d'une façon très élégante l'idée que l'homme est le seul être vivant à penser et agir de façon rationnelle, idée qui occupait une position centrale dans le corpus cartésien. Willis semblait avoir beaucoup plus d'affinités avec Gassendi, dont les idées avaient été discutées au sein du groupe de scientifiques entourant Willis. À la satisfaction de l'Église, Willis maintenait que l'âme des brutes était matérielle, donc incapable de survivre à la mort du corps. Selon Robert Martensen, Willis réussit à élaborer « un modèle *neurocentrique* du corps humain et une théorie de l'âme qui fut adoptée – et même enseignée – par les élites anglicanes[25] ». Willis soutenait qu'il existe une « interaction entre ces deux âmes, de telle sorte qu'une maladie touchant les particules de l'âme animale ou une lésion cérébrale pouvaient entraîner la perte de l'usage de la raison[25] ».

Ainsi, tout en gardant sa foi en Dieu et sa dévotion envers l'Église d'Angleterre, Willis réussit à contourner élégamment l'épineuse question des relations entre l'âme et le corps. Il se sentit alors libre de coucher sur papier ses idées à propos des fonctions cérébrales.

Une vision « solidiste » des fonctions cérébrales

Willis possédait un style des plus fleuris et fut un grand novateur dans le domaine de la terminologie neurologique. Ses textes latins, ainsi que les traductions anglaises qu'en fit Samuel Pordage (1633-1691), foisonnent de mots nouveaux qui sont encore utilisés de nos jours. À ce titre, on peut mentionner celui de *neurologie* qui apparaît pour la première fois dans l'édition anglaise de *Cerebri anatome* publiée en 1681. Ce terme, qui prit une connotation très générale après le XVIIe siècle, se référait alors à la *doctrine des nerfs* (*doctrine of the nerves*), soit les nerfs crâniens, spinaux et autonomes, que l'on différenciait clairement du cerveau et de la moelle épinière. Willis a aussi utilisé, probablement pour la première fois dans la langue de Shakespeare, le terme de *psychologie* dont il se sert dans *De Anima brutorum* pour désigner la *doctrine de l'âme*. Willis a aussi défini toute une kyrielle de termes anatomiques, comme *lobe*, *hémisphère*, *pyramide*, *pédoncule* et *corps strié*.

Les textes de Willis sont en général assez faciles à lire, pour autant que l'on tienne compte du fait que certains termes qu'il utilisait à l'époque n'ont plus la même signification aujourd'hui. C'est le cas, entre autres, de *cerebel*, ancien terme utilisé pour désigner le cervelet. Pour Willis, ce terme n'était pas restreint au *petit cerveau* (ou *cerebellum*), mais comprenait aussi des composantes du tronc cérébral situé en dessous du cervelet, comme le mésencéphale et la protubérance, qu'il considérait être des appendices du cervelet. De même, le terme *corps calleux* (*corpus callosum*) n'était pas limité au principal système de fibres commissurales inter-hémisphériques que nous connaissons aujourd'hui, mais se rapportait à l'ensemble de la matière blanche située sous la surface corticale des hémisphères cérébraux. Il en va de même pour le terme *medulla*, qui, pour la majorité d'entre nous, correspond à la portion inférieure du tronc cérébral que l'on appelle couramment *medulla oblongata* (moelle allongée ou bulbe rachidien). Cependant, Willis utilisait le terme *medulla* ou *substance médullaire* pour désigner la structure en forme de « Y » qui comprend l'ensemble du tronc cérébral et qui s'étend de la moelle épinière au corps calleux, comme l'a défini Willis. Ces précisions terminologiques sont essentielles pour la compréhension des textes de Willis.

Tout au long de la Renaissance, plusieurs scientifiques continuèrent de penser que la mémoire était située dans le ventricule postérieur (le quatrième ventricule), même si certains la localisaient alors dans le cervelet. En effet, on trouve l'idée que le cervelet pouvait jouer un rôle mnémonique dans la fameuse *Fabrica* de Vésale (1543). Au cours de la première moitié du XVIIe siècle, l'anatomiste allemand Johann Vesling (Johannes Veslingius, 1598-1649) et le médecin Hollandais Nicolaes Tulp (1593-1674), qui figure sur la célèbre *Leçon d'anatomie* de Rembrandt (figure 3-8), considéraient aussi le cervelet comme le siège probable de la mémoire. Willis, lui-même, épousa initialement cette idée, mais la rejeta par la suite au profit d'une conception beaucoup plus moderne, à savoir que la mémoire et l'imagination (*memoria* et *imaginatio*, les termes que Willis utilisait pour se référer à la cognition) résidaient sur les *rives supérieures* (*outmost banks*) des hémisphères cérébraux. Pour Willis, les capacités mnémoniques supérieures de l'homme impliquaient l'impression d'images au niveau cortical et la possibilité d'accéder à ces images lorsque nous en avons besoin. Grâce à de nombreuses dissections de cerveaux de plusieurs espèces animales, Willis fit remarquer à ses contemporains le nombre important de sillons profonds qui caractérisent le cerveau humain, les animaux présentant une surface corticale relativement lisse par comparaison à celle de l'homme. En plus de connaissances remarquables en anatomie comparée, Willis bénéficiait d'une longue expérience clinique. Cette dernière lui permit d'associer directement la présence de lésions ou de dégénérescences dans le cortex cérébral à une perte de capacités mnémoniques chez l'homme, d'où sa célèbre formule : « Inter plica cerebri memoria et reminiscentia[21] » (« entre les repliements du cerveau siègent la mémoire et la réminiscence »).

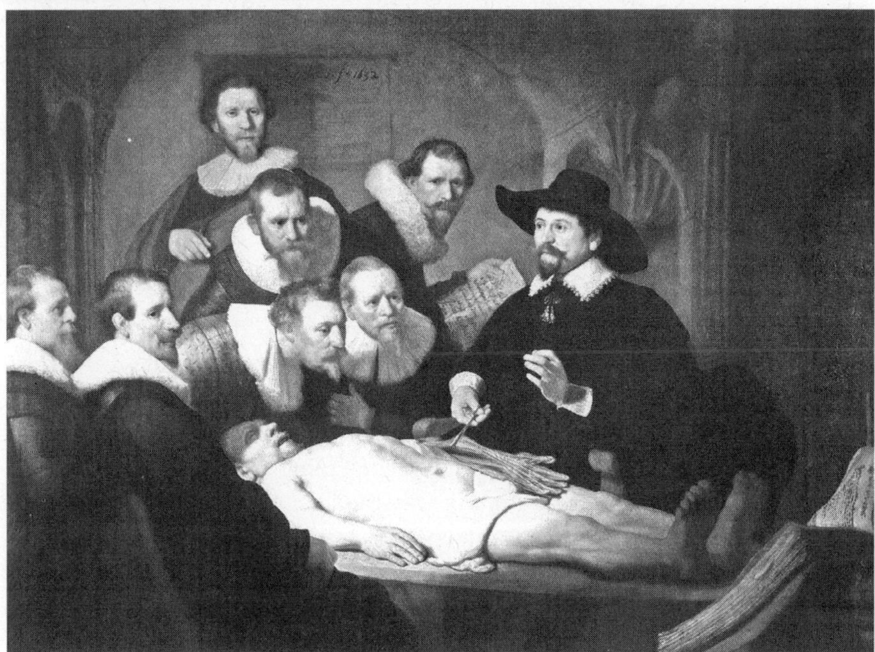

Figure 3-8. La *Leçon d'anatomie* que le célèbre peintre flamand Rembrandt van Rijn (1606-1660) a réalisée en 1632 alors qu'il n'était âgé que de 26 ans. Le personnage central de cette toile, le médecin hollandais Nicolaes Tulp, porte un chapeau à larges bords et procède à la dissection d'un cadavre d'homme devant un groupe de collègues très attentifs. Cette scène de dissection typique du XVIIe siècle diffère considérablement des scènes de dissection lourdes, empesées et très académiques du haut Moyen Âge et de la basse Renaissance. Musée Maritshuis, La Haye, Pays-Bas.

Willis fit une distinction physiologique très nette entre la matière grise qui recouvre le cerveau et la matière blanche (corps calleux) sous-jacente ; pour lui, la première était le siège de la mémoire et la seconde le centre de l'imagination et de la cogitation. La présence de nombreux vaisseaux sanguins au niveau de la matière grise le conduisit à proposer l'idée que les esprits animaux étaient générés et emmagasinés au niveau du cortex cérébral. Il considérait que la matière blanche sous-jacente renfermait de nombreuses voies ou routes servant à la dispensation de ces esprits à partir du cortex vers les centres nerveux situés sous le cortex, et vice-versa. En attribuant à la substance cérébrale le rôle de générer les esprits animaux, Willis donnait plus d'ampleur à une idée similaire formulée quelques années auparavant par Franciscus de la Boë Sylvius (1614-1672) qui avait travaillé en tant qu'anatomiste et médecin clinicien d'abord à Amsterdam, puis à Leyde aux Pays-Bas. Dans une thèse[26] présentée à Amsterdam en 1660, Franciscus Sylvius soutint l'idée que, au lieu d'être généré dans le *rete mirabile* ou les ventricules cérébraux, les esprits animaux ou psychiques émergent du cortex des hémisphères cérébraux ainsi que du cervelet.

Willis abandonna définitivement l'idée que les ventricules cérébraux étaient le siège des hautes fonctions mentales. D'ailleurs, cette notion ancienne qui occupait une position centrale dans la théorie pinéaliste de Descartes ne fut plus jamais reprise après Willis. Ce dernier considérait les ventricules comme de simples vacuités et se comparait lui-même à un astronome qui prête peu d'attention aux espaces vides. Willis a évidemment eut raison de préférer le solide aux fluides – le cerveau aux ventricules cérébraux – comme siège de la mémoire, de la cognition, de la volition et de l'imagination. Il avait vu juste aussi en faisant une distinction physiologique claire entre matière grise et matière blanche. Cependant, l'idée qu'il se faisait de l'écorce cérébrale et de ses nombreux vaisseaux sanguins dans la formation d'esprits éthérés est loin d'être une percée scientifique importante. C'est néanmoins à partir de Willis que la substance cérébrale remplaça définitivement les ventricules cérébraux comme siège des hautes fonctions mentales. La vision solidiste du fonctionnement cérébral entrevue par Galien à la fin de sa vie, pressentie par Vésale à la Renaissance, et démontrée par Willis au XVIIe siècle, prévaut toujours aujourd'hui.

Le corps strié, la motricité et les sensations

C'est encore Willis qui nous a donné la première description détaillée du corps strié (*corpus striatum*) ou corps cannelé. Dans *Cerebri anatome*, il note pour la première fois l'existence de structures enfouies dans la partie antérieure des hémisphères cérébraux sous la surface corticale et dont l'apparence striée résulte d'une alternance de bandes de matière blanche et grise (figure 3-9). Il attribua très tôt un rôle moteur au corps strié ; il pensait qu'à cause des canaux qu'il renferme, cette structure pouvait transmettre à la substance médullaire les esprits vitaux générés au niveau cortical, et de là vers les nerfs périphériques et les muscles. Cette idée semblait confortée par des données d'autopsies montrant une atrophie du corps strié chez des patients ayant souffert de paralysie. En plus de son implication dans le contrôle du mouvement, Willis croyait que le corps strié était le siège de la perception sensorielle. Mais, pour lui, le corps strié était beaucoup plus que le *sensus commu-*

nis de la médecine galénique puisqu'il le croyait impliqué dans le contrôle à la fois du mouvement et des sensations, un véritable répartiteur des esprits vers les centres nerveux supérieurs et inférieurs.

Aujourd'hui, nous savons que le corps strié fait partie d'un vaste ensemble de masses de matière grise enfouies sous le cortex et appelé *ganglions de la base*. Ces structures sous-corticales jouent un rôle dans le contrôle moteur, comme en font foi les troubles du mouvement observés chez les patients souffrant de la maladie de Parkinson ou de la chorée de Huntington, deux pathologies caractérisées par une atteinte des corps striés. Willis avait donc vu juste en attribuant à cette structure nerveuse un rôle dans le contrôle du mouvement, mais il était dans l'erreur en l'associant aux perceptions sensorielles. Cette dernière fonction est aujourd'hui attribuée au *thalamus*, une énorme masse de cellules nerveuses située près du corps strié et qui reçoit et intègre l'ensemble des modalités sensorielles, sauf l'olfaction. Si Willis avait eu l'idée de relier spécifiquement le *corps strié* au mouvement et le thalamus aux sensations, sa vision des structures cérébrales intervenant dans le contrôle moteur et l'intégration de l'information sensorielle serait encore valable aujourd'hui. À la défense de Willis, cependant, il faut dire que la distinction nette entre corps strié et thalamus ne se fera vraiment qu'au XIXᵉ siècle.

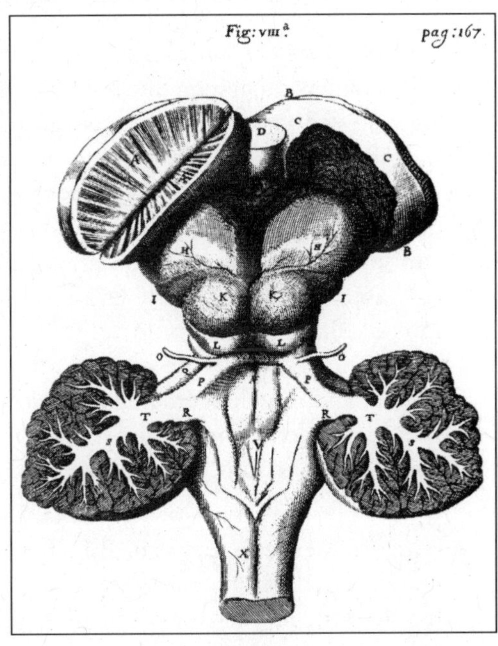

Figure 3-9. Illustration de T. Willis dans *Cerebri anatome*[20]. Elle nous fait découvrir pour la première fois le *corpus striatum* (corps strié ou striatum). Elle nous montre une vue dorsale d'un cerveau de mouton où l'on a enlevé les hémisphères cérébraux pour mieux faire voir le tronc cérébral qui s'étend ici du bulbe rachidien (bas de la figure) au corps strié (haut de la figure). Le cervelet a été sectionné en deux parties qui reposent de chaque côté du tronc cérébral, ce qui nous permet de voir le quatrième ventricule (lettre V) en détail. Le corps strié qui coiffe la partie supérieure du tronc cérébral est intact du côté droit (ses limites sont indiquées par les lettres B et C), mais il est séparé en deux du côté gauche (lettre A) afin qu'on puisse mieux voir les cannelures (ou stries) qui le caractérisent.

Le cervelet et les fonctions involontaires

Willis croyait le cerveau responsable de la production des esprits qui contrôlent les actes conscients et volontaires et attribuait au cervelet la gestion des activités internes, viscérales et inconscientes. Pour lui, le cervelet était le *maître des fonctions involontaires*. Comme à l'habitude, Willis arriva à cette conclusion grâce à une série d'éléments convergents. Il s'aida d'abord de ses vastes connaissances en anatomie comparée qui lui avaient appris que la morphologie et les dimensions du cervelet variaient peu d'une espèce à l'autre ; on pouvait donc facilement attribuer à cette structure des fonctions que l'homme partageait avec les autres espèces. Par ailleurs, ses observations cliniques indiquant que des lésions du cervelet pouvaient affecter le rythme cardiaque – fonction vitale entre toutes – confortèrent l'idée que le cervelet intervenait dans le contrôle des fonctions autonomiques. Willis suggéra alors que les nerfs du système nerveux autonome, qui ciblent les viscères thoraciques et abdominaux, émergent du cervelet et que ce dernier utilise ces nerfs pour contrôler *imperceptiblement* les mouvements cardiaques, la respiration, ainsi que les actions nécessaires à la digestion et autres fonctions vitales.

Willis n'a jamais pensé que les fonctions involontaires étaient soustraites à l'influence du cerveau. Au contraire, il croyait que certains esprits animaux particulièrement puissants en provenance des viscères pouvaient se rendre jusqu'au cerveau et même atteindre le niveau de la conscience. À son tour, le cerveau avait la capacité d'émettre des esprits qui pouvaient descendre jusqu'au cervelet, permettant ainsi le contrôle cérébral d'actes automatiques comme la marche et la respiration. L'idée de l'existence d'un niveau supérieur et d'un niveau inférieur de contrôle de l'activité viscérale et d'une interaction possible entre ces deux niveaux était nettement en avance sur son temps.

Nous savons aujourd'hui que le cervelet joue un rôle dans le contrôle de différents actes automatiques, comme la marche, et également dans le maintien de la posture. Si Willis avait associé le cervelet au contrôle des muscles squelettiques plutôt qu'à celui des muscles lisses des viscères, il aurait été beaucoup plus près de la vérité. De même, l'idée d'un contrôle cérébelleux sur les fonctions cardiaque et respiratoire serait toujours valable aujourd'hui si Willis avait inclus dans sa définition très large du cervelet le bulbe rachidien qui abrite les véritables centres respiratoire et cardiaque. Il faut cependant tenir compte du fait que les lésions « cérébelleuses » auxquelles Willis attribuait un effet sur le rythme cardiaque ou respiratoire étaient massives et donc pouvaient facilement avoir lésé ou même simplement comprimé le bulbe rachidien sous-jacent.

Willis et les affections de l'âme

Durant le Moyen Âge et la Renaissance, les personnes atteintes de maladies mentales ou de troubles de l'esprit, comme on disait alors, étaient en général confiées aux membres du clergé ; seules les maladies du corps étaient traitées par les médecins. Willis proposa d'utiliser une approche différente. Dans son *De anima brutorum*, il aborde les troubles du comportement comme des désordres de l'âme corporelle. Ce faisant, il contribue grandement à démystifier et humaniser les maladies mentales qui deviendront progressivement parties intégrantes du savoir médical (psychiatrie).

Dans son *De anima brutorum*[22], Willis parle d'une relation possible entre manie et mélancolie (dépression) et souligne le fait qu'un patient peut facilement passer d'un de ces états à l'autre ; il nous donne ici la première description des troubles maniaco-dépressifs (troubles bipolaires). Il associe cette cyclothymie à un objet brûlant pouvant produire tantôt de la fumée, tantôt de la flamme. Poussant plus loin cette analogie, il précise que dans ces cas pathologiques « la fumée peut naître de la flamme comme la flamme de la fumée[20] ». Par un curieux retour des choses, les psychiatres d'aujourd'hui parlent de ces formes de maladies mentales en utilisant l'expression « troubles de l'humeur » !

Par ailleurs, on trouve un passage dans le *De anima brutorum* où il est question de la folie et de la stupidité. Willis y décrit quatre degrés de stupidité et affirme que « les fous engendrent les fous » (*Fools beget Fools*), avançant ainsi que des troubles particuliers de l'intelligence pourraient être héréditaires. Mais il admet que certaines formes de folie ou de stupidité peuvent être acquises ; il suggère que certains traumatismes crâniens ainsi que l'abus d'alcool peuvent être la cause de folies acquises.

Les troubles du sommeil et le somnambulisme ont aussi fasciné Willis. L'une de ses descriptions les plus frappantes est celle de la narcolepsie, tendance irrésistible à s'abandonner au sommeil pendant de courtes périodes et surtout dans les moments les plus inopportuns. Il décrit cette étrange pathologie de la façon suivante : « Une disposition à s'endormir – ils mangent bien, voyagent à l'étranger, prennent bien soin de leurs affaires personnelles, cependant, alors qu'ils parlent, marchent ou mangent, la bouche pleine de nourriture, ils hochent la tête et, à moins d'être réveillés par d'autres, s'endorment rapidement[22]. »

Pour ce qui est de l'épilepsie, la *maladie sacrée* de l'Antiquité qu'Hippocrate avait tenté de démystifier, Willis l'attribue à un problème du cerveau ou de sa vascularisation. La théorie élaborée par Willis pour expliquer l'épilepsie peut nous paraître bien simpliste aujourd'hui puisqu'elle fait intervenir l'iatrochimie et les esprits animaux. Néanmoins, ses écrits jouèrent un rôle important par le fait que l'épilepsie fut progressivement considérée comme une véritable maladie et non plus comme la manifestation d'une possession démoniaque. À un moment de l'histoire où la chasse aux sorcières battait son plein, il a fallu beaucoup de courage à Willis pour affirmer que l'épilepsie résultait d'un trouble physique ou chimique du cerveau et n'avait rien à voir avec le monde du surnaturel.

Willis s'est aussi intéressé à l'hystérie (du grec *hystera*, utérus) qui, dans l'Antiquité, était considérée comme une maladie physique de la femme causée par un utérus instable. Willis rejeta cette théorie, entre autres parce qu'il avait observé la même symptomatologie chez des sujets masculins. De plus, l'autopsie de femmes ayant souffert d'attaques de spasmes dans la région abdominale, de problèmes respiratoires et de *distemper* (troubles du comportement), avait montré que ces patientes possédaient la plupart du temps un utérus parfaitement normal. Pour Willis, la cause des troubles hystériques se trouvait dans la partie postérieure du cerveau, là où il situait l'origine les nerfs du système nerveux autonome, dont ceux qui innervent l'utérus. Willis ne considérait pas l'hystérie comme un trouble psychologique, une névrose, dirait-on aujourd'hui, mais il jeta néanmoins un sérieux doute sur la théorie de l'utérus instable, tout en reconnaissant que des émotions très fortes pouvaient engendrer les symptômes de cette maladie.

La postérité

Comme en font foi les comptes-rendus largement positifs parus après la publication de *Cerebri anatome*, cette œuvre fut accueillie de façon très positive par l'ensemble de la communauté scientifique. L'un des rapports favorables parut en 1665 dans le premier volume du *Journal des Sçavans*, le premier journal scientifique à voir le jour en France. Comme on l'a souvent affirmé au cours du XXe siècle, *Cerebri anatome* est de loin l'ouvrage le plus complet et le plus juste sur le système nerveux à être paru jusqu'à cette date. À l'époque, cependant, Nicolas Sténon en donna un compte-rendu beaucoup plus nuancé lors de sa célèbre allocution parisienne de 1665[16]. Bien qu'il considérât que les illustrations de *Cerebri anatome* étaient supérieures à tout ce qui avait été présenté auparavant, Sténon blâmait Willis pour avoir été, comme Descartes avant lui, beaucoup trop spéculatif.

Willis est l'auteur d'une bien singulière hypothèse. Il place le sens commun (*sensus communis*) dans les corps striés, l'imagination dans le corps calleux et la mémoire dans la substance corticale [...] Comment peut-il être aussi certain que ces trois opérations sont vraiment effectuées au niveau des trois entités qu'il a pointées ? Qui peut nous dire si les fibres nerveuses commencent au niveau des corps striés, ou si elles passent le long du corps calleux jusqu'à la substance corticale[16] ?

Willis accepta de bonne grâce les critiques de Sténon sur l'objectivité scientifique et les imaginaires esprits animaux, et reconnut que son amour de la spéculation était un défaut qu'il avait bien du mal à corriger. Fidèle à sa nature généreuse, il alla jusqu'à faire l'éloge de Sténon dans son ouvrage *De anima brutorum*, quelques années à peine après que ce dernier eut critiqué les excès de spéculation qu'il avait trouvés dans *Cerebri anatome*. Cependant, jusqu'à la fin de sa vie, Willis continua à spéculer sur les fonctions cérébrales[22]. En ce sens, le comportement de Willis est, comme le dit son biographe Hansruedi Isler, « tout à fait typique des scientifiques pré-newtoniens, dont l'optimisme scientifique sans borne leur donnait la force de détrôner leurs adversaires scolastiques tout en les empêchant presque de voir la limite de leurs propres projets[27] ».

On doit à Thomas Willis le mérite d'avoir redirigé l'attention du monde scientifique sur le cerveau. Cet éternel optimiste a bien commis quelques erreurs, mais on les oublie facilement lorsque l'on considère l'ampleur de son œuvre. C'est lui qui a fait la distinction fonctionnelle entre les hémisphères cérébraux et le tronc cérébral, attribuant aux premiers la volition et la mémoire et au second le contrôle du rythme cardiaque et de la respiration. C'est encore lui qui a associé le corps strié à la motricité et, pour la première fois, a distingué différents niveaux de contrôle le long du système nerveux central. De plus, on doit à Willis les premières descriptions de toute une kyrielle de maladies neurologiques et psychiatriques, dont la narcolepsie et les troubles bipolaires. Il a aussi décrit les migraines et les tremblements, probablement ceux qui accompagnent la maladie de Parkinson. Lorsqu'on ajoute à tout cela les plus belles illustrations anatomiques jamais publiées jusqu'alors, l'élaboration d'un système complet de classification des nerfs crâniens, la description du polygone artériel situé à la base du cerveau et qui porte toujours son nom et une abondance de nouveaux termes neurologiques, on peut alors apprécier l'ampleur de sa contribution.

L'approche que Willis utilisa pour étudier l'esprit influença les philosophes de son temps, dont le célèbre penseur d'Oxford et ancien élève de Willis, *John Locke* (1632-1704), qui soutenait que l'esprit à la naissance était une *tabula rasa* (ardoise vierge)[28], idée déjà présente à l'état embryonnaire dans les écrits de Willis. Ce dernier, tout comme Locke, soutenait que rien ne se trouve dans le cerveau qui ne soit pas déjà dans les sens. Beaucoup de sommités dans le domaine des sciences neurologiques ont reconnu l'apport essentiel de Willis. C'est le cas, entre autres, du neuroanatomiste allemand Karl Friedrich Burdach (1776-1847) et du physiologiste écossais Charles Scott Sherrington (1857-1952). Sir Sherrington, récipiendaire du prix Nobel de médecine en 1932, vouait une très grande admiration à Willis. Il considérait que ce dernier avait pratiquement recréé l'anatomie et la physiologie du cerveau et des nerfs et que s'était lui qui avait mis le cerveau et le système nerveux sur la voie de la modernité.

Aujourd'hui plus que jamais, les scientifiques et historiens des sciences s'accordent à dire que le talentueux médecin d'Oxford a élevé les sciences neurologiques à un niveau sans précédent au cours du XVIIe siècle. À juste titre, Willis peut être considéré comme le fondateur de la neurologie.

Chapitre 4

De l'électricité animale aux organes de l'esprit humain

> Conduire un fluide énergique au siège général de toutes les impressions ; distribuer sa force dans les différentes parties du système nerveux et musculaire ; produire, ranimer, et pour ainsi dire maîtriser les forces vitales : tel est l'objet de mes recherches.
>
> Giovanni ALDINI

Le XVIIIe siècle apparaît à plusieurs historiens des sciences comme une longue pose entre les grandes découvertes biomédicales du XVIIe siècle et les très nombreuses réalisations qui verront le jour au XIXe siècle[1]. Face à l'esprit de système et à l'idée de certitude absolue qui traverse le XVIIe siècle, les médecins du Siècle des lumières vont opposer la notion, plus modeste, de probabilité ou de certitude pratique, qui fera faire à la médecine clinique un grand pas en avant, tant pour ce qui est des soins à la population que de l'enseignement des sciences médicales. Grâce à leurs connaissances encyclopédiques, les médecins du XVIIIe siècle vont procéder à une restructuration des connaissances médicales qui tiendra compte des notions acquises au cours des périodes antérieures tout en demeurant ouverte face à un avenir censé accroître les connaissances et fournir des explications de plus en plus probables.

Parmi les médecins les plus influents de ce siècle, notons le Hollandais Hermann Boerhaave (1668-1738), qui fera de l'Université de Leyde, aux

Pays-Bas, le centre le plus influent de l'enseignement de la médecine en Europe. Boerhaave affirme que la mécanique est absolument nécessaire à la médecine théorique. Ce type d'idées *iatromécanistes* influencera, entre autres, La Mettrie, qui suivit les leçons du maître hollandais à Leyde de 1731 à 1734 et traduisit en français quelques-uns de ses ouvrages. Ainsi, les idées mécanicistes nées au XVIIe siècle se prolongent profondément dans le XVIIIe siècle, qui verra les automates créés, entre autres, par le mécanicien grenoblois Jacques Vaucanson (1709-1782) – dont son fameux « canard digérateur » –, envahir les cours d'Europe et fasciner la population. Un autre Hollandais, Frederik Ruysch (1638-1731), ayant étudié la médecine à Leyde sous Franciscus Sylvius, développa une méthode d'embaumement des cadavres qui assurait leur préservation pendant des années. Grâce à ce procédé, Ruysch rassembla une très riche collection dans son cabinet d'anatomie qu'il ouvrit au public et qui devint rapidement un centre d'attraction pour l'Europe entière. Au dire de Bernard de Fontenelle (1657-1757), secrétaire perpétuel de l'Académie royale des sciences, « tous ces morts sans desséchement apparent, sans ride, avec un teint fleuri, & des membres souples, étoient presque des ressuscités ; ils paroissoient qu'endormis, tout prêts à parler, quand ils se réveilleroient. Les momies de M. Ruysch prolongoient en quelque sorte la vie, au lieu que celles de l'ancienne Égypte ne prolongoient que la mort[2]. » Ces nouveaux procédés de conservation des tissus après la mort facilitèrent grandement l'étude du cerveau humain, dont la description et l'illustration atteignirent un niveau de précision et de qualité jamais vu jusqu'alors. Une brève description des travaux de deux médecins illustres du Siècle des lumières, le Français Félix Vicq d'Azyr (1748-1794) et l'Allemand Samuel Thomas Soemmerring (1755-1830), suffiront à illustrer ce point de vue.

Médecins des Lumières

Le médecin d'origine normande Félix Vicq d'Azyr connaîtra une carrière parisienne aussi brève que fulgurante. Élu à l'Académie des sciences dès l'âge de 26 ans, il devient secrétaire perpétuel de la toute nouvelle Académie royale de médecine en 1778. Il s'intéressa de très près à l'anatomie comparative et consacra beaucoup de temps à l'étude de l'organisation anatomique et fonctionnelle du cerveau humain. Les résultats de ses recherches sur l'anatomie cérébrale sont consignés dans son magnifique *Traité d'anatomie et de physiologie*[3] (1786), qui contient 35 illustrations en couleur du cerveau humain, grandeur nature, d'une qualité et d'une précision jamais atteintes jusque-là. Vicq d'Azyr fut un des premiers anatomistes à s'intéresser à l'organisation de la surface cérébrale ; il illustre, sans la nommer, la scissure centrale qui portera plus tard le nom de l'Italien Luigi Rolando (1773-1831), et identifie les circonvolutions qui se trouvent devant et derrière ce sillon dont l'importance fonctionnelle ne sera vraiment connue qu'au XXe siècle.

On doit à Vicq d'Azyr la description d'un très grand nombre des structures cérébrales inconnus jusqu'alors, dont le *locus niger* ou *substance noire*. Cette structure occupe la partie supérieure du tronc cérébral et son nom dérive du fait que les neurones qui la composent sont riches en pigments de mélanine, d'où son apparence noirâtre (figure 4-1). On porte aujourd'hui un grand intérêt à cette structure cérébrale puisque la dégénérescence des neurones de la substance noire cause la maladie de Parkinson.

En plus de ses travaux anatomiques, Vicq d'Azyr s'est vivement intéressé aux questions d'hygiène publique ainsi qu'à l'enseignement de la médecine. Il a tenté d'ailleurs de réformer cet enseignement, qu'il jugeait « partout vicieux et nul », en présentant en 1790 à l'Assemblée constituante un mémoire d'une lucidité étonnante, mais qui n'aura d'effet que plusieurs années après la mort de son auteur. Ayant accepté le poste de médecin personnel de la reine Marie-Antoinette en 1789, Vicq d'Azyr devint suspect aux yeux de ceux qui prirent la Bastille ; il sera d'ailleurs emporté par la tourmente révolutionnaire et mourra à l'âge de 46 ans[4].

Samuel Thomas Soemmerring, inventeur, paléontologue et neuroanatomiste aux connaissances encyclopédiques est, tout comme Vicq d'Azyr, un

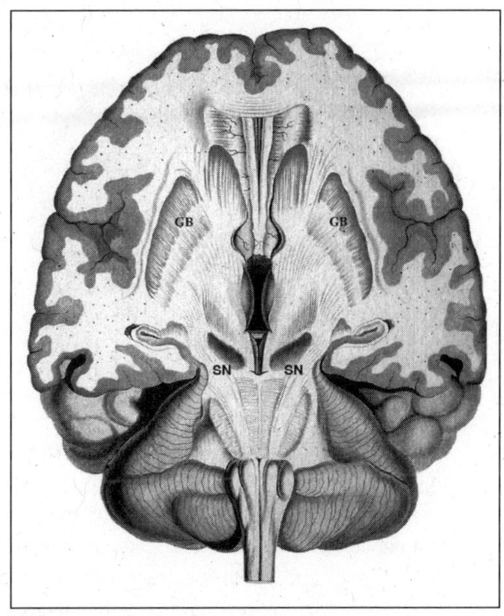

Figure 4.1. Illustration du cerveau humain, tirée de l'une des 35 planches du *Traité d'anatomie et de physiologie*[3] publié par Vicq d'Azyr à Paris en 1786. Il s'agit d'une section horizontale passant au travers le tronc cérébral (au bas de l'image) et les ganglions de la base (au haut de l'image). Les ganglions de la base (GB) sont entourés de cortex cérébral où l'on peut aisément distinguer la matière grise (à l'extérieur) et la matière blanche (à l'intérieur). La partie supérieure du tronc cérébral renferme une structure de forme oblique et de couleur foncée que Vicq d'Azyr a nommée *locus niger* ou *substance noire* (SN). Les lettres GB et SN ont été rajoutées à l'original qui a été publié en couleurs, un exploit pour l'imprimerie de l'époque.

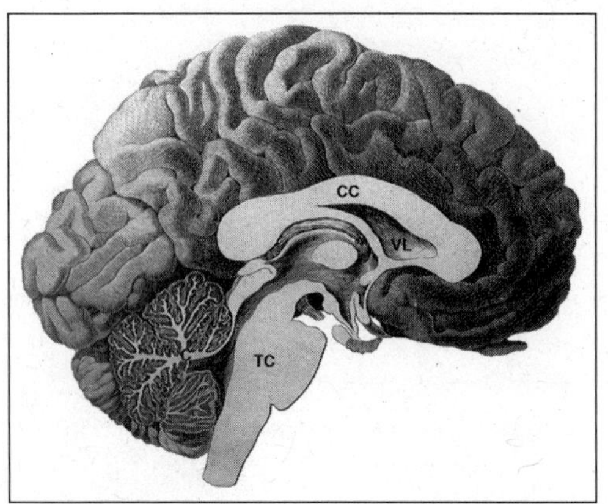

Figure 4-2. Cerveau humain tiré de l'une des figures du traité d'anatomie cérébrale de Soemmerring paru en 1778[5]. La figure présente une vue médiane du cerveau, sa partie antérieure (lobe frontal) apparaissant à droite et sa partie postérieure (lobe occipital) à gauche de l'image. Le tronc cérébral (TC) et le cervelet (C) sont coupés en leur centre. La section passe aussi au milieu du corps calleux (CC), un système massif de fibres nerveuses qui relie les deux hémisphères entre eux. On peut voir sous la portion antérieure du corps calleux une partie de la corne frontale du ventricule latéral (VL). Les lettres C, CC, TC et VL ont été rajoutées à l'original afin d'en faciliter la compréhension.

personnage typique du Siècle des lumières. Anatomiste de grand renom, il nous a laissé des illustrations du cerveau humain, particulièrement de ses faces ventrale et médiane (figure 4-2), qui pourraient très bien figurer dans les traités de neurologie contemporains[5]. Sa classification des nerfs crâniens surpasse de beaucoup, à la fois en précision et en justesse, celle que nous avait fournie Thomas Willis au siècle précédent ; c'est cette classification que l'on enseigne de nos jours. En revanche, les idées de Soemmerring sur le fonctionnement du cerveau plongent leurs racines directement dans le galénisme. En effet, Soemmerring publie en 1796 *Uber das Organ der Seele*[6] (« Sur l'organe de l'âme »), un traité dans lequel il affirme que les nerfs crâniens prennent leur origine (ou se terminent) dans les parois ventriculaires et il attribue au liquide céphalorachidien, qui remplit les cavités ventriculaires, le rôle de *sensus communis* ou de siège de l'âme. Le fait que des notions aussi primitives aient pu refaire surface à la toute fin du XVIIIe siècle par l'intermédiaire d'un esprit aussi puissant que celui de Soemmerring nous en dit long sur l'état rudimentaire des connaissances sur le fonctionnement du cerveau à cette époque.

L'électricité et la conduction nerveuse

Les théories fantaisistes qui tentaient d'expliquer la conduction de l'influx nerveux au milieu du XVIIIe siècle sont un exemple de la confusion qui régnait alors quant aux modes de fonctionnement du cerveau. Certains scientifiques, tel Soemmerring, acceptaient toujours l'antique idée des esprits animaux circulant à l'intérieur des nerfs. D'autres, comme Thomas Willis, croyaient que les nerfs sécrétaient une substance mystérieuse provenant d'un mélange du fluide nerveux avec le sang et qui pouvait, lorsqu'elle est relâchée à l'extrémité des nerfs, engendrer de toutes petites explosions responsables de la contraction musculaire. Pour d'autres encore, l'influx nerveux se propageait par vibration. Cette dernière théorie était défendue par nul autre qu'Isaac Newton (1643-1727), pour qui la perception des couleurs était due au fait que les différentes longueurs d'onde de la lumière engendraient des vibrations correspondantes dans les nerfs reliant l'œil au cerveau.

Ces trois théories étaient très difficiles à vérifier expérimentalement et allaient à l'encontre des données déjà accumulées par les expérimentateurs de l'époque ; les résultats peu concluants obtenus après la ligature d'un nerf en sont un exemple révélateur. Une telle manipulation aurait dû produire un gonflement au niveau de la partie proximale du nerf à cause de l'accumulation d'esprit animal ou de fluide, mais rien de tel ne fut observé. De plus, la section du nerf n'a jamais permis de voir des gouttelettes de fluide apparaître au niveau de sa partie distale. D'ailleurs, Albrecht von Haller (1708-1777), dont les travaux sur les parties irritables du corps humain furent à la source d'une nouvelle ferveur pour les études expérimentales en physiologie, doutait qu'un quelconque fluide vital puisse se déplacer assez rapidement pour rendre compte de l'action nerveuse. La vision des nerfs comme cordes vibrantes sera aussi démentie par Haller qui, à l'aide d'un compas, montrera que les nerfs des animaux vivants ne vibrent et ne bougent pas après stimulation. Pour Haller, l'irritabilité était une force innée du tissu musculaire, indépendante de la force nerveuse, alors que la sensibilité était une propriété intrinsèque de la fibre nerveuse.

Les études réalisées jusqu'alors à l'aide du microscope n'avaient pas apporté de solution à ce problème. À titre d'exemple, mentionnons le désarroi qui fut celui d'Anton Van Leeuwenhoek (1632-1723) au XVIIe siècle lorsqu'il ne réussit pas à visualiser l'espace vide que Galien avait décrit au milieu du nerf optique, un concept sur lequel reposaient toutes les théories concernant l'acheminement d'esprits ou de fluides le long des nerfs. Les scientifiques du XVIIIe siècle, pour leur part, cherchaient un mécanisme impliquant un élément qui puisse agir très rapidement pour expliquer la conduction nerveuse. Certains d'entre eux envisagèrent alors la possibilité que le système nerveux fonctionne grâce à l'électricité, terme proposé pour la première fois en 1600 par William Gilbert (1544-1603), médecin auprès de la reine Élisabeth Ire d'Angleterre. Mais, l'idée de faire appel à l'électricité n'était pas nouvelle puisque les poissons pourvus d'organes électriques étaient utilisés en médecine depuis l'Antiquité. Au Ier siècle de notre ère, le médecin

Scribonius Largus (v. 14-54) se servait des chocs électriques qu'émettent certaines espèces de raies pour soigner les maux de tête, la goutte, les paralysies et autres problèmes médicaux (voir chapitre 1). L'utilisation de poissons électriques à des fins « thérapeutiques » se prolongea longtemps après Scribonius Largus. Cette pratique médicale, particulièrement en vogue au Moyen-Orient, était bien connue des Européens au XVIIIe siècle.

S'approvisionner en poissons électriques était une opération hasardeuse. Il fallait donc trouver des moyens mécaniques de produire de l'électricité afin de répondre aux besoins thérapeutiques ; c'est ainsi que les premiers *appareils à friction* firent leur apparition à la fin du XVIIe siècle et au début du XVIIIe. Ces curieuses installations pouvant produire du *feu électrique* étaient constituées de globes de sulfure, de porcelaine ou de verre, que l'on frottait de la main. Une fois chargé, un individu pouvait émettre une étincelle en touchant un objet ou une autre personne. Avec l'avènement de la jarre (ou bouteille) de Leyden en 1745, il devint possible de stocker et de faire décharger de l'électricité à volonté. La jarre typique de Leyden possédait un col étroit fermé par un bouchon de liège ou de caoutchouc. À l'exception de sa partie supérieure, elle était recouverte d'une feuille de métal qui servait de conducteur externe et renfermait un liquide (qui sera plus tard remplacé par du métal) qui servait de conducteur interne. Après avoir chargé la bouteille en la connectant à un appareil à friction, le verre de la jarre séparant les conducteurs interne et externe permettait de conserver l'électricité. La charge ainsi accumulée pouvait être libérée en faisant en sorte que les fils reliés à chacun des conducteurs touchent une personne ou un animal. Selon le volume de la jarre, cette charge était suffisamment puissante pour soulever un homme ou même tuer un petit animal.

C'est l'abbé Jean-Antoine Nollet (1700-1770), un collaborateur du célèbre René-Antoine Ferchault de Réaumur (1683-1757), qui proposa le terme de *jarre de Leyden* pour commémorer le nom de la ville des Pays-Bas où cet appareil fut mis au point. Dans l'esprit des Lumières, Nollet donnait des conférences publiques devant des foules toujours nombreuses et enthousiastes pour, disait-il « dissiper les erreurs vulgaires, les peurs extravagantes et la foi dans les merveilles[7] » (figure 4-3). Grâce à son talent d'expérimentateur et à ses nombreuses découvertes – c'est lui qui mit au jour le phénomène d'osmose, aussi important en physique qu'en biologie –, Nollet fut élu à la Société royale de Londres à l'âge de 34 ans. Dans une de ses plus célèbres démonstrations publiques, il fit lever de terre un groupe de moines chartreux qui se tenaient par la main et formaient ainsi un circuit fermé en contact avec une jarre de Leyden. Pour Nollet, l'électricité devait être utilisée dans une perspective thérapeutique ; il rapporta les succès qu'il avait obtenus avec cette approche dans un hôpital militaire de Paris et écrivit même un livre sur la façon d'appliquer cette technique sur les membres paralysés[7].

Malgré les succès de Nollet, l'ensemble des médecins de l'époque demeurait sceptiques face à l'électricité. Il n'en reste pas moins que les machines à produire de l'électricité ainsi que les jarres de Leyden s'implantèrent progressivement dans les hôpitaux d'Europe. Entre 1750 et 1780, plus de 20 publications décrivant la guérison de différentes paralysies grâce à l'application de l'électricité virent le jour dans le périodique français le *Journal de médecine*. Cependant, plusieurs scientifiques doutaient que l'électricité soit le fluide mystérieux des nerfs. Pour eux, l'électricité pouvait agir simplement en en augmentant le niveau ainsi que la vitesse des fluides vitaux qui circulaient dans le canal des nerfs, sans pour autant remplacer ces fluides.

L'électrothérapie devint si populaire en Europe et en Amérique du Nord que plusieurs individus n'ayant peu ou pas de formation médicale se mirent à la pratiquer. Trois personnes normalement associées à des domaines autres que celui des sciences biomédicales serviront à illustrer la fascination qu'exerçait l'électrothérapie à cette époque.

Parlons d'abord de John Wesley (1703-1791), réformateur religieux anglais et fondateur de l'Église méthodiste, qui fit grand usage de cette nou-

Figure 4-3. Gravure tirée de l'ouvrage d'*Essai sur l'électricité des corps*[7] de l'abbé Jean-Antoine Nollet paru à Paris en 1746. On y voit l'abbé Nollet qui s'approche d'un jeune homme couché sur une nacelle accrochée au plafond avec, en main, une baguette de buis électrisée (sans doute à l'aide du chiffon tombé à ses pieds). La main du *cobaye* attire naturellement, sans les toucher, les morceaux de papier découpés et placés sur une petite table devant lui. On devine l'émerveillement du public, élégant et très majoritairement féminin, qui se presse dans le joli *cabinet de sciences* de l'abbé.

velle technologie. Dans son ouvrage *Primitive Remedies* publié en 1747, Wesley dresse une liste de 288 pathologies qu'il serait possible de prévenir et même de guérir par l'électricité. Il était convaincu que la nature ne pouvait offrir de remèdes aussi efficaces qu'une machine produisant de l'électricité pour faire face aux troubles du système nerveux. Wesley utilisait le *feu électrique* de manière thérapeutique pendant plusieurs années déjà lorsqu'il publia *The Desideratum : Or, Electricity Made Plain and Simple. By a Lover of Mankind and Common Sense*[8] (« L'électricité expliquée simplement par un amant de la nature et du bon sens »), un pamphlet qui parut en 1759 et connut un vif succès.

Benjamin Franklin (1706-1790), un journaliste de formation qui devint par la suite un habile politicien et un scientifique reconnu, s'intéressa aussi à l'électricité. Il travailla à Philadelphie entre 1747 et 1755 et ses expériences sur les cerfs-volants et les paratonnerres font maintenant partie de la légende. Franklin a quand même exprimé de sérieux doutes sur l'efficacité de l'électricité pour le traitement des paralysies, faisant valoir que l'exercice physique, l'espoir de guérir et la grande motivation des patients – en somme, l'effet placebo – pourraient être plus efficaces que l'électricité elle-même.

Jean-Paul Marat (1743-1793) est surtout connu pour son rôle dans la Révolution française. Cependant, avant de devenir révolutionnaire, Marat avait exercé des activités médicales en Angleterre et en France et écrivit plusieurs ouvrages traitant de divers problèmes de santé, dont certains sur l'électricité et son utilisation en médecine. Marat rapporta qu'il avait obtenu du succès en utilisant l'électricité pour traiter différentes maladies, dont des paralysies et des problèmes de douleur chronique. Cependant, il reconnut rapidement les limites de l'électrothérapie qui, selon lui, était impuissante à guérir l'épilepsie et ne pouvait pas non plus arrêter la croissance des tumeurs.

De la nature de l'électricité

Trois scientifiques anglais, Stephen Gray (1666-1736), Stephen Hales (1677-1761) et Alexander Monro Primus (1697-1762) furent parmi les premiers à avancer que l'électricité pouvait être le mystérieux fluide circulant le long des nerfs. Cependant, il s'écoula de nombreuses années avant que ce concept soit accepté, car on ignorait tout de la véritable nature de l'électricité. On se demandait, entre autres, comment l'électricité pouvait rester confinée au système nerveux et ne pas diffuser dans les tissus adjacents. Une partie des réponses à ces questions allait provenir de l'étude des poissons électriques.

Au milieu du XVIIe siècle, l'Italien Francesco Redi (1626-1697) et son étudiant Stefano Lorenzini (1645-1725) démontrèrent que les chocs douloureux émis par la raie électrique (poisson torpille) provenaient d'un organe musculaire spécialisé. En plus, leurs études révélèrent que l'électricité produite par cet organe ne diffusait pas ailleurs dans le corps de cet animal. Ces travaux pionniers furent poursuivis dans la seconde moitié du XVIIIe siècle par l'Anglais John Walsh (1726-1795) qui découvrit que les organes électriques des poissons torpilles tirent leur charge à partir des nerfs et, comme une jarre de Leyden, accumulent l'électricité en vue de la relâcher plus tard. Pour Walsh, la seule différence entre la jarre et le poisson électrique est que c'est ce denier qui décide du moment où la charge électrique sera relâchée, comme l'indique le fait qu'il ferme les yeux quelques secondes avant d'émettre le choc[9].

Le travail remarquable de Walsh lui valut la première médaille Copley à être décernée par la Société royale de Londres (en 1773). Cependant, plusieurs scientifiques demeuraient sceptiques face à la nature électrique des chocs émis par ces poissons. Curieusement, leur doute reposait sur l'absence d'éclair lumineux et de crépitement qui auraient dû accompagner les chocs émis par ces créatures bizarres. De plus, ils s'étonnaient du fait que leurs décharges ne réussissaient pas à infléchir des feuilles d'or, ce qui était le cas pour différents objets chargés électriquement. Mais Walsh réussit finalement à démontrer que, comme la jarre de Leyden, le choc d'un poisson électrique pouvait sauter un espace vide aménagé dans une feuille de métal sous la forme d'un éclair facilement visible dans une chambre obscurcie. Ces travaux de Walsh impressionnèrent grandement les scientifiques d'alors, mais certains d'entre eux doutaient toujours. Le fait qu'un animal spécialisé puisse produire un choc électrique ne garantissait pas que d'autres animaux, encore moins l'homme, possédaient la capacité de générer de l'électricité. La possibilité de transposer les données obtenues chez les poissons électriques à d'autres formes de vie était une question qui hantait tous les esprits lorsque Luigi Galvani (1737-1798) fit son apparition sur la scène scientifique.

Luigi Galvani et l'électricité animale

Aloisio Luigi Galvani (1737-1798) est né à Bologne dans le nord de l'Italie, où il œuvra principalement à titre de médecin obstétricien et de scientifique. Avant de s'intéresser à l'électricité, il avait déjà effectué des travaux remarquables sur le système squelettique et l'anatomie comparée de l'oreille. Élève de Leopoldo Caldani (1725-1813), un savant qui considérait l'électricité comme le plus grand des stimuli possibles pour le tissu animal,

Galvani (figure 4-4) semble avoir effectué la plupart de ses travaux de recherche à son domicile où il avait installé plusieurs instruments pouvant produire de l'électricité, comme des machines à friction, des condensateurs primitifs et des jarres de Leyden (figure 4-5). La grenouille était son sujet d'étude favori, mais il fit aussi usage de moutons et même de sujets humains au cours de certaines de ses expériences. Parmi ses assistants, se trouvaient son épouse Lucia Galeazzi (1740-1790), la talentueuse fille de son professeur d'anatomie Domenico Gusmano Galeazzi (1686-1775), ainsi que son neveu et dévoué collaborateur Giovanni Aldini (1762-1834).

Figure 4-4. Luigi Galvani, gravure de Borgo Salumo datant de la fin du XVIIIᵉ siècle et qui fait partie de la collection du Museo di Palazzo Poggi, à Bologne.

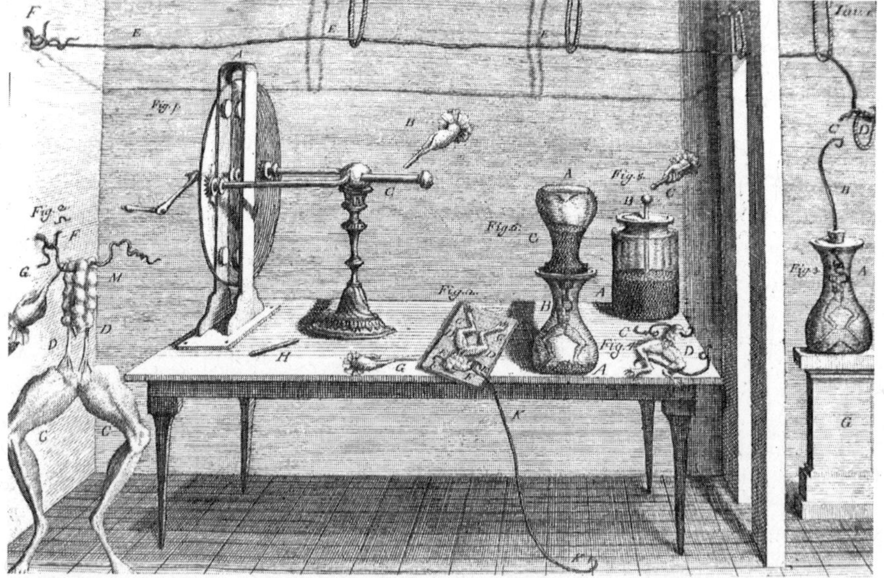

Figure 4-5. Gravure tirée de L. Galvani, *De viribus elctricitatis in motu musculari commentarius*, 1791[10]. L'illustration montre le laboratoire personnel de Galvani où l'on retrouve, entre autres, une jarre de Leyden ainsi que plusieurs préparations de muscle de grenouille.

Les cahiers de notes de Galvani nous révèlent qu'il commença à s'intéresser au *fluido elèttrio* (fluide électrique) dans les années 1770. Bien qu'il eût écrit quatre mémoires sur certains aspects particuliers de l'électricité durant les années 1780, Galvani ne se décida à publier l'ensemble des résultats de ses expériences qu'en 1791 sous la forme d'un opuscule intitulé *De viribus elctricitatis in motu musculari commentarius*[10] (« Commentaire sur les effets de l'électricité sur le mouvement des muscles »). Ce texte relate les expériences de Galvani dans l'ordre chronologique ; l'auteur y explique clairement la logique derrière chacun des travaux et nous présente une analyse critique des résultats obtenus, suivie d'une synthèse remarquablement cohérente. Le jeune scientifique se montre étonné de cette nouvelle découverte et ne se gêne pas pour nous faire part de son enthousiasme lorsqu'il réalise finalement que le *fluide électrique animal* existe vraiment.

En résumant ainsi l'ensemble de ses expériences, Galvani tente d'établir plusieurs points fondamentaux concernant l'électricité animale. Il fait d'abord valoir le fait que l'on peut faire contracter un muscle de grenouille lorsque ce dernier est touché par un scalpel de métal tenu par quelqu'un placé près d'une machine électrique qui émet des étincelles. Cette découverte fortuite confirmait que l'électricité pouvait circuler le long d'un organisme vivant et que, en activant électriquement un muscle de grenouille, il pouvait se contracter de façon naturelle. Par la suite, Galvani démontre qu'un long fil peut remplacer l'individu qui touche la préparation. De plus, il mentionne que le même phénomène peut se produire autant chez une grenouille vivante que dans une préparation nerf-muscle isolée ; l'expérience échoue uniquement si on coupe le fil ou si on utilise des matériaux non conducteurs, comme le verre ou la soie. Dans la deuxième partie de son « Commentaire », Galvani décrit les résultats d'expériences concernant l'électricité atmosphérique datant de 1780. Il démontre que, tout comme les générateurs construits par l'homme, l'électricité naturelle (éclairs) peut engendrer une contraction musculaire chez la grenouille. Finalement, il démontre que deux métaux de natures différentes en contact avec un nerf attaché à un muscle peuvent provoquer la contraction de ce dernier. Galvani avait observé que, lorsqu'il utilisait des crochets de cuivre pour suspendre à l'extérieur sa préparation nerf-muscle sur une tige de fer, le muscle se contractait même par beau temps (sans orage). En fait, les contractions survenaient à chaque fois qu'il pressait le muscle sur la tige de fer à l'aide du crochet de cuivre. En revanche, aucune contraction ne survenait si les deux éléments étaient faits du même métal.

À la fin de son « Commentaire », Galvani formule l'idée que l'électricité animale est sécrétée par le cerveau et circule dans l'espace vide au centre des nerfs pour arriver jusqu'aux muscles. De plus, il postule que la fuite de l'électricité dans les tissus environnants est empêchée par le fait que les nerfs sont recouverts d'une substance graisseuse ou huileuse qui agit comme isolant. Cette affirmation on ne peut plus étonnante pour l'époque est étayée par le fait qu'après avoir « distillé » des nerfs, Galvani aurait obtenu quelques gouttelettes d'huile. De plus, Galvani émet l'hypothèse que les nerfs perdent leur isolation graisseuse lorsqu'ils entrent en contact avec les fibres musculaires. Il croyait que les muscles recevaient et stockaient l'électricité tout comme une jarre de Leyden, mais uniquement pour la décharger après un stimulus approprié.

Galvani eut beaucoup moins de succès en tentant de produire des contractions musculaires après des stimulations du cerveau lui-même. Cependant, son neveu Aldini démontra qu'il pouvait produire des mouvements des paupières, des lèvres et des yeux en stimulant le cerveau d'un bœuf[11]. Plus morbide encore, Aldini, qui avait ramassé des têtes humaines au pied d'un gibet, réussit à évoquer des grimaces, des mouvements de la mandibule et l'ouverture des yeux en passant un courant électrique au travers du cerveau de ces suppliciés (figure 4-6).

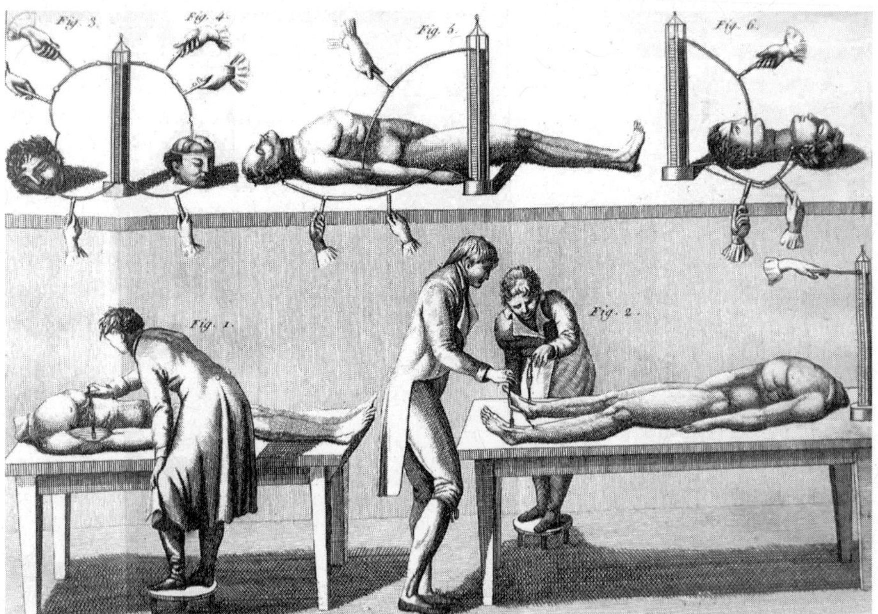

Figure 4-6. Illustration tirée de l'essai sur le galvanisme de Giovanni Aldini publié à Paris en 1804[12]. Elle nous montre des expériences de stimulation électrique (« galvanisation ») effectuées chez des suppliciés après décapitation.

Même si certaines expériences de Galvani et l'idée même d'électricité animale n'étaient pas complètement nouvelles, son « Commentaire » eut un impact considérable. Bien plus qu'une expérience en particulier, c'est la méthode systématique utilisée par Galvani pour planifier, exécuter et interpréter un très grand nombre d'expériences qui attira l'attention de la communauté scientifique. L'accumulation d'une quantité considérable de données expérimentales sur le sujet impressionna beaucoup les physiologistes et physiciens de l'époque. Ces données rendaient le concept d'électricité animale applicable à différentes espèces ; oiseaux, reptiles, moutons, et même l'homme. De la découverte, par les Anciens, des poissons électriques aux machines à friction du XVIIe siècle, en passant par l'électricité atmosphérique de Franklin et le retour aux poissons électriques de Walsh, Galvani venait de boucler un grand cercle grâce à sa notion d'électricité pouvant circuler à grande vitesse du cerveau aux organes cibles dans des nerfs entourés d'une capsule isolante. Comme le fait remarquer Stanley Finger, l'électricité de Galvani écartait toutes les anciennes théories basées sur les esprits animaux, les fluides nerveux et les vibrations ; elle offrait aux scientifiques une force naturelle visible, manipulable et mesurable[13].

Pour l'Allemand Emil Du Bois-Reymond (1818-1896), l'un des plus éminents physiologistes du XIXe siècle, Galvani fut à l'origine d'une révolution scientifique équivalant aux soulèvements politiques qui avaient secoué l'Europe à la fin du Siècle des lumières. Par ailleurs, l'électricité apparaissait aux médecins comme une nouvelle thériaque. Galvani lui-même avait été un ardent défenseur de l'électrothérapie et, grâce à son concept d'électricité animale, il trouva une façon d'expliquer différentes maladies du système nerveux, principalement l'épilepsie. Malheureusement, Galvani goûta très peu à la gloire qui suivit la publication de ses résultats puisqu'il ne se remit jamais vraiment de la mort de son épouse qui survint à peine un an avant la parution de son « Commentaire ». Par ailleurs, par suite de la création, par Napoléon Bonaparte, de la République cisalpine d'Italie, qui comprenait la Lombardie et l'ouest de la Vénétie, Galvani perdit son poste à l'Université de Bologne en 1798 pour avoir refusé de porter allégeance à ce nouvel État[11]. De plus, un autre Italien nommé Volta, considéré par plusieurs comme un grand physicien expert dans le domaine de l'électricité, commençait à mettre en doute les interprétations de Galvani.

Volta et l'électricité bimétallique

Alessandro Volta (1745-1827) est né à Come, une très belle ville de Lombardie située près du célèbre lac du même nom. Attiré très jeune par

Figure 4-7. Alessandro Volta, tableau d'un peintre inconnu datant du début du XIXe siècle (Archives de l'Académie des sciences, Paris).

l'électricité, il devint un physicien doué et imaginatif. Détenteur d'une chaire à l'Université de Pavie, il acquit, au cours des deux dernières décennies du XVIIIe siècle, une grande notoriété grâce à ses travaux sur l'électricité. Volta (figure 4-7) répéta les expériences de Galvani qu'il qualifia au départ de brillantes. Peu après, cependant, il commença à douter des interprétations de Galvani ; il devenait de plus en plus convaincu que l'*elettricità metallica* (l'électricité provenant de deux métaux différents ou électricité bimétallique) pouvait à elle seule expliquer toutes les découvertes de Galvani. Dès 1793, il se mit à propager l'idée que les expériences de Galvani ne prouvaient pas vraiment l'existence de l'*elettricità animale* (l'électricité animale).

Selon lui, Galvani et son neveu Aldini avaient montré que l'électricité pouvait agir comme un puissant stimulus au niveau des nerfs et des muscles – ce que l'on savait déjà grâce, entre autres, aux travaux d'Albrecht von Haller (irritabilité hallérienne) –, mais n'avaient pas prouvé que les contractions musculaires étaient causées par de l'électricité intrinsèque à l'organisme.

Volta avait visé juste en indiquant que certaines des préparations de Galvani étaient faussées dès le départ. Galvani, qui avait la controverse en horreur, ne nia pas que certains de ses résultats pouvaient s'expliquer par l'utilisation de deux métaux différents ; il avait d'ailleurs fait allusion à cette possibilité dans son « Commentaire ». Mais, plutôt que d'argumenter avec Volta, Galvani se remit au travail avec son neveu Aldini dans l'espoir de démontrer l'existence de l'électricité animale sans l'utilisation de deux métaux, et même sans aucun métal. Ils plongèrent alors le bout d'un nerf et la pièce de muscle qui y était attaché dans du mercure et constatèrent que le nerf conservait sa capacité de stimuler le muscle même si un seul métal était utilisé[11].

Les résultats d'une autre expérience importante furent rapportés dans un supplément à un traité publié en 1794. Bien que le nom de l'auteur n'apparaisse pas, les historiens sont convaincus que ce traité et son supplément furent rédigés par Galvani avec l'aide probable d'Aldini[14]. Les deux expérimentateurs avaient sectionné la moelle épinière d'une grenouille après avoir exposé un des muscles de son membre inférieur. Lorsqu'ils mirent la partie distale de la moelle en contact avec le muscle, ils observèrent une contraction musculaire. Cette contraction s'était donc produite sans l'intervention de machine à friction, de scalpel, de fil métallique, de bain de mercure ou de crochet de cuivre. En 1797, Galvani poussa encore plus loin cette expérience en montrant que le nerf crural d'une patte de grenouille pouvait stimuler le nerf de la patte d'une autre grenouille et faire en sorte que son muscle se contracte. C'était pour lui la démonstration ultime que l'électricité existe chez d'autres animaux que les poissons électriques[14].

Après le décès de Galvani, survenu en 1798, Aldini, alors devenu professeur de physique à Bologne, continua à défendre avec force la théorie de son oncle contre les attaques incessantes et injustifiées de Volta. Ce dernier écrivit entre 1793 et 1800 pas moins d'une vingtaine de mémoires ainsi que plusieurs lettres dans lesquelles il niait l'idée que les grenouilles, les moutons et l'homme puissent être des générateurs d'électricité. Pour des raisons que l'on ignore, il demeura fixé sur l'idée que des métaux ou autres facteurs externes étaient nécessaires pour faire naître ce que d'autres appelaient l'électricité animale.

Il fallut l'intervention d'Alexandre von Humboldt (1769-1859), alors doyen des sciences germaniques, pour trancher le débat. Inventeur du terme *galvanisme*, von Humboldt répéta plusieurs des expériences de Galvani et, après avoir mené ses propres expérimentations, il conclut à l'existence à la fois de l'électricité animale et de l'électricité bimétalliques. Volta se montra alors plus conciliant après le verdict prononcé par von Humboldt. Cependant, après avoir inventé la *pile* qui porte son nom (pile voltaïque ou pile à cellules sèches), Volta recommença ses attaques contre les idées de Galvani concernant la production d'électricité à partir du cerveau, son transport le long des nerfs et son stockage dans les muscles. Malgré ce différend célèbre entre Volta et Galvani, on peut dire que la contribution de ces deux grands scientifiques italiens mit un terme définitif au paradigme millénaire des esprits animaux ou pneuma circulant à l'intérieur des nerfs.

Du réel à l'imaginaire

S'appuyant sur la logique voulant que les nerfs soient excitables et que l'électricité agisse comme fluide nerveux, l'électrothérapie prit un envol remarquable dans toute l'Europe, ce qui conduisit inévitablement à des exagérations concernant l'efficacité d'une telle approche. Un des exemples les plus extrêmes de l'exubérance de l'ère post-galvanique est celui de Karl August Weinhold (1782-1829), médecin et scientifique allemand qui considérait le cerveau comme une simple pile de laquelle émergent des fils électriques. En 1817, Weinhold publia un travail dans lequel il prétendait avoir fait revivre un chaton après un remplissage de la boîte crânienne de l'animal, préalablement vidé de son contenu, avec des métaux différents (électricité bimétallique)[15]. Weinhold précise : « J'ai enlevé, à l'aide d'une petite cuillère et en passant par une ouverture pratiquée à l'arrière de la tête, le cerveau et le cervelet, ainsi que, à l'aide d'une sonde en forme de vis, la moelle épinière. Après cela, l'animal perdit toute vie, toute fonction sensorielle, tout mouvement volontaire, et finalement le pouls disparut à son tour. Par la suite, les deux cavités furent remplies de l'amalgame mentionné plus haut [zinc et argent]. Durant près de vingt minutes, l'animal retrouva une tension vitale telle qu'il releva la tête, ouvrit les yeux, regarda pendant un certain temps, essaya de se placer en position de ramper, s'effondra à nouveau à plusieurs reprises, néanmoins se leva finalement avec effort, se démena un peu aux alentours, et sombra de nouveau épuisé. Les battements cardiaques, le pouls ainsi que la circulation sanguine étaient passablement actifs durant cette période. De même, la température corporelle était pleinement restaurée[13, 15]. »

On peut facilement imaginer que des descriptions aussi surréalistes aient inspiré plusieurs romanciers de l'époque, dont Edgar Allan Poe (1809-1849) aux États-Unis et Mary Shelley (1797-1851) en Angleterre. Dans un roman qui allait la rendre célèbre, cette dernière réinterpréta le mythe de Prométhée qui, selon Eschyle (v. 525-456 av. J.-C.), donna le feu aux hommes à partir du soleil, en y insérant des notions de galvanisme. Cette curieuse fusion dans laquelle l'électricité remplace le feu solaire donna naissance au roman intitulé *Frankenstein, or the Modern Prometheus*[16] (« Frankenstein ou le Prométhée moderne »), publié en 1818 alors que Mary Shelley n'avait que de 21 ans. Tout au long du roman, on retrouve de nombreuses allusions aux machines à produire de l'électricité, aux éclairs, ainsi qu'à la puissance remarquable du galvanisme. Après plusieurs années de travaux d'anatomie, de mécanique et de vivisection, Frankenstein atteint finalement son but : « Je décidai d'accomplir mon œuvre par une nuit terne et monotone de novembre. Dans un état d'anxiété proche de l'agonie, je rassemblai les instruments autour de moi avec lesquels je pouvais administrer l'étincelle de vie à cette chose inerte qui gisait à mes pieds. Il était déjà une heure du matin ; une pluie funèbre martelait les dalles de la toiture et ma bougie était presque consumée lorsque, à la lueur de cette lumière à demi éteinte, je vis s'ouvrir les yeux jaunes et ternes de cette créature ; elle respirait avec force et un mouvement convulsif agita ses membres[16]. » Ainsi, la fascination que l'électricité et le galvanisme exerçaient sur les esprits en ce XIXe siècle naissant fit en sorte que, par un curieux retour des choses, l'œuvre fictive de Mary Shelley rejoignit le travail « scientifique » de Karl Weinhold.

Dans le domaine strictement scientifique, la notion d'électricité animale conduisit au développement de la neurophysiologie. Cependant, les idées formulées par Galvani, Aldini et même Volta étaient en avance sur leur temps, car les instruments pour vérifier et mesurer l'effet de l'électricité n'avaient pas encore été mis au point. Ainsi, la communauté scientifique entra dans une nouvelle période d'excitation dans les années 1840 et 1850 lorsqu'Emil Du Bois-Reymond commença la construction d'instruments qui, comme les galvanomètres, allaient devenir suffisamment sensibles pour détecter les changements électriques au niveau des nerfs. Ces appareils permirent à son ami et collègue Hermann Helmholtz (1821-1894) de mesurer indirectement, mais de façon relativement précise, la vitesse de la conduction nerveuse (voir chapitre 8).

Duchenne de Boulogne et l'électrothérapie

L'utilisation de l'électricité comme agent thérapeutique ou comme instrument pour approfondir la connaissance du fonctionnement du système nerveux proprement dit et du système neuromusculaire en particulier se prolongea bien au-delà de l'époque pionnière de Galvani et d'Aldini. Un exemple particulièrement révélateur de l'importance de cette approche au XIXe siècle est son utilisation en clinique par Duchenne de Boulogne (1806-1875).

Né à Boulogne-sur-Mer, Guillaume-Benjamin-Amand Duchenne (figure 4-8) avait hérité de ses ancêtres marins et corsaires un caractère opiniâtre qui lui donnait la force d'affronter l'adversité. Après avoir obtenu son diplôme de bachelier à Douai, à l'âge de 19 ans, Duchenne « monte » à Paris en 1827 afin d'y étudier la médecine. Il eut la chance d'avoir comme professeurs le grand anatomo-pathologiste Léon Cruveilhier (1791-1874) et le célèbre chirurgien Guillaume Dupuytren (1777-1835). Après avoir obtenu son diplôme en 1831, Duchenne retourne à Boulogne-sur-Mer où il travaille comme médecin généraliste pendant une dizaine d'années. Voulant rompre avec un entourage familial un peu trop encombrant, il décide alors de retourner à Paris afin de compléter ses travaux sur la stimulation électrique des muscles qu'il avait commencés pendant ses études de médecine[17].

Édouard Brissaud (1852-1909), neurologue et professeur à la Faculté de médecine de Paris, nous raconte que Duchenne de Boulogne arriva dans la capitale avec « sa pile et sa bobine », mais aussi avec « des réserves inépuisables de confiance, d'indépendance et de courage[17] ». N'ayant aucun ami puissant dans l'establishment médical parisien, Duchenne devient alors une sorte de thérapeute errant, offrant ses services d'un hôpital à l'autre, sans jamais trouver de poste stable. Sa détermination légendaire lui permit de passer outre les rebuffades des *Grands Patrons* des prestigieux hôpitaux de Paris et de travailler au quotidien dans les cliniques populaires surpeuplées de la capitale. Duchenne finit par être engagé par Jean-Martin Charcot (1825-1893) comme responsable de la clinique d'électrothérapie à l'hôpital de la Salpêtrière[17].

C'est d'ailleurs grâce à Duchenne de Boulogne que Charcot commencera à s'intéresser à la neurologie et principalement aux maladies neuromusculaires (voir chapitre 6). En revanche, c'est Charcot et Armand Trousseau (1801-1867) qui feront connaître les travaux de Duchenne de Boulogne ; au dire de ses contemporains, Duchenne était un expérimentateur hors pair mais un piètre communicateur. La première publication importante de Duchenne[18], parue en 1855, traitait de la stimulation électrique des muscles à l'aide de courants faradiques. En 1862, Duchenne publie un travail étonnant visant à élucider les mécanismes de l'expression faciale[19] (figure 4-8). Ce dernier ouvrage intéressa au plus haut point Charles Darwin qui emprunta d'ailleurs à Duchenne certaines illustrations pour la préparation de son livre sur le même sujet[20].

Les observations minutieuses de Duchenne sur la physiologie musculaire le conduisirent à mieux comprendre les bases physiopathologiques des maladies neuromusculaires. Il donna une description clinique précise de plusieurs types d'atrophies musculaires, dont de la dystrophie musculaire pseudohypertrophique, mieux connue aujourd'hui sous le terme *dystrophie musculaire de Duchenne*. C'est d'ailleurs dans son travail sur la dystrophie musculaire pseudohypertrophique qu'il décrivit une nouvelle méthode permettant d'analyser de petites quantités de muscles prises chez des patients vivants ; cette technique que le neurologue anglais Richard Gowers (1845-1915) nommait le *harpon de Duchenne*, en fait, représentait le début de la

science des biopsies. Il s'intéressa aussi à la poliomyélite. Frappé par la simi-
larité des symptômes cliniques entre la poliomyélite et les lésions traumatiques de la moelle, Duchenne formula, en 1855, l'hypothèse voulant que,
dans les cas de poliomyélite, la lésion se situait dans la moelle épinière : « En
raisonnant par analogie, j'ai été conduit à penser que le point de départ de
ces paralysies graves de l'enfance pouvait résider dans le système nerveux
spinal[17]. »

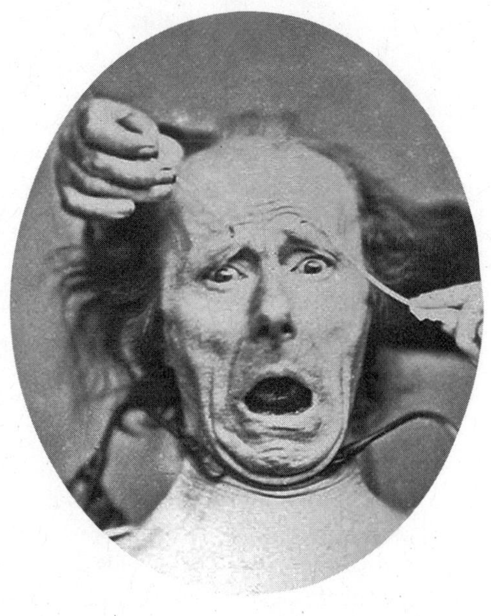

Figure 4-8. Duchenne de Boulogne (à gauche) et exemple d'une tentative de reproduction d'une
impression de peur et de terreur par le galvanisme (à droite). D'après A. Parent, « Duchenne de
Boulogne : A pioneer in neurology and medical photography », 2005[17].

Duchenne effectua la majorité de ses découvertes en utilisant la stimulation électrique focalisée. Bien que sa contribution demeurât largement
ignorée à Paris et ailleurs en France, ses efforts furent reconnus dans de nombreuses autres capitales, dont Rome, Madrid, Saint-Pétersbourg, Genève et
Leipzig. Son œuvre à la Salpêtrière fut commémorée par un simple bas-relief
illustrant un médecin penché sur un patient auquel il applique des électrodes
qui émergent d'un appareil relativement primitif (figure 4-9).

Figure 4-9. Bas-relief montrant Duchenne de Boulogne stimulant électriquement les muscles de l'avant-bras d'un patient assis sur son lit d'hôpital. Il s'agit de la partie centrale du bas-relief que l'on avait élevé à l'hôpital de la Salpêtrière à Paris en l'honneur de Duchenne de Boulogne. Ce bas-relief fut caché au moment de l'invasion de Paris par l'armée allemande lors de la Deuxième Guerre mondiale. On le retrouva récemment dans le sous-sol d'un des bâtiments de la Salpêtrière et il trône maintenant à l'entrée de l'amphithéâtre du Service de myologie au pavillon Babinski de la Salpêtrière. D'après A. Parent, « Duchenne de Boulogne : A pioneer in neurology and medical photography », 2005[17].

De l'électricité aux organes de l'esprit

Après avoir vu les mystérieux esprits vitaux circulant à l'intérieur des nerfs remplacés à jamais par l'électricité, le XVIIIᵉ siècle sera le témoin d'un autre changement conceptuel d'importance concernant le cerveau. En effet, à l'idée bien ancrée que le cerveau est un organe unique et indivisible – un viscère comme les autres, en somme –, on opposera une notion tout à fait nouvelle, soit celle d'une structure hiérarchisée composée de plusieurs organes distincts ayant chacun une fonction spécifique. Cette avancée significative allait être le résultat du travail de deux individus exceptionnels : le Suédois Emanuel Swedenborg (1688-1772), un oublié de l'Histoire, et l'Allemand Franz Joseph Gall (1758-1828), un mal-aimé de l'Histoire.

Emanuel Swedenborg

Né à Stockholm en 1688, Emanuel Swedenborg (figure 4-10) étudie d'abord les lettres et les mathématiques à l'Université d'Uppsala où il est reçu, en 1709, docteur en philosophie. Il parcourt l'Europe pendant plusieurs années, puis se consacre tout entier à la recherche scientifique et technique. Nommé assesseur au Collège royal des mines d'Uppsala en 1724, il est chargé de diriger de grands travaux de construction. À titre d'ingénieur, il travaille sur des machines à hélices et, en tant que savant, il s'intéresse principalement à la biologie et à la géologie. Il participe à des découvertes aussi variées que la cristallographie et la place du Soleil dans la Voie lactée.

Vers 1740, Swedenborg décide de se consacrer davantage à l'anatomie et la médecine et, désirant approfondir sa connaissance des

Figure 4-10. Emanuel Swedenborg, tableau du peintre suédois Per Kraft l'Ancien datant de 1766. Le tableau original est exposé au château de Gripsholm en Suède.

relations entre l'esprit et le corps, il parcourt les différents laboratoires d'Europe afin d'en apprendre le plus possible sur l'organisation du système nerveux. Son remarquable esprit de synthèse et d'anticipation l'amène à développer une conception du cortex cérébral radicalement nouvelle et étonnamment moderne. Swedenborg s'accordait avec Willis ainsi qu'avec ses propres contemporains pour attribuer à la partie antérieure de l'encéphale un rôle important dans la compréhension, la pensée, le jugement et la volonté. Cependant, il poussa cette idée beaucoup plus loin en émettant l'hypothèse que les multiples fonctions cérébrales sont représentées dans différentes régions du cortex cérébral. Pour Swedenborg, seule l'existence de territoires corticaux spécialisés pouvait adéquatement expliquer la capacité qu'avait le cortex cérébral de fonctionner « sans confusion ni désordre » pour utiliser les mots qu'avait employés Sténon un siècle auparavant. De plus, le concept de localisation corticale pouvait expliquer le fait que les fonctions mentales, telles la mémoire, la cognition et la perception, ne sont pas affectées également par différentes pathologies impliquant l'écorce cérébrale.

Vers 1745, Swedenborg localise la zone du contrôle musculaire dans la partie postérieure de ce que nous appelons aujourd'hui le lobe frontal. Il précise que les muscles du pied sont contrôlés par les circonvolutions supérieures, ceux du tronc par les circonvolutions moyennes, et ceux de la tête et du cou par les circonvolutions inférieures ; il démontre ainsi la représentation corporelle inversée qui allait être décrite plus de cent ans plus tard. De plus, il soutient que le cortex cérébral n'est responsable que des mouvements volontaires, les mouvements involontaires et mécaniques étant soumis à l'autorité de centres inférieurs, comme le corps strié, le cervelet et la moelle épinière.

Avec des affirmations aussi justes sur l'organisation cérébrale, on est en droit de se demander pourquoi l'histoire des sciences neurologiques n'a pas fait une plus grande place à Swedenborg. Il faut dire, tout d'abord, que plusieurs concepts les plus révolutionnaires de Swedenborg étaient consignés dans des manuscrits qui n'ont vu le jour que plusieurs années après le décès de l'auteur. Les traités de Swedenborg sur le cerveau ne furent en effet découverts par l'ensemble des scientifiques qu'à la fin du XIXᵉ siècle, grâce, en grande partie, à la traduction anglaise qu'en a donnée Rudolph Tafel (1831-1893)[21]. Par ailleurs, les idées de Swedenborg concernant l'organisation anatomique et fonctionnelle du cerveau qui ont été publiées de son vivant étaient littéralement enfouies dans des œuvres de nature religieuse appartenant à la dernière partie de la vie de Swedenborg, où l'on voit ce dernier plonger profondément dans le mysticisme. En effet, dès 1745, Swedenborg considère la communication avec les esprits, les anges et le monde spirituel comme sa nouvelle mission. Même dans le domaine du mysticisme, le génie de Swedenborg survivra et réussira à inspirer de nombreux poètes et romanciers de l'aire romantique, de même que plusieurs hommes de théâtre, tel August Strindberg (1849-1912), que plusieurs considèrent comme le père du théâtre moderne. La célèbre *théorie des correspondances* de Swedenborg (correspondance entre le ciel et la terre, entre l'amant terrestre et l'amant céleste, héritée d'un lointain platonisme) influença profondément Gérard de Nerval (1808-1855) et Arthur Rimbaud (1854-1891), entre autres. Nombre de ses disciples se sont organisés en sectes indépendantes, principalement en

Angleterre ; la secte de l'*Église de la Nouvelle Jérusalem* regroupe l'ensemble de ces courants. Malheureusement, il n'en a pas été de même pour les notions de Swedenborg concernant l'organisation cérébrale, qui sont complètement passées inaperçues et n'eurent donc aucune influence sur l'histoire des sciences du cerveau. Il a donc fallu repartir à neuf et c'est à Franz Joseph Gall que reviendra le mérite d'avoir attiré l'attention des scientifiques sur l'importance fonctionnelle de l'écorce cérébrale.

La physiognomonie

Pendant les dernières décennies du XVIIIe siècle, plusieurs scientifiques tentent d'associer certaines caractéristiques corporelles d'un individu avec les traits de sa personnalité. Cette tentative n'est cependant pas nouvelle puisque, dès l'Antiquité, on faisait usage de la *physiognomonie*, soit l'art de déduire, à partir de l'observation de l'animal, le caractère de l'homme qui possède les mêmes traits. Le terme de physiognomonie est progressivement remplacé par celui de *physionomie*, qui se rapporte à l'étude du caractère de l'homme par l'analyse des traits de son visage, une discipline qui était très en vogue à la fin du Siècle des lumières. En ce sens, les traités de physiognomonie du prédicateur suisse Johann Caspar Lavater (1741-1801) est annonciatrice de l'œuvre de Gall[22]. Comme Gall après lui, Lavater délaisse progressivement l'étude des traits du visage pour s'intéresser à ceux du squelette, et plus particulièrement à ceux du crâne. On trouve dans l'ouvrage de Lavater cette phrase révélatrice de ses intérêts : « Le système osseux doit être regardé comme l'esquisse du corps humain : et à mes yeux le crâne est la base, l'abrégé de ce système, de même que le visage est le résultat et le sommaire de la forme humaine en général. D'après ces principes, les chaires ne sont en quelque sorte que le coloris qui relève le dessin ; et l'objet principal de mes recherches sera la constitution, la forme et la courbure du crâne[22]. » Lavater précise en ces termes pourquoi il va désormais s'intéresser davantage au crâne : « La cavité du crâne est visiblement calquée sur la masse des substances qu'il renferme, et suit leur accroissement dans tous les âges de la vie ; ainsi la forme extérieure du cerveau, qui s'imprime parfaitement sur la surface interne du crâne, est en même temps le modèle des contours de la surface extérieure[22]. » L'œuvre de Gall est donc indissociable de celle de Lavater ; elle en constitue un prolongement plus achevé.

Figure 4-11. Franz Joseph Gall, gravure de François Maradan datant de 1824. (Académie nationale de médecine, Paris.)

Franz Joseph Gall

Franz Joseph Gall (figure 4-11) naît le 9 avril 1758 à Tiefenbrunn (Baden), dans le sud-ouest de l'Allemagne, d'un père commerçant d'ascendance italienne (Gallo). En 1774, Gall entreprend des études de médecine à Strasbourg. Il contracte le typhus dans cette ville et est soigné avec un grand dévouement par une certaine Mlle Leisler, qu'il épouse. En 1781, il déménage à Vienne où il continue ses études médicales. Il obtient son doctorat en 1785 et connaît une brillante carrière à Vienne où il devient l'un des médecins les plus en vue d'Autriche. Sa renommée est telle qu'on lui offre, en 1794, de devenir le médecin personnel de l'empereur François II (1768-1835), mais Gall décline cet honneur prétextant que des médecins plus compétents que lui pourraient occuper ce poste. En 1796, il initie une série de leçons privées d'anatomie du cerveau, aidé en cela par un excellent préparateur répondant au nom de Niklas.

L'organologie

Il existe de nombreuses anecdotes, toutes plus ou moins farfelues les unes que les autres, qui font remonter à l'enfance de Gall son intérêt pour l'étude du crâne comme méthode de connaissance des facultés intellectuelles. Stanley Finger nous raconte que, dès l'âge de 9 ans, Gall fut intrigué par un de ses compagnons de classe qui possédait, contrairement à lui, une excellente mémoire verbale[23]. L'idée de l'existence de différences individuelles pour ce qui a trait à la mémorisation verbale l'aurait poursuivi jusqu'à ses années d'université, quand il se rendit compte que les gens ayant une grande capacité mnémonique partageaient une caractéristique physique, soit celle d'avoir des yeux saillants ; ce trait morphologique, croyait-il, était absent chez ceux qui possédaient une mémoire déficiente. Il aurait alors postulé que ce type d'exophtalmie résulte d'un développement excessif de la partie corticale sous-jacente, responsable de la mémoire[23].

Ce qui est certain, c'est qu'à partir de 1792 Gall est convaincu que le cortex cérébral est composé de plusieurs organes spécialisés. Quatre ans plus tard, il prononce des conférences publiques visant à promouvoir l'idée que le développement des différents organes cérébraux se reflète dans le patron des protubérances du crâne : une nouvelle discipline à laquelle il donne le nom d'*organologie* (*Schtidellehre*). Gall écrit dès ses débuts, et maintient jusqu'à ses dernières publications, que son intérêt premier et permanent est de connaître les penchants innés de l'homme et leur rapport avec son organisation somatique, et que c'est là véritablement ce qu'il désire approfondir.

Pour le psychiatre français Georges Lantéri-Laura (1930-2004), Gall tire l'essentiel de son argumentation d'un ensemble de faits venus de la pathologie humaine, principalement la question des *monomanies*, envisagée par le célèbre psychiatre (on disait alors *aliéniste*) Jean-Étienne-Dominique Esquirol (1772-1840)[24]. Esquirol situait l'origine de la maladie mentale dans un dérèglement des passions de l'âme. Selon lui, la folie n'affectait pas entièrement et irrémédiablement la raison du patient, comme le montraient ses travaux sur les monomanies, qui peuvent être définies comme des altérations partielles de la raison caractérisées par une divagation obsessive sur un seul sujet. Pour Gall, l'existence d'un groupe de troubles mentaux où l'altération d'une seule fonction coexiste avec l'intégrité de toutes les autres montre que les facultés cérébrales s'exercent dans une relative indépendance et supposent des territoires corticaux qui agissent isolément les uns des autres puisque le fonctionnement d'un seul peut être altéré à l'exclusion de tous les autres. Aux yeux de Gall, il s'avère légitime de faire comme si l'inspection et la palpation du crâne valaient pour l'examen du manteau cortical. Comme Lantéri-Laura le mentionne, l'objet essentiel est ici l'étude du cerveau ; le crâne n'est qu'un objet secondaire et il ne fait partie de la doctrine qu'autant qu'il porte l'emprunte fidèle de la surface extérieure du cerveau[24].

Gall pensait que le volume du crâne était un bon indicateur de la capacité mentale, mais que, prise isolément, cette donnée ne révélait rien à propos de l'organisation des facultés mentales. Il maintenait que pour saisir les traits de la personnalité d'un individu, il fallait étudier les diverses régions du crâne puisqu'elles reflétaient la dimension et la forme des régions du cerveau qu'elles recouvraient. Pour Gall, comme pour Swedenborg avant lui, les lobes frontaux étaient le siège des fonctions cérébrales les plus élevées chez l'homme, alors que les fonctions que l'homme partageait avec les animaux se trouvaient davantage dans les régions arrière et inférieure du cerveau. Ces notions élaborées par Gall tenaient compte du fait que les lobes frontaux sont plus volumineux chez l'homme que chez l'animal. Plus important encore, Gall semblait pouvoir vérifier ces diverses notions en questionnant des individus ayant différentes formes de crâne.

À partir de certaines constatations simples, comme l'association entre la capacité mnémonique et un certain degré d'exophtalmie, il fut relativement facile à Gall de concevoir que le cortex cérébral était une mosaïque de plusieurs organes spécialisés. Selon lui, chacun de ces organes contrôlait une fonction particulière, mais chacun était aussi associé aux autres, dont son jumeau dans l'autre moitié du cerveau, afin d'assurer la coordination nécessaire à l'élaboration d'une pensée cohérente. Gall réussit ainsi à définir 27 *facultés* ou *organes* de l'esprit, représentées dans les deux hémisphères du cerveau, dont 19 que nous partageons avec les animaux et 8 qui sont spécifiques à l'espèce humaine (tableau 4-1).

Voyages et anatomies cérébrales

Les autorités médicales autrichiennes, avec à leur tête Joseph Andreas Stifft (1760-1836), le médecin personnel de l'Empereur, s'inquiètent devant la popularité grandissante des conférences publiques de Gall. Ils considèrent subversives et sans fondement les doctrines de Gall et tentent de convaincre les autorités politiques de mettre un terme à ses conférences publiques. Ils ont pour cela l'appui des catholiques conservateurs d'Autriche outrés de voir Gall faire un lien entre les fonctions intellectuelles et une substance matérielle, en l'occurrence le cerveau, plutôt qu'avec l'âme. Ces derniers n'acceptent pas non plus l'idée que le caractère individuel soit, pour l'essentiel, fixé à la naissance et particulièrement résistant, par la suite, aux changements ; pour eux, Gall est le porte-parole du matérialisme, de l'athéisme et d'un fatalisme qui confine à l'hérésie[23]. Le 24 décembre 1801, Gall reçoit de l'empereur François II une lettre (la fameuse *lettre de Noël*) dans laquelle ce puissant représentant de la lignée des Habsbourg parle de la doctrine de Gall en ces termes : « Cette doctrine concernant les têtes, de laquelle on parle avec tant d'enthousiasme, pourrait bien faire en sorte que quelques personnes perdent la leur, puisqu'elle conduit directement au matérialisme. » Deux semaines plus tard, le gouvernement autrichien ordonne à Gall de cesser ses activités de conférencier public ; le gouvernement profite alors de l'occasion pour édicter une loi plus générale interdisant toutes conférences publiques, à moins d'avoir obtenu une permission spéciale. Face à une telle opposition, Gall ne tente même pas d'obtenir l'aval des autorités pour continuer à

Tableau 4-1

Les facultés de l'esprit et les penchants naturels selon Gall

(A)	Facultés partagées par les humains et les animaux
1.	L'instinct de reproduction
2.	L'amour de la progéniture
3.	L'affection et l'amitié
4.	L'instinct d'autodéfense (ou courage)
5.	L'instinct de destruction, l'instinct carnivore ou la tendance au meurtre
6.	La ruse
7.	Le désir de possession
8.	L'orgueil
9.	La vanité et l'ambition
10.	La circonspection et la prévoyance
11.	La mémoire des faits et des choses
12.	Le sens du lieu
13.	La mémoire des gens
14.	La mémoire des mots
15.	Le sens du langage
16.	Le sens de la couleur
17.	Le sens du son et le don pour la musique
18.	Le sens des nombres
19.	Le sens de la mécanique et de l'architecture
(B)	**Facultés spécifiques à l'homme**
1.	La sagesse
2.	Le sens de la métaphysique
3.	Le sens de la satire et de la répartie
4.	Le talent poétique
5.	La gentillesse et la bienveillance
6.	Le sens de l'imitation
7.	Le sentiment religieux
8.	Le ferme propos

propager ses idées nouvelles ; il profite plutôt de l'occasion pour terminer quelques travaux et dire adieu aux amis qui l'avaient soutenu à Vienne. En 1805, alors âgé de 47 ans, il quitte l'Autriche où on l'avait privé de son droit de parole, pour voyager à travers l'Europe.

Gall se met alors à prononcer de très nombreuses conférences dans la majorité des grandes villes et cités universitaires des pays les plus libéraux d'Europe, parlant sans relâche de ce que la relation entre le cerveau et le crâne peut révéler sur les traits de la personnalité. À l'été 1805, il est particulièrement actif dans le nord de l'Allemagne. Il a même l'occasion de faire part de sa théorie à la famille royale à Berlin où deux médailles furent frappées en son honneur. Il visite, par la suite, le Danemark, les Pays-Bas, la Suisse et la France, où ses idées sont relativement bien reçues. En plus des prononcer des conférences, Gall dissèque des cerveaux pour démontrer que les différentes parties du cortex cérébral sont reliées à certaines structures spécialisées du tronc cérébral ; il utilise alors une méthode nouvelle de dissection sur laquelle il vaut la peine de s'arrêter quelques instants.

La méthode de dissection du cerveau, fixée à la Renaissance par Vésale et portée à son apogée par Vicq d'Azyr 250 ans plus tard, consiste à prendre le cerveau par sa partie supérieure et à pratiquer des coupes horizontales en allant du haut vers le bas. Il s'agit d'un excellent procédé didactique, car il permet une démonstration facile des rapports réciproques entre les structures cérébrales. Cette façon de faire rend cependant difficile la compréhension de l'organisation tridimensionnelle de certaines structures, bien qu'elle permette de garder le cerveau en place dans la boîte crânienne et ainsi d'éviter les déformations qu'il subirait si on le laissait seul sur la table de dissection. Thomas Willis, au XVIIe siècle, a bien proposé une autre méthode de dissection, qui lui permettait de démontrer la continuité entre le tronc cérébral et les hémisphères cérébraux, mais cette façon de faire sera ignorée pendant de très nombreuses années[24].

Pour sa part, Gall débute ses dissections du cerveau au niveau du bulbe rachidien, où il distingue les amas de substance grise à l'origine des nerfs crâniens. Il dégage les faisceaux nerveux et les suit vers le haut sans les sectionner en les raclant avec le manche du scalpel ou en les rendant plus visibles en dirigeant sur eux un faible jet d'eau. Il montre que certains faisceaux qui cheminent le long du tronc cérébral s'achèvent dans la substance grise du cortex cérébral (figure 4-12). Gall complète sa démonstration en dépliant littéralement les hémisphères cérébraux. Il introduit un doigt dans la cavité ventriculaire, tend le cortex sur cette saillie digitale et montre que les diverses circonvolutions sont en continuité les unes avec les autres et que les sillons sont non moins corticaux que le reste et reçoivent aussi des fibres blanches. Gall a exposé très clairement cette technique de dissection en 1809, mais il l'employait beaucoup plus tôt[24].

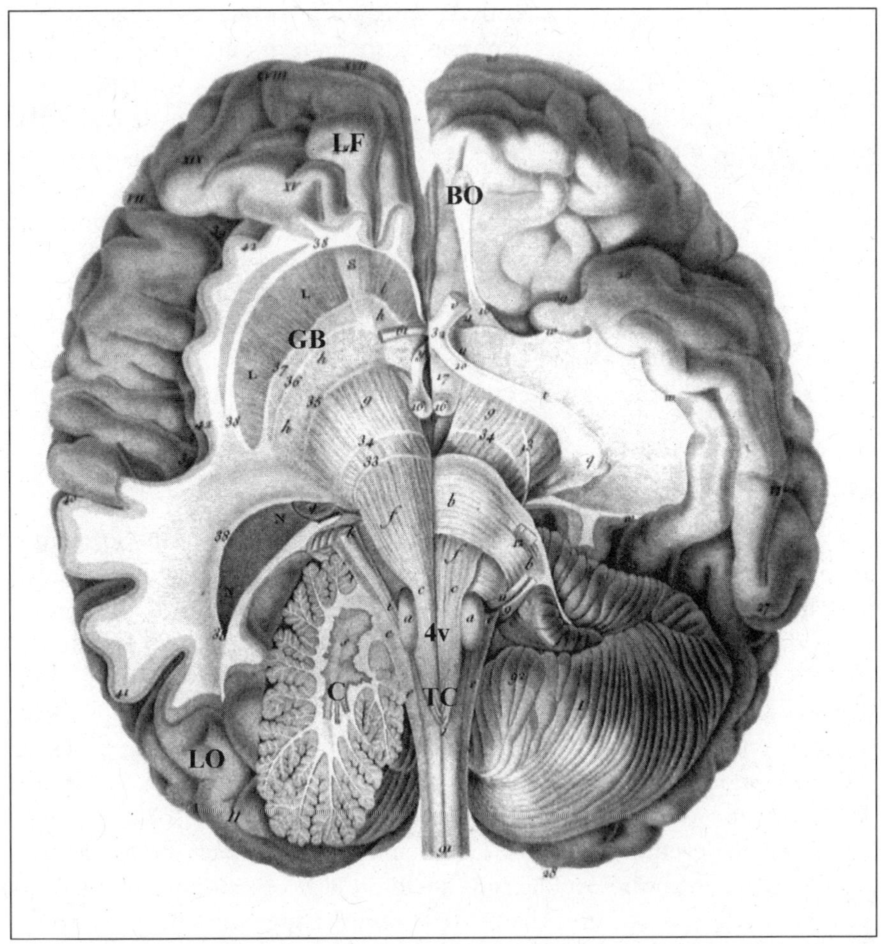

Figure 4-12. Section horizontale du cerveau humain avec le lobe occipital (LO), la partie inférieure du tronc cérébral (TC), le quatrième ventricule (4v) et le cervelet (C) en bas de l'image, et le lobe frontal (LF), le bulbe olfactif (BO) et les ganglions de la base (GB) en haut de l'image. La façon de disséquer de Gall permet de mettre en évidence les fibres nerveuses qui strient les ganglions de la base et continuent leur route vers le bas jusqu'au tronc cérébral. Cette illustration est tirée d'une planche de l'atlas accompagnant le traité d'anatomie et de physiologie publié à Paris par Gall et Spurzheim entre 1810 et 1819 à Paris[25]. Les lettres LF, BO, GB, 4v, LO, C et TC ont été rajoutées sur l'original pour en faciliter la compréhension.

Au dire de ses contemporains, les dissections publiques de Gall étaient tout à fait extraordinaires et plusieurs le considéraient comme un anatomiste exceptionnel. C'est le cas de Johann Christian Reil (1759-1813), un des anatomistes du cerveau les plus respectés de l'époque, qui déclarait : « J'ai vu dans les dissections anatomiques du cerveau faites par Gall plus que ce qu'aucun homme pourrait découvrir dans toute sa vie[23]. » Même Pierre Flourens (1794-1867), le célèbre physiologiste français qui s'opposa avec tant de force à l'idée de l'existence d'organes cérébraux distincts, souligna l'habileté de Gall dans la façon d'aborder la dissection du cerveau. Il le décrivit comme le plus grand anatomiste de son temps et déclara n'avoir jamais vraiment apprécié l'anatomie détaillée de l'encéphale avant d'avoir observé les dissections de Gall. Il faut cependant noter que, pour Gall, l'anatomie du cerveau ne sert qu'à confirmer les découvertes physiologiques ; Gall commençait d'abord par ériger des hypothèses physiologiques dérivés de ses observations cliniques et pathologiques – il effectuait très peu de vivisections, car il avait ce type d'activité en horreur – et vérifiait ensuite ses hypothèses par des dissections très détaillées du cerveau et de la moelle.

Le traité d'anatomie et de physiologie de Gall

Lorsque Gall atteignit Paris en 1807, où il pensait ne rester qu'environ un an, il commença par se trouver une clientèle fidèle qui lui assurerait un moyen de subsistance. Son cabinet de médecin en vint à accueillir des diplomates de plus de douze ambassades ainsi que des membres des familles les plus en vue d'Europe. Il soigne alors plusieurs écrivains français, dont Benjamin Constant (1767-1830) et Stendhal (Henry Beyle, 1783-1842). Grâce à cette riche clientèle, Gall vivait à l'aise dans la capitale et la liberté d'expression dont il bénéficiait fit en sorte qu'il décida d'y rester et de demander la citoyenneté française qui lui sera accordée en 1819. Le 14 mars 1808, Gall tente de devenir membre de l'Académie des sciences et, pour y arriver, il présente un mémoire détaillé sur l'anatomie du cerveau qui sera malheureusement rejeté. Le comité chargé de l'examiner juge minime la contribution de Gall à l'anatomie de l'encéphale et néglige d'évaluer ses propositions sur la physiologie cérébrale sous prétexte qu'elles débordent le champ de compétences de ses membres. Cette affirmation est pour le moins étonnante puisque le comité en question était présidé par le grand zoologiste Georges Cuvier (1769-1832) et comprenait, entre autres, Philippe Pinel (1745-1826), le père de la psychiatrie française, ainsi que le médecin Jacques-René Tenon (1724-1816). Outragé, Gall réalise que ce comité n'avait jamais eu l'intention d'évaluer sa contribution. Pourtant, le travail qu'il avait soumis ne traitait que de l'anatomie normale du cerveau, contribution importante et significative qui n'aurait pas dû indisposer les membres du comité. De plus, le comité avait tenu compte, au cours de ses délibérations, de sa théorie controversée des bosses du crâne, alors que l'*organologie* de Gall ne faisait pas partie du matériel soumis à l'examen du comité.

Qu'importe, c'est au cours de cette même année que Gall commence l'écriture de son monumental traité intitulé *Anatomie et physiologie du système nerveux en général et du cerveau en particulier*[25]. Les deux premiers tomes de cet ouvrage considérable parurent en 1810 et les deux autres en 1819. Le coût de la publication de l'œuvre, qui comprenait plusieurs centaines de pages de texte et plus d'une centaine de magnifiques gravures sur cuivre (figure 4-12), était exorbitant, comme l'était d'ailleurs son prix de vente : 1 000 francs la copie. Entre 1822 et 1826, Gall publia une version révisée et plus abordable de cet ouvrage qu'il intitula *Sur les fonctions du cerveau*[26] et qui sera alors traduit en anglais.

La première épouse de Gall, dont il s'était séparé en 1797, meurt à Vienne en 1825. Il se remarie la même année avec une certaine Mlle Barbe, avec qui il vivait depuis longtemps. Sa santé commence à s'altérer en 1826 et, en 1827, il donne ses dernières leçons. En 1828, Gall est victime d'un accident vasculaire cérébral qui le laisse paralysé et celui qui resta de son vivant un savant incompris meurt le 22 août 1828 à l'âge de 71 ans. Il fut enterré civilement au cimetière du Père-Lachaise et, à sa propre demande, son crâne fut ajouté à une collection déjà impressionnante. Trois ans plus tard, sa deuxième épouse offrit cette collection de crânes à un musée parisien en retour d'une rente annuelle de 1 200 francs.

La cranioscopie

Pour l'essentiel, la science de Gall reposait sur l'étude de la morphologie crânienne de nombreux personnages possédant des facultés intellectuelles particulières soit, d'une part, des écrivains, poètes, hommes d'État, musiciens et mathématiciens et, d'autre part, des lunatiques, idiots, imbéciles, criminels, sourds et aveugles (figure 4-13). La prémisse de base de ces études était que l'on pouvait plus facilement déterminer la relation entre le cerveau et le comportement chez des individus aux traits nettement accentués. Lorsque Gall rencontrait une personne ayant un talent particulier, il cherchait au niveau de son crâne une proéminence particulière afin de déterminer les limites approximatives de l'organe responsable de cette aptitude. À l'inverse, il essayait de discuter avec les gens présentant une disposition crânienne singulière pour découvrir leurs talents spécifiques.

Afin de l'aider à associer les caractéristiques crâniennes aux fonctions cérébrales, Gall collectionnait les crânes et faisait exécuter des moulages de ceux qu'il ne pouvait se procurer. Vers 1801, il avait amassé plus de 300 crânes d'individus dont les particularités mentales allaient des plus grands talents littéraires aux tendances meurtrières les plus basses. Il possédait aussi 120 moulages de personnes vivantes s'étant distinguées dans l'une ou l'autre des extrémités de ce spectre ; c'était là sa plus importante bibliothèque. Il laissa le gros de sa collection à Vienne et recommença à collectionner des crânes à son arrivée à Paris ; cette nouvelle collection atteignit rapidement plus de 600 spécimens (figure 4-14). L'étude des crânes humains (*cranioscopie*) représentait l'essentiel de son approche méthodologique, il tenait cependant aussi compte des observations qu'il avait pu faire chez l'animal. En effet, Gall gardait toujours l'œil ouvert sur des animaux qui auraient pu montrer certains traits de caractère particuliers afin de pouvoir les associer éventuellement à certaines caractéristiques de leur voûte crânienne ; on peut voir dans cette approche un clair relent de physiognomonie.

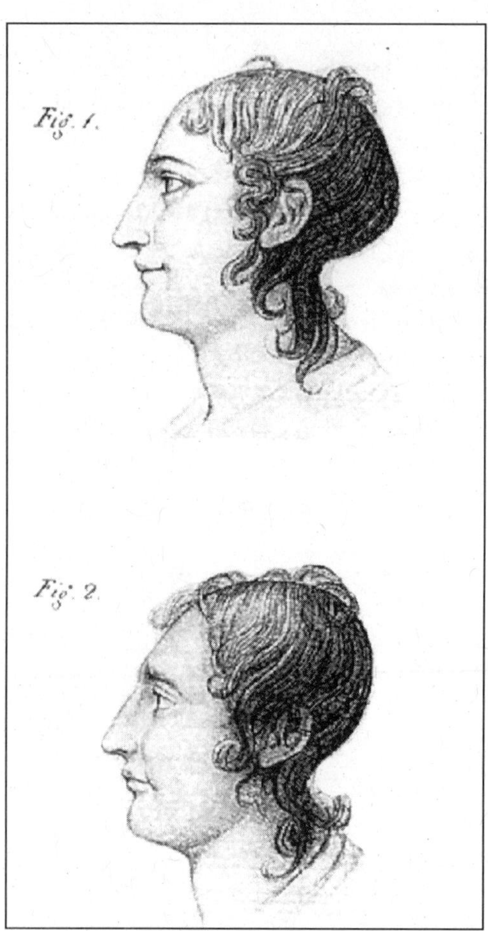

Figure 4-13. Illustration comparant la tête d'une femme qui adorait ses enfants (en haut) à celle d'une autre que sa progéniture laissait indifférente (en bas). Selon Gall, la faculté responsable de l'amour de sa progéniture se situe à l'arrière de la tête. Cette illustration est tirée d'une des planches de l'atlas accompagnant le traité d'anatomie et de physiologie[25] publié à Paris par Gall et Spurzheim entre 1810 et 1819.

Gall s'intéressait relativement peu à la neurologie puisque, disait-il, cette science traitait d'« accidents de la nature » qui pouvaient difficilement êtres répliqués. De fait, il n'a jamais prétendu avoir découvert un organe crânien sur la foi de données cliniques. Il s'intéressait néanmoins aux cas cliniques qui pouvaient avoir un rapport

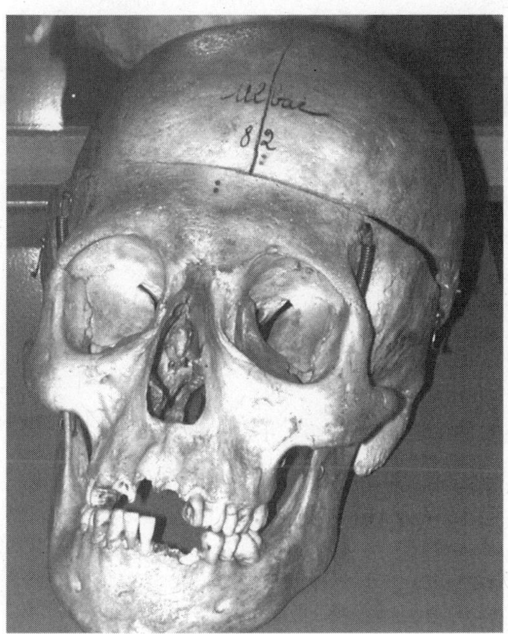

Figure 4.14. Photographie prise par l'auteur en 2005 au musée Delmas-Orfila-Rouvière à Paris. Elle montre un des nombreux crânes faisant partie de la collection de Gall. Il s'agit ici du crâne d'un certain Ulbac, condamné à mort à la fin du XVIIIᵉ siècle pour l'assassinat d'une jeune bergère à Ivry, en banlieue de Paris.

avec les subdivisions fonctionnelles qu'il avait établies, ou qui pouvaient aider à les préciser. Le baron Dominique-Jean Larrey (1776-1842), chirurgien de l'armée de Napoléon, aida grandement Gall à amasser sa collection de crânes. De plus, Larrey référa à Gall quelques cas cliniques intéressants, comme le dénommé Edouard de Rampan, un militaire ayant survécu à une blessure au lobe frontal causée par une arme blanche ; l'individu présentait une perte de mémoire des mots ainsi qu'une paralysie du côté droit du corps. Cet homme pouvait très bien reconnaître le baron Larrey, mais ne pouvait prononcer son nom, ce qui semble être un cas typique d'aphasie motrice due à une atteinte du lobe frontal gauche (voir chapitre 5). Comme Gall prétendait que chaque organe de la pensée avait une double représentation, soit une dans chaque hémisphère, il a dû expliquer pourquoi Rampan avait perdu la mémoire des mots par suite d'une lésion qui n'affectait qu'un seul hémisphère. Gall suggéra alors que c'est en causant un déséquilibre entre les deux hémisphères qu'une lésion unilatérale peut affecter les facultés des deux côtés et parfois induire des changements graves du comportement[26].

Un bref examen de certains des cas rapportés dans le grand traité de Gall nous aide à mieux comprendre comment ce dernier localisait les facultés mentales, tout en révélant de façon éloquente les limitations de l'examen craniologique. Gall localisait la faculté de « destruction, d'instinct carnivore et de tendance au meurtre » au niveau de l'os temporal (au-dessus des oreilles), car cette région était beaucoup plus développée, disait-il, chez les carnivores que chez les herbivores (ce qui s'avéra faux). Gall avait aussi noté que cette région était très volumineuse chez un boucher, de même que chez un étudiant qui devint chirurgien ainsi que chez un apothicaire qui plus tard se fit bourreau. Par ailleurs, Gall localisait le « désir de possession », soit la *faculté* qui pour lui était responsable de la propension au vol, dans une région du crâne qui paraissait démesurément agrandie chez les jeunes pickpockets ainsi que chez des voleurs professionnels qu'il avait examinés en prison. Finalement, Gall situait le « sentiment religieux » dans la partie frontale supérieure du crâne, puisqu'il avait observé que les personnes qui faisaient montre d'une grande dévotion lors des cérémonies religieuses possédaient une proéminence particulière dans cette région. Il confirma cette relation par l'étude de prisonniers souffrant de troubles psychiatriques impliquant du délire religieux, ainsi que par l'examen de certains moines qu'il avait rencontrés dans différents monastères d'Europe.

Johann Spurzheim et la phrénologie

Johann Spurzheim (figure 4-15) naît en 1776 dans la région de la Moselle et, comme Gall, opte très tôt pour la carrière de médecin. Spurzheim et Gall se rencontrent pour la première fois en 1800, et de 1804 à 1813, les deux hommes seront inséparables, Spurzheim assistant Gall autant dans ses dissections, ses conférences que ses écrits. Il faut préciser que Gall avait déjà formulé sa théorie lorsqu'il rencontra Spurzheim, mais il trouva la contribution de ce dernier suffisamment importante pour l'inclure comme co-auteur pour les deux premiers volumes de son traité d'anatomie et de physiologie.

Gall et Spurzheim se séparent en 1813 lorsque ce dernier commence à élaborer un système de craniologie qui s'éloigne progressivement de celui du maître. En accord avec la prémisse de Gall selon laquelle la forme du crâne reflétait le développement du cerveau sous-jacent, Spurzheim soutient qu'il n'existe pas de faculté *mauvaise* ou *démoniaque* innée pouvant éventuellement mener au vol ou au meurtre. De tels actes, prétend-il, sont plutôt le résultat d'un sous-développement des facultés morales. De plus, Spurzheim décide d'ajouter d'autres facultés, comme l'espoir et le sens moral, à la longue liste déjà dressée par Gall (figure 4-15).

Contrairement à Gall et à son pessimisme notoire quant à la possibilité de changer la nature humaine, Spurzheim fait davantage place dans sa théorie à la formation et à l'éducation. C'est aussi Spurzheim qui popularise le terme « phrénologie », tiré des racines grecques *phren* (pensée) et *logos* (discours), mais ce terme pourrait avoir été formulé pour la première fois en 1805 par Benjamin Rush (1745-1813), un des signataires de la Déclaration d'indépendance des États-Unis, qui exerçait la médecine à Philadelphie. Quoi qu'il en soit, dix ans plus tard, l'Américain Thomas Foster (1789-1860) applique ce nom à l'ensemble de l'organologie de Gall et Spurzheim, et le terme de phrénologie est définitivement adopté peu de temps après par Spurzheim lui-même, qui l'incorpore au titre d'un de ses livres : *Observations sur la phrénologie*[27]. Pour sa part, Gall n'utilisera jamais ce terme qui, selon lui, se rapporte principalement à l'esprit alors que son propos concerne essentiellement le cerveau. De plus, l'acception du terme par Gall aurait signifié l'aval de l'ensemble du cadre théorique proposé par Spurzheim, puisque ce dernier prétendait que cette terminologie était de lui. Gall continua donc à utiliser le nom d'*organologie* pour décrire son propre système de pensée, ainsi que les termes *organoscopie* ou *cranioscopie* pour se référer à sa méthode de travail. Néanmoins, le terme de phrénologie devint un cri de ralliement pour tous ceux qui prétendaient vouloir faire une corrélation entre les caractéristiques crâniennes et les traits du comportement.

Gall ne semble pas avoir été affecté outre mesure lorsque son collaborateur quitta Paris pour chercher gloire et fortune à Londres. Dans la préface du troisième volume de son traité d'anatomie et de physiologie, Gall critique poliment la logique et le manque d'innovation de son collègue, mais, en

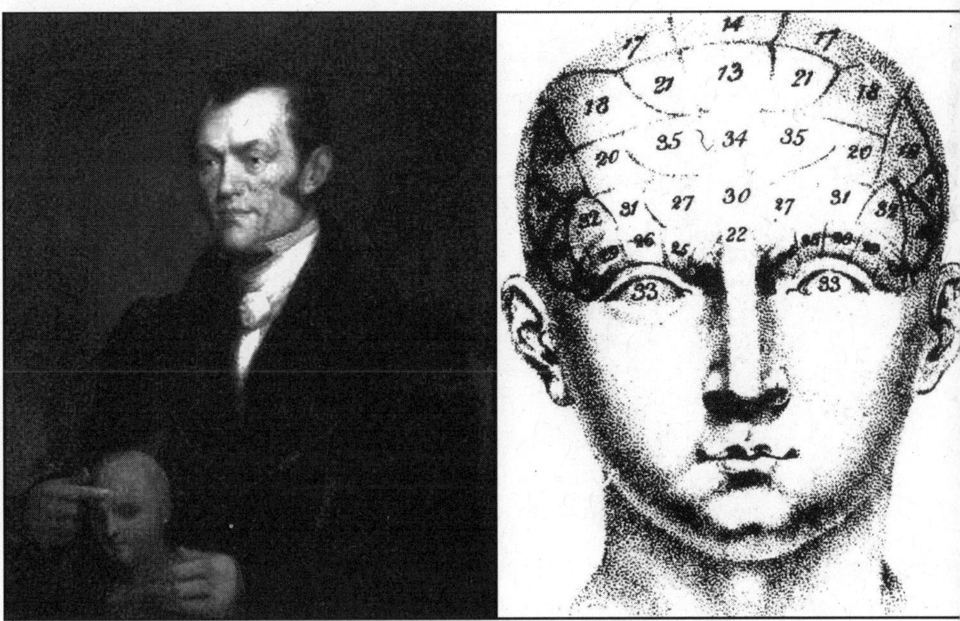

Figure 4-15. Johann Gaspar Spurzheim (1776-1832), d'après une étoile d'Alvar Fisher (1792-1860) datant des années 1830, et un exemple de la cartographie phrénologique proposée par Gall et Spurzheim. L'illustration est tirée des *Observations sur la phrénologie*[27] de Spruzheim.

privé, il traite Spurzheim de plagiaire et de charlatan. Cependant, même sans l'approbation du maître, la croisade de l'élève Spurzheim en Angleterre, en Écosse et en Irlande connaît un franc succès. Ayant éliminé les *facultés démoniaques*, Spurzheim peut offrir un système de pensée phrénologique qui permet d'envisager avec optimisme l'avenir de l'humanité. Contrairement à Gall dont l'intérêt fondamental était de comprendre l'organisation fonctionnelle du cerveau, la *phrénologie pratique* de Spurzheim s'adresse à la population en général et s'insère dans le cadre de réformes sociales allant dans le sens d'une amélioration des conditions individuelles. La phrénologie de Spurzheim se vante d'offrir aux individus la possibilité d'en apprendre davantage sur eux-mêmes et d'améliorer leurs conditions de vie en se tournant vers la science. Ce changement de cap rend la phrénologie extrêmement attrayante, entre autres, aux criminologues qui commencent dès lors à classifier les condamnés d'après leurs propensions individuelles, telles que révélées par la craniologie, plutôt que par le simple type d'actes pour lesquels on les avait emprisonnés. De même, les éducateurs reconsidèrent leur façon d'enseigner qui avait été jusqu'alors la même pour chaque élève. Le nouveau système est aussi attrayant pour les réformateurs sociaux et les psychiatres qui croient que la maladie mentale possède un substratum anatomique. Bref, avec Spruzheim, la phrénologie commence à jouer un rôle important dans une variété de mouvements impliqués dans les réformes sociales et individuelles.

La phrénologie dans les pays anglo-saxons

Après avoir assisté à plusieurs dissections et conférences de Spurzheim, l'avocat et philosophe écossais George Combe (1788-1858) devient, en 1816, un de ses plus fidèles adeptes. Suite à des discussions avec Spurzheim, Combe conçoit l'idée que les gens peuvent promouvoir la croissance des plus admirables facultés de l'esprit en vivant dans la morale chrétienne et en vénérant Dieu. Combe mène alors de nombreuses luttes en faveur de la charité, de la tempérance et du dur labeur ; il est convaincu que la religion peut tirer un grand bénéfice de la phrénologie. En 1820, Combe fonde la Edinburgh Phrenological Society, met sur pied le journal de cette société et, après le décès de Spurzheim, devient le principal interlocuteur de la phrénologie en Europe.

Les idées de Gall, Spurzheim et Combe sont transplantées aux États-Unis, principalement grâce à John Collins Warren (1753-1815), John Bell (1796-1872) et Charles Caldwell (1772-1853), trois médecins américains ayant fréquemment visité l'Europe et assisté aux conférences sur la phrénologie. Ils retournent aux États-Unis vers 1822 et se mettent à leur tour à « propager la bonne nouvelle », tant par leurs écrits que par leurs conférences publiques. De retour dans son pays, Warren donne de l'ampleur à son programme de recherche à l'Université Harvard, lequel comporte des corrélations entre le crâne et les types de comportement de différents animaux. Pour leur part, Caldwell et Bell aident à mettre sur pied la Central Phrenological Society à Philadelphie, la première d'une longue série de sociétés semblables qui naissent aux États-Unis. Caldwell publie aussi le premier traité américain de phrénologie.

À l'été 1832, Spurzheim lui-même visite les États-Unis afin de relancer l'intérêt pour la phrénologie qui battait un peu de l'aile. Malheureusement, peu après son arrivée à Boston, il tombe malade et meurt avant la fin de la série d'allocutions qu'il devait prononcer. John Warren procède alors à l'autopsie du cadavre et, en accord avec les dernières volontés de Spurzheim, son crâne est détaché de son corps et donné pour étude à la faculté de médecine de l'Université Harvard. George Combe fait, lui aussi, une tournée américaine entre 1838 et 1840, mais la phrénologie a perdu de son éclat et peu de gens assistent à ses conférences. Victime de ce désintéressement général, l'*American Journal of Phrenology*, fondé lors du séjour de Combe aux États-Unis, est un échec total. Durant la même période, la Boston Phrenological Society, autrefois si active et enthousiaste, ferme ses portes. On peut donc dire que la phrénologie s'est éteinte vers 1840.

La bataille entre unitaires et localisateurs

Le mouvement phrénologique fut aussi bref qu'intense. On peut dire qu'aucune découverte scientifique, à l'exception peut-être du darwinisme et, plus tard, de la psychologie freudienne, n'a soulevé un intérêt aussi vaste et immédiat. La phrénologie avait l'avantage d'être facile à comprendre, excitante et pratique. Cependant, bien que plusieurs personnes fussent, dans un premier temps, emportées par la logique de la méthode phrénologique, la plupart des membres de la communauté scientifique allaient bientôt rejeter la cranioscopie comme instrument d'investigation de la physiologie du cerveau. On se rendit rapidement compte qu'il n'était pas possible d'avoir une idée précise de la conformation du cerveau à partir de mesures crâniennes et que les lésions cérébrales affectaient rarement les facultés intellectuelles de la façon dont le prévoyaient les théories phrénologiques.

De même en France, où Gall était perçu par Napoléon et l'élite scientifique parisienne comme une menace pour la science et la culture françaises, une forte opposition à la phrénologique s'éleva avec Pierre Flourens (figure 4-16) en tête. En 1822, l'Académie de médecine demande à Flourens de vérifier la théorie de Gall à l'aide des méthodes expérimentales qu'il utilisait quotidiennement dans ses propres travaux. Flourens s'exécute rapidement et en arrive à la conclusion que le concept d'une mosaïque d'organes corticaux proposé par Gall ne tient pas. Pour Flourens, toutes les parties du cortex cérébral sont également responsables de l'intelligence, des mouvements volontaires et de la perception sensorielle ; en somme, le cortex cérébral est uniforme et équipotentiel. S'appuyant sur plusieurs études où il avait extirpé, lésé ou stimulé électriquement des quantités variables de tissu cérébral chez différentes espèces animales, Flourens conclut que, lorsqu'une fonction cérébrale est affectée, il en est de même pour toutes les autres, et que, lorsqu'une des fonctions récupère, on observe

Figure 4-16. Portrait de Pierre Flourens (1794-1867), lithographie d'Auguste Lemoine datant du XIXe siècle.

une récupération de toutes les autres fonctions cérébrales. Cette série d'expériences confère à Flourens le titre de chef de file des *unitaires*, c'est-à-dire ceux qui croient que le cortex cérébral est un et indivisible. À ce titre, il mène une bataille sans merci contre les *localisateurs*, qui comme Gall pensent que le cortex cérébral est constitué de plusieurs régions fonctionnelles distinctes.

En rétrospective, l'incapacité de Flourens à mettre en évidence des changements comportementaux spécifiques par suite de lésions ou stimulations impliquant différentes parties du cortex cérébral peut s'expliquer par le fait qu'il effectuait ses expériences sur des animaux dont les hémisphères cérébraux sont peu développés, notamment des poules, des pigeons, des canards et des grenouilles. Par ailleurs, les observations de Flourens furent faites très tôt après la lésion, sans prendre soin de départager l'effet aigu du choc opératoire de l'effet chronique de la lésion corticale proprement dite. De plus, Flourens ne s'était préoccupé que des comportements relativement globaux et primaires, comme le comportement alimentaire, la capacité à éviter des obstacles et le cycle éveil/sommeil. Pour les partisans de Gall, la transposition de ces données à l'homme était risible.

La bataille entourant la phrénologie ne se limita pas aux données émanant du laboratoire. Flourens eut plus de succès, surtout auprès de ceux qui n'avaient pas connu Gall personnellement, avec la charge qu'il mena contre les aspects émotifs reliés à l'entreprise phrénologique. Il dépeignit Gall comme un être démentiel, une personne que l'on devait craindre puisqu'il était animé d'un désir irraisonné d'accumuler une collection énorme de crânes humains. Pour appuyer ses dires, Flourens insère dans son *Examen de la phrénologie*[28] le passage suivant, tiré d'une lettre écrite en 1802 par l'homme de lettres français Charles Villers (1765-1815) à Georges Cuvier :

> Il fut un temps à Vienne où tous tremblaient pour leur tête, et craignaient qu'elle ne soit réquisitionnée, après leur mort, pour enrichir le cabinet du Docteur Gall. Il avait déjà fait montre d'impatience à amasser le crâne de certains individus extraordinaires, qui se distinguaient par certaines grandes qualités ou grands talents, ce qui augmentait davantage la terreur générale. Trop de gens se croyaient l'objet des regards du docteur, et imaginaient que leur tête avait un intérêt particulier pour lui, en tant que spécimen de la plus haute importance pour le succès de ses expériences. De très curieuses histoires circulaient à ce sujet. Le vieux Monsieur Denis, le libraire de l'Empereur, inséra une clause spéciale dans son testament, afin que son crâne échappe au scalpel de Monsieur Gall[28].

Flourens tenta aussi de ruiner la réputation scientifique de Spurzheim. On trouve dans sa *Psychologie comparée*[29], l'anecdote voulant que le fameux physiologiste français François Magendie (1783-1855), qui a défini la nature des racines spinales, ait confondu Spurzheim venu le voir pour contempler le cerveau du célèbre mathématicien français Pierre-Simon Laplace (1749-1827). Flourens nous raconte qu'afin de vérifier la science de la phrénologie, Magendie montra à Spurzheim le cerveau d'un imbécile au lieu de celui de Laplace. D'avance enthousiasmé à l'idée de ce qu'il allait voir, Spurzheim admira le cerveau de l'imbécile comme si c'eût été celui de Laplace.

Les opposants à la phrénologie firent aussi connaître leurs objections en Angleterre, entre autres sous forme d'articles anonymes parus dans la *Edinburgh Review*. Ces écrits contenaient des phrases particulièrement injurieuses : « Cette duperie ! Quel outrage au sens commun, aux lois naturelles, aux faits scientifiques » ; « Un charlatan à la fois ignorant et intéressé que ce craniologiste, Dr Gall[23]. » Plusieurs politiciens, écrivains, dramaturges et artistes entrèrent dans la danse, ce qui donna lieu à des vagues de ballades, éditoriaux, pièces de théâtre et farces visant à ridiculiser la phrénologie en la comparant à l'astrologie, la numérologie, la chiromancie et autres activités occultes. L'appui que reçut la phrénologie de la part d'écrivains aussi célèbres que Charles Baudelaire (1821-1867), Gustave Flaubert (1821-1880), George Eliot (Mary Ann Evans, 1819-1880), Charlotte Brontë (1816-1855), Walt Whitman (1819-1892) et Edgar Allan Poe (1809-1849), ne fut pas suffisant pour endiguer cette vague de protestations et de critiques. Face à ce tollé, plusieurs médecins favorables à la phrénologie finirent par nier avoir adhéré à une doctrine si peu scientifique. Même les éloges funèbres des Américains Bell, Caldwell et Warren ne mentionnaient même pas leurs efforts pour la reconnaissance de la phrénologie aux États-Unis.

Gall face à l'Histoire

Il fallut attendre près de 100 ans après la mort de Gall, soit le début du XXᵉ siècle, pour que l'histoire se montre un peu plus clémente envers les phrénologistes. Un des premiers à reconnaître les mérites de Gall fut l'Australien Grafton Elliot Smith (1871-1937), un des anatomistes et anthropologues les plus en vue du début du XXᵉ siècle. Dans une de ses conférences prononcées en 1923, Smith affirme que : « Le temps est venu d'apprécier à sa juste valeur le rôle important joué par Gall et corriger ainsi la méconnaissance de sa contribution suite aux assauts du passé [...] Sa contribution à l'anatomie du système nerveux central est de la plus grande importance, et il a donné une nouvelle orientation et une nouvelle inspiration à la physiologie du cerveau ainsi qu'à la théorie psychologique[23]. »

Les travaux de Gall sur l'anatomie du cerveau, il est vrai, étaient exceptionnels, mais sa contribution la plus significative reste le concept de localisation des fonctions corticales. À l'exception de Swedenborg, dont l'œuvre demeura essentiellement inconnue de son vivant, Gall fut le premier scientifique à défendre publiquement l'existence d'organes cérébraux spécialisés. Bien qu'il fût ridiculisé par l'ensemble des scientifiques pour sa méthode cranioscopique, son travail a quand même fait germer l'idée que le cortex cérébral pouvait être constitué d'une mosaïque de régions ou d'organes fonctionnels distincts. Ce concept allait d'ailleurs continuellement refaire surface tout au long du XIXᵉ siècle.

Malheureusement, aveuglés qu'ils étaient par leur nouvelle doctrine, Gall et ses disciples ont trop souvent manqué d'objectivité dans leurs travaux, n'acceptant que les données qui allaient dans le sens de leur théorie et rejetant du revers de la main celles qui posaient problème. Un exemple de ce phénomène de négligence sélective des données embarrassantes concerne René Descartes dont le crâne faisait montre d'un front petit et déprimé, ce qui était synonyme, dans la théorie phrénologique, d'un organe de la pensée atrophié ou peu développé. Face à ce dilemme, Spurzheim aurait eu cette phrase merveilleuse : « Descartes n'était peut-être pas un aussi grand penseur qu'on croyait[28] ! » Ce n'est donc pas une pure coïncidence que Flourens dédicaça son *Examen de la phrénologie*, sa plus virulente critique de cette discipline, à nul autre que Descartes. C'est aussi dans cet ouvrage que Flourens déplore que « Descartes soit parti mourir en Suède, alors que Gall a régné si longtemps en France[28] ».

Si Gall et Spurzheim avaient fait preuve de plus d'objectivité dans leur façon d'accumuler et d'interpréter les données ainsi qu'un plus grand intérêt relatif à l'effet des lésions cérébrales, ils auraient probablement pu se rendre compte que l'idée des localisations cérébrales était valable, mais que leur méthode d'échantillonnage ainsi que leurs suppositions craniologiques ne l'étaient pas. Aujourd'hui, Gall peut être considéré comme le visionnaire de la localisation cérébrale, mais aussi comme un homme qui a fait fausse route à cause d'une approche méthodologique inappropriée. En revanche, Flourens possédait une méthodologie adéquate, mais n'a pas su en tirer les bonnes conclusions. L'emportement de Flourens contre le système de Gall a fait en sorte qu'il a fallu attendre encore plusieurs décennies avant que la notion de localisation cérébrale réapparaisse sous un nouveau jour. Gall et Flourens sont, sans l'ombre d'un doute, deux pionniers de l'étude du système nerveux, mais, malheureusement, chacun a mal compris la contribution de l'autre.

C'est peut-être Lantéri-Laura qui a le mieux résumé les grandeurs et les misères de la phrénologie : « L'œuvre phrénologique, dit-il, est l'un des premiers essais pour élaborer une connaissance de la totalité de l'homme à partir de l'examen d'une partie de son corps[24]. » Cette discipline « fait le passage de la physiognomonie à l'anthropométrie, elle s'accompagne de grands progrès dans l'anatomie cérébrale et de beaucoup d'approximations physiologiques ; elle est en avance sur la connaissance du cortex, et en retard sur les mensurations ; elle promet infiniment plus qu'elle ne peut tenir[24] ». Sous cet aspect, « la phrénologie se montre comme une tentative vigoureuse, mais prématurée et mal fondée, d'asseoir une connaissance de l'homme morale sur celle de l'homme physique ; et si la Restauration l'a persécutée, c'est parce qu'elle continuait, avec une certaine force, tous les espoirs du XVIIIe siècle[24] ».

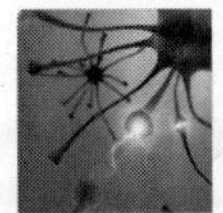

Chapitre 5

Langage et cartographie cérébrale

> Le langage réalise, en brisant le silence, ce que le silence voulait et n'altérait pas.
>
> Maurice MERLEAU-PONTY

Dans le domaine des sciences de la vie, le Siècle des lumières s'est investi entièrement dans l'élaboration d'une vision synthétique et unitaire du vivant ; on cherche davantage à découvrir les lois générales qui régissent le comportement animal et humain qu'à mener à bien des études empiriques s'insérant dans un cadre d'analyse relativement étroit. On est alors de plus en plus convaincu que la compréhension de l'organisme humain réside dans l'étude des relations qu'il entretient avec le reste du monde, tant organique qu'inorganique. En comparaison, le XIXe siècle sera beaucoup plus « matérialiste ». Pour ce qui a trait aux sciences neurologiques, sa première moitié sera caractérisée par un regain sans précédent d'intérêt pour l'expérimentation animale et sa deuxième par le développement d'une méthode d'analyse anatomo-clinique des troubles neurologiques chez l'homme. On assiste, au XIXe siècle, à une véritable révolution pour ce qui est de la compréhension de l'organisation anatomique et fonctionnelle du système nerveux et de cette révolution naîtront de nouveaux concepts qui survivront, sous des formes modifiées, jusqu'à aujourd'hui. On peut affirmer, sans ambages, que les assises de la science du cerveau, telle qu'on la connaît aujourd'hui, se sont mises en place au cours du XIXe siècle.

La façon nouvelle d'entrevoir la fonction et la structure du système nerveux à l'aube du XIXe siècle a subi l'influence de la philosophie romantique de la nature qui exerçait alors une emprise notoire sur la pensée biologique[1]. C'est surtout dans les pays germanophones que l'effort pour concevoir une science de la vie, qui serait elle-même partie intégrante d'une philosophie générale de la nature et de l'homme, fut particulièrement intense. L'école de la *romantische Naturphilosopie*, avec le philosophe Friedrich Wilhelm Joseph von Schilling (1775-1854) en tête, exerça une influence courte mais décisive sur les sciences de la vie. Cette vision philosophique conduisit au concept fondamental de l'existence d'un plan organisationnel unique pour chaque structure, incluant le cerveau, ainsi qu'à l'idée de l'échelle des êtres et à la notion d'un parallélisme entre le développement de l'individu et l'évolution de la race. Les expérimentateurs du XIXe siècle avaient tendance à ignorer les différences d'espèces et à assumer qu'un phénomène observé chez un animal devait exister chez tous, ce qui allait conduire à d'importantes erreurs d'interprétation. Cette négligence des variations interspécifiques pourrait bien être le résultat d'une acceptation inconditionnelle du principe d'une « unité organisationelle » (*Bauplan*).

Au XIXe siècle, la science accorde une attention toute particulière à l'étude du système nerveux, et ce pour plusieurs raisons. On a vu au chapitre précédent que Gall, au tournant de ce siècle, avait proposé que les facultés de l'esprit humain siègent dans des endroits précis du cerveau. La très grande diffusion de son enseignement a attiré l'attention sur l'encéphale et sa relation intime avec les phénomènes de l'esprit. Le physiologiste français François Magendie poursuit dans le même sens que Gall en proposant que l'intellect humain est le résultat de l'action du cerveau. Il adopte une nouvelle philosophie scientifique selon laquelle la fonction prime sur la structure anatomique. Son approche expérimentale, où les données seules sont importantes, l'amène à substituer au concept basé sur la relation entre la structure et la fonction la notion d'une fonction comme produit de plusieurs organes. Pour les scientifiques du XIXe siècle, le cerveau devient la structure la plus noble de l'être vivant, l'apogée de l'évolution organique, l'organe suprême auquel tous les autres sont soumis ; on en vient même à penser que presque toutes les maladies ont leur siège ultime dans le système nerveux[1].

En plus des études de physiologie expérimentale effectuées chez l'animal, on s'intéresse aux signes cliniques qui traduisent les effets de la maladie nerveuse chez l'homme ; c'est la naissance de l'approche anatomo-clinique. Il faut cependant noter que plusieurs scientifiques doutaient que l'étude des pathologies cérébrales puisse jeter un éclairage nouveau sur l'organisation et le fonctionnement normal du cerveau. De fait, les méthodes relativement primitives que l'on possédait alors pour diagnostiquer les déficits cliniques et identifier les lésions pathologiques chez les patients souffrant de troubles neurologiques ont été à la source de nombreuses confusions et contradictions. Il n'en reste pas moins que c'est de l'étude anatomo-pathologique de patients ayant subi des dommages cérébraux, plus particulièrement des lésions affectant le langage, que viendra la confirmation de l'idée principale de Gall, à savoir que le cortex est constitué d'unités fonctionnelles distinctes.

Jean-Baptiste Bouillaud

Durant le deuxième quart du XIXe siècle, Jean-Baptiste Bouillaud (1796-1881) fut le plus ardent défenseur de l'idée qu'il existe une zone corticale entièrement dévolue au contrôle du langage. Bouillaud (figure 5-1) faisait partie de l'élite médicale française ; il avait étudié, entre autres, avec le chirurgien Guillaume Dupuytren et le physiologiste Magendie. Après avoir obtenu son doctorat en médecine en 1823, il fut élu à l'Académie de médecine et obtint la chaire de médecine clinique de la faculté de médecine de Paris. Il œuvra à l'hôpital de la Charité, l'une des plus fameuses institutions médicales parisiennes, devint président de l'Académie de médecine, et fut reçu commandeur de la Légion d'honneur. Bouillaud était en quelque sorte un « homme de gauche », pour utiliser un terme d'aujourd'hui ; il ne craignait pas de défendre les idées impopulaires.

Bouillaud était convaincu que les maladies pouvaient servir de laboratoire naturel à l'étude des grands problèmes de la physiologie nerveuse. En ce sens, l'examen clinique, particulièrement celui qui pouvait être suivi d'une autopsie, revêtait une grande importance à ses yeux. Il ne se contentait pas de rapporter des cas isolés puisque ses données provenaient d'un très

Figure 5-1. Jean-Baptiste Bouillaud (1796-1881), photographie d'Antoine René Trinquart datant de la fin du XIXe siècle.

grand nombre de patients cérébrolésés et qu'il avait accumulé l'histoire médicale de plus de 700 patients au cours de sa vie. Avant Bouillaud et quelques-uns de ses contemporains, cette approche basée sur l'analyse détaillée de nombreux cas cliniques fut largement négligée.

En 1825, Bouillaud publie un ouvrage dans lequel il décrit des patients atteints de lésions cérébrales entravant la communication verbale[2]. Il note que chez certains malades le trouble du langage était le seul symptôme observable, la capacité motrice de la langue étant restée intacte chez la plupart d'entre eux. Cette observation lui fit dire que le langage articulé pourrait avoir un territoire distinct dans le cerveau et, après avoir fait l'examen anatomo-pathologique du cerveau de certains de ses patients, il conclut que le langage est une fonction du *lobe antérieur de l'encéphale*, exactement comme Gall l'avait prédit quelques années auparavant. En fait, Bouillaud postulait l'existence de deux centres du langage ; il soutenait que le centre intellectuel de la mémoire des mots, ou l'organe exécutif du langage, était localisé dans le cortex cérébral antérieur, alors que la matière blanche sous-jacente était responsable de l'exécution des commandes motrices nécessaires à la production des mots.

La perte du langage après une lésion du lobe antérieur allait désormais devenir le thème central des travaux de Bouillaud. Malgré sa réputation d'excellent clinicien et de chercheur intègre, il fut ignoré par la majorité des scientifiques qui voyaient dans sa théorie de la localisation du langage un relent de phrénologie ; Bouillaud fut effectivement un élève de Gall, qu'il considérait comme un génie incompris, et participa activement à la fondation de la Société phrénologique de Paris. De plus, la littérature médicale d'alors abondait de cas où des lésions du lobe antérieur n'avaient pas entraîné de trouble du langage, ce qui allait directement à l'encontre de la théorie de Bouillaud. À la défense de Bouillaud cependant, il faut préciser que la notion de dominance cérébrale – l'hémisphère gauche étant plus compétent que l'hémisphère droit pour ce qui est du langage – n'avait pas encore vu le jour. Il vaut néanmoins la peine de noter que les données recueillies par Bouillaud indiquaient clairement une dominance de l'hémisphère gauche sur l'hémisphère droit pour ce qui est du contrôle du langage. De fait, 73 % des patients souffrant de troubles du langage rapporté par Bouillaud en 1825 avaient une lésion dans l'hémisphère cérébral gauche, comparativement à 27 % des patients avec lésions affectant l'hémisphère droit. Cependant, tout obnubilé qu'il était par les différences fonctionnelles pouvant exister entre les régions antérieures et postérieures du cerveau, Bouillaud n'avait pas prêté attention aux variations possibles entre les deux hémisphères. Par ailleurs, la plupart des cliniciens connaissaient des patients dont les lésions cérébrales épargnaient les lobes antérieurs, mais qui souffraient quand même de troubles du langage. Par exemple, en 1840, Gabriel Andral (1797-1876) rapporta 14 cas de perte du langage chez des patients avec lésions épargnant les lobes antérieurs. Étant donné qu'Andral était une autorité établie dans le domaine, son opinion eut une influence considérable.

N'étant pas du genre à se laisser désarçonner, même par ses plus féroces opposants, Bouillaud répondit en présentant de plus en plus de cas à l'appui de sa théorie. La bataille se transporta devant les différentes académies médicales et le jeune Simon-Alexandre-Ernest Aubertin (1825-1865), qui avait épousé Élise, la fille de Bouillaud, fut le principal porte-parole des localisateurs au cours de ces débats. Aubertin, alors chef de clinique à l'hôpital de la Charité, s'entendait avec son beau-père pour dire que la démonstration, bien établie et acceptée par tous, de la localisation d'une seule fonction cérébrale suffirait à anéantir la vision des unitaires, soit celle d'un cortex unique, indivisible et équipotentiel. Il devint alors le bras droit de Bouillaud et, à son tour, il tenta de démontrer que le langage était localisé dans le lobe frontal. Lors d'une réunion scientifique qui s'est tenue au début d'avril 1861, Aubertin rapporta le cas d'un patient de l'hôpital Saint-Louis à Paris qui s'était fracassé le crâne avec une arme à feu, endommageant gravement son cerveau. Le pauvre homme avait conservé, du moins pour un certain temps, ses capacités de langage ainsi que son intellect, ce qui avait permis à Aubertin de l'examiner brièvement. Au cours de cet examen, Aubertin appliqua à l'aide d'une spatule une légère pression sur le cortex frontal de l'agonisant et le langage fut soudainement interrompu, mais revint aussitôt que la pression cessa.

Aubertin reconnaissait que certaines personnes souffrant de lésions des lobes antérieurs pouvaient s'exprimer normalement ; il expliquait alors le phénomène en postulant que l'ensemble du cortex du lobe antérieur n'était peut-être pas nécessaire à la fonction du langage, ou, alors, qu'un hémisphère intact pouvait compenser pour l'hémisphère lésé. Ainsi, il défia les membres de la Société d'anthropologie de trouver un patient ayant souffert d'une lésion massive des deux lobes antérieurs sans avoir montré de déficit langagier : seule une telle évidence pourrait le faire reconsidérer sa théorie.

Paul Broca

Le jeune chirurgien Paul Pierre Broca (1824-1880) assistait assidûment à ces réunions scientifiques pour le moins mouvementées. En mars 1861, il prononça lui-même un discours traitant de la relation entre la grosseur du cerveau et l'intelligence. Pour Broca, il devenait de plus en plus clair que toutes les parties des hémisphères cérébraux ne devaient pas fonctionner de la même façon et il croyait que bien que des recherches plus poussées soient nécessaires avant de conclure, la position des localisateurs Aubertin et Bouillaud s'appuyait sur des données cliniques solides. De plus, les résultats de l'anatomie comparée confortaient la théorie des localisations corticales ; les comparaisons entre espèces lui avaient montré l'existence d'une forte corrélation entre le volume de la partie antérieure du cerveau et ce que l'on considérait alors être l'intelligence (voir chapitre 8).

Paul Broca (figure 5-2) est né de parents protestants, le 29 juin 1824, à Sainte-Foy-la-Grande, une petite ville près de Bordeaux. Dans le sillage de son père, qui avait servi comme chirurgien dans les armées de Napoléon Bonaparte (1769-1821) et était présent à la bataille de Waterloo, tout comme Bouillaud d'ailleurs, il opta pour la médecine. Cette décision le mena à Paris où il fit de brillantes études et obtint son diplôme en 1848.

En très peu de temps, le talentueux jeune chirurgien qui excellait aussi en langues, en peinture et en musique, devint un personnage très respecté de la société scientifique française. Sa remarquable thèse d'agrégation, dans laquelle il démontrait que les cellules cancéreuses pouvaient migrer dans le réseau sanguin et se disperser dans l'ensemble de l'organisme, ainsi que ses travaux sur la dystrophie musculaire et le rachitisme, lui valurent une réputation des plus enviables. Ayant compris l'intérêt et l'importance de corréler les données de la pathologie et celles du laboratoire et de la clinique afin d'en arriver à un meilleur diagnostic, Broca amorça une carrière qui allait le mener au sommet du monde médical parisien.

Figure 5-2. Paul Broca dans la cinquantaine, lithographie datant de la fin du XIXe siècle et appartenant à la collection de l'Académie nationale de médecine, Paris.

Très populaires au milieu du XIXe siècle, les sociétés scientifiques étaient des lieux privilégiés pour présenter et discuter les idées de l'heure. Broca se joignit donc à la *Société d'anatomie* en 1847 et, trois ans plus tard, il devint membre de la *Société de chirurgie*. Il ne s'arrêta pas là puisqu'il fonda lui-même, en 1861, la *Société d'anthropologie*, première société du genre au monde. Il s'agissait d'un endroit par excellence pour débattre d'idées nouvelles et parfois très controversées, telles que celles qui concernaient les relations entre la race, le sexe et les inégalités sociales, d'une part, et la grosseur, la forme et l'organisation du cerveau, d'autre part (voir chapitre 8).

Les cas « Leborgne » et « Lelong »

Le 12 avril 1861, seulement huit jours après qu'Aubertin eut fait part à la Société d'anthropologie de son défi concernant les localisations cérébrales, on amène un homme de 51 ans répondant au nom de Leborgne au service de chirurgie de Broca à l'hôpital Bicêtre. Individu vindicatif souffrant d'épilepsie depuis sa jeunesse, Leborgne fut hospitalisé à l'âge de 31 ans après une perte soudaine de la faculté du langage ; on lui attribua alors le surnom de « Tan » puisque c'était la seule syllabe qu'il pouvait prononcer lorsqu'on lui demandait son nom. Dix ans plus tard, il développa une paralysie affectant le côté droit de son corps, avec perte de sensibilité du même côté. Cependant, c'est un problème de cellulite avec gangrène au niveau de la jambe paralysée qui fut la cause de son transfert au service de Broca. Comme Leborgne était condamné à mourir à brève échéance, Broca invita Aubertin à se joindre à lui pour examiner le malade agonisant afin de vérifier le concept des localisations cérébrales.

Comme prévu, Leborgne mourut moins d'une semaine plus tard et l'autopsie de son cerveau montra un ramollissement chronique et progressif centré sur la troisième circonvolution frontale de l'hémisphère cérébral gauche. Le cas fut présenté à la Société d'anthropologie dès le lendemain, mais Broca ne fit alors qu'un bref rapport[3] à propos d'une lésion et de la perte du langage articulé, tout en promettant de présenter une description plus complète du cas Leborgne à la réunion de la Société d'anatomie qui devait avoir lieu quatre mois plus tard. Lors de cette réunion, ainsi que dans son second rapport sur le langage publié en 1861, il parle de l'épilepsie qui avait affligé Leborgne depuis son enfance ainsi que de sa paralysie du côté droit. Il fournit une description détaillée de la lésion dont l'origine probable se situait dans la troisième circonvolution frontale mais qui, selon toute vraisemblance, s'était étendue par la suite à d'autres parties du cerveau[4]. Broca utilisa le terme *aphémie* (privé de parole) pour définir le trouble du langage dont souffrait

Leborgne, un trouble que Broca distinguait nettement de l'incapacité à entendre ou comprendre les mots, ainsi que des problèmes reliés à la paralysie des muscles de la phonation. S'étant lui-même commis face aux théories localisatrices, il félicita Bouillaud pour l'accumulation d'un si grand nombre d'évidences cliniques en faveur du rôle du lobe antérieur dans le contrôle du langage parlé et loua Aubertin pour avoir reconnu et défendu la position de son beau-père.

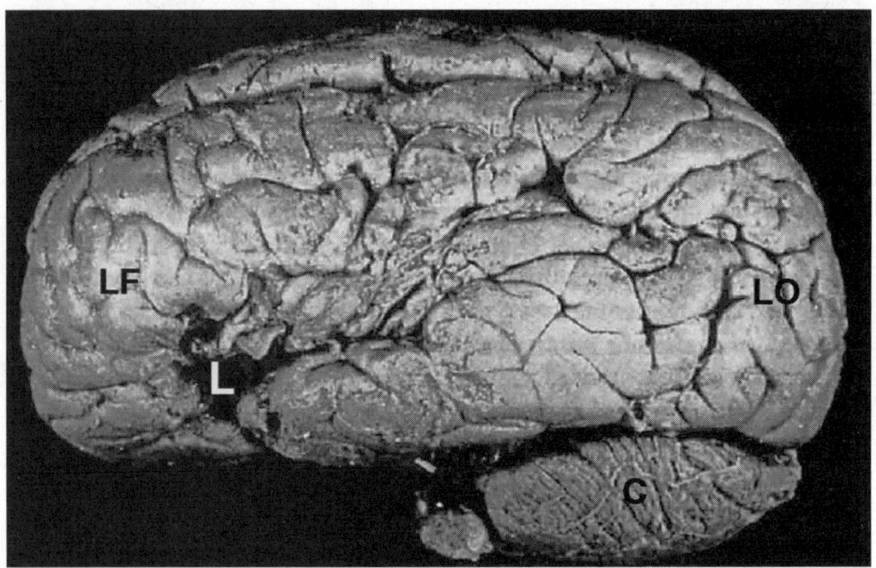

Figure 5-3. Vue latérale du cerveau de Leborgne (« Monsieur Tan ») avec le lobe frontal (LF) à gauche, le lobe occipital (LO) et le cervelet (C) à droite. On peut voir l'importante lésion (L) qui a causé de l'aphasie chez cet individu ; elle occupe toute la partie antérieure de la troisième circonvolution du lobe frontal. Le cerveau de Leborgne est exposé au musée Dupuytren à Paris. Les lettres C, L, LF et LO ont été rajoutées pour faciliter la compréhension de l'image.

La présentation de Broca fut reçue avec enthousiasme et le cas Leborgne devint un point tournant dans l'histoire des recherches sur le cerveau, un cas-type qui fit que la plupart des scientifiques acceptèrent la théorie des localisations cérébrales qu'ils avaient dédaignée jusque-là. Il faut dire que Broca prit soin de démontrer que la zone du langage qu'il décrivait était différente de celle du lobe antérieur auquel s'étaient référés les phrénologistes, dont l'esprit hantait toujours le monde des sciences neurologiques de l'époque. Alors que Gall localisait cette fonction derrière l'orbite de l'œil,

Broca pointait plus spécifiquement la troisième circonvolution frontale, située un peu à l'arrière de l'endroit identifié par Gall comme *centre du langage*.

En plus de défendre l'existence d'un centre cortical du langage articulé, Broca suggéra que les lobes frontaux pouvaient servir à d'autres fonctions exécutives, dont le jugement, la réflexion et l'abstraction. En effet, durant les dernières années de sa vie, Leborgne avait montré une altération progressive des fonctions cognitives. Quelques mois après le succès du cas Leborgne, Paul Broca présenta un autre patient ayant perdu la faculté du langage articulé. Il s'agissait d'un vieillard du nom de Lelong qui, victime d'un accident vasculaire cérébral quelques mois avant d'être admis dans son service, ne pouvait prononcer que quelques mots simples, tels que « oui », « non » et « toujours ». Puisque Lelong faisait montre d'un bon niveau de compréhension, Broca conclut que son intelligence n'était pas sérieusement affectée ; il était aussi certain que la paralysie de sa bouche n'était pas la cause de son déficit langagier. Bref, comme Leborgne, Lelong souffrait d'un déficit impliquant les structures nerveuses supérieures, soit une incapacité à communiquer de façon efficace par la parole. Lorsque Lelong mourut, l'autopsie de son cerveau révéla une lésion mieux circonscrite que celle de Leborgne, mais toujours située dans la partie postérieure du lobe frontal gauche. Avec un cas encore plus révélateur que celui de Leborgne, Broca se réjouissait d'avoir pu confirmer la localisation de la zone du langage articulé aussi rapidement.

La dominance cérébrale

Après Leborgne et Lelong, d'autres cas de perte de la parole furent portés à l'attention de Broca ; le 12 avril 1863[5], il peut faire état de huit cas d'*aphémie*, terme qui allait être rapidement supplanté par celui d'*aphasie*, que le célèbre clinicien de l'Hôtel-Dieu de Paris Armand Trousseau (1801-1867) trouvait plus approprié. Broca fut surpris de constater que, dans les huit cas étudiés, la lésion se trouvait toujours dans l'hémisphère gauche ; une découverte « vraiment remarquable », comme il le disait lui-même, sans oublier d'ajouter qu'il faudrait beaucoup d'autres cas avant de pouvoir conclure à une telle spécialisation hémisphérique. Cependant, cette donnée semblait vouloir se confirmer au fur et à mesure que grandissait la taille de son échantillon, ainsi que par l'ajout de cas nouveaux présentant une lésion de l'hémisphère droit sans trouble du langage.

Broca énonça l'essentiel de sa pensée concernant ce qui est maintenant convenu d'appeler *la dominance cérébrale* dans un article publié dans les

Bulletins de la Société d'anthropologie, en 1865[6]. Il émit alors l'hypothèse que l'hémisphère gauche était particulier et dominant pour ce qui a trait à la fonction du langage parce qu'il devenait mature plus rapidement que l'hémisphère droit. Broca pensait que les deux hémisphères, qui sont anatomiquement identiques, étaient aussi très similaires pour ce qui est de leur capacité innée, mais que l'un des deux hémisphères, en l'occurrence celui de gauche, prenait progressivement le dessus sur l'autre pour ce qui est du langage, pour finalement le dominer complètement. Cependant, deux autres publications sur la dominance cérébrale avaient déjà vu le jour avant 1865 et il en résulta une bataille mémorable pour la priorité du concept de dominance cérébrale.

La contribution de Marc et Gustave Dax

En mars 1863, alors que Broca réfléchissait au concept de dominance cérébrale, un médecin du nom de Gustave Dax (1815-1874) expédia un manuscrit à l'Académie de médecine de Paris en espérant démontrer que son père, Marc Dax (1770-1837), décédé depuis longtemps déjà, était le premier à avoir reconnu l'importance de l'hémisphère gauche dans le langage. Il prétendait que son père avait fait part de ses idées révolutionnaires dès 1836, lors d'un congrès qui s'était tenu à Montpellier. En plus d'avoir intégré le rapport de son père à son volumineux manuscrit, Gustave Dax présentait plusieurs autres cas qu'il avait lui-même recueillis et qui confortaient les dires de son père.

Le mémoire original de Marc Dax s'intitulait « Lésions de la moitié gauche de l'encéphale coïncidant avec l'oubli des signes de la pensée[7] ». Dans ce texte, Dax père avançait l'idée que les troubles du langage sont associés à des lésions limitées à l'hémisphère gauche, et cela valait tant pour des patients qui ne pouvaient parler couramment que pour ceux qui, tout en restant volubiles, ne pouvaient exprimer leurs idées en utilisant les mots appropriés. Ses conclusions étaient basées sur l'étude d'un grand nombre de patients, certains blessés à la tête par des armes blanches, d'autres victimes d'accidents vasculaires cérébraux, d'autres encore ayant souffert de tumeurs cérébrales. Le mémoire reposait sur du matériel recueilli pendant une période de 20 ans : 40 cas tirés de la littérature et 40 autres provenant de la pratique clinique de Dax. Le mémoire ne contenait aucune donnée d'autopsie et Dax n'expliquait pas pourquoi un hémisphère était plus important que l'autre pour ce qui est du langage. Il n'empêche que Marc Dax semble avoir été le premier à reconnaître l'existence du phénomène de dominance cérébrale et, selon les indications que l'on possède actuellement, son fils Gustave aurait été le second.

Cependant, il n'est pas du tout sûr que Marc Dax ait vraiment présenté ses données au congrès de Montpellier en 1836. D'une part, un journal local ayant publié une liste des sujets abordés au cours de ce congrès ne fait nullement mention de cette contribution. D'autre part, un bibliothécaire de la ville, agissant à la demande de Broca, a questionné une vingtaine de médecins ayant participé à cette réunion, mais aucun ne se rappelait une telle contribution. Broca en conclut que Marc Dax pouvait effectivement avoir reconnu l'importance de l'hémisphère gauche pour ce qui est du langage, mais n'aurait peut-être pas eu le courage de rendre publique une découverte aussi surprenante. Quoi qu'il en soit, la contribution de Marc Dax à l'élaboration du concept de dominance cérébrale resta très longtemps ignorée, principalement parce que les données sur lesquelles elle s'appuyait n'ont apparemment jamais été publiées. Certains contemporains de Broca particulièrement soucieux de la question de pérennité dans le domaine scientifique suggérèrent que les noms de Marc Dax et Paul Broca soient également associés à la découverte de la dominance cérébrale. Malheureusement, l'histoire ne retint que le nom de Broca, comme en fait foi le terme d'*aire de Broca* encore utilisé de nos jours pour désigner la zone cérébrale responsable du langage articulé. Aujourd'hui, grâce en particulier aux efforts de l'historien américain des sciences médicales Stanley Finger, on s'accorde généralement pour attribuer à Marc et Gustave Dax la place qui leur revient au panthéon de la science.

La récupération chez les aphasiques

Dans sa publication de 1865 sur la dominance cérébrale, Broca parle de la possibilité de rééduquer les aphasiques en leur faisant réapprendre les rudiments du langage. Il mentionne avoir lui-même tenté l'expérience chez l'un de ses patients. Cet homme réussit à réapprendre l'alphabet ainsi qu'à manipuler les syllabes, mais il éprouva beaucoup plus de difficultés à construire des mots de plusieurs syllabes. Broca demeura néanmoins optimiste devant ce résultat qui, bien que peu impressionnant, avait été obtenu qu'après quelques sessions de rééducation, la lourdeur de la charge du service clinique ne lui permettant pas de consacrer davantage de temps à ce patient. Cette expérience fut quand même suffisante pour que Broca prenne conscience qu'une thérapie plus longue, plus régulière et plus soutenue apporterait un grand bienfait aux patients aphasiques.

Certaines idées de Broca furent largement acceptées, particulièrement celle qui veut que l'hémisphère droit ait la capacité de prendre la relève de l'hémisphère gauche, surtout si ce dernier est touché tôt après la naissance ou dans l'enfance. À peine dix ans après sa formulation par Broca, ce concept allait être conforté par un cas célèbre relaté par Thomas Barlow (1845-1945) dans un article paru en 1877[8]. Le cas décrit par Barlow concernait un jeune garçon de dix ans chez qui un trouble du langage apparut soudainement, accompagné d'une paralysie du côté droit du corps. Le garçon recouvrit la faculté du langage dix jours à peine après l'avoir perdue, mais redevint aphasique trois mois plus tard. Cette fois, ses problèmes langagiers persistèrent et il décéda peu de temps après cette deuxième attaque vasculaire cérébrale. L'autopsie révéla une lésion ischémique avec dépôt calcique au niveau de la troisième circonvolution frontale des deux côtés du cerveau, mais la lésion de l'hémisphère droit semblait avoir fait son apparition plusieurs semaines après celle de l'hémisphère gauche. Ces données suggéraient que, par suite d'une première lésion de l'aire de Broca gauche, l'aire de Broca droite ait effectivement pris la relève, mais perdit cette nouvelle fonction après la deuxième lésion vasculaire.

Le neurologue britannique Henry Charlton Bastian (1837-1915) fut probablement l'un des rares scientifiques à être en désaccord avec l'interprétation donnée au cas décrit par Barlow, lequel semblait confirmer l'idée de prise en charge d'une fonction par une autre région cérébrale. Pour Bastian, le transfert d'une fonction cérébrale ne pouvait s'effectuer sur une période aussi courte. Bastian fit aussi remarquer que Barlow n'avait pas spécifié si le garçon était droitier et souleva la possibilité que l'hémisphère droit ait été dominant pour le langage dès l'enfance chez ce jeune patient.

On distingue actuellement les gauchers dits *normaux* ou *familiaux*, les plus nombreux, que l'on considère comme un groupe génétiquement prédisposé à avoir un centre du langage localisé dans l'hémisphère gauche, des gauchers dits *pathologiques* qui semblent poussés dans cette direction par suite d'une dysfonction du développement cérébral. Ces derniers sont plus susceptibles de dépendre de l'hémisphère droit, ou des deux hémisphères, pour la fonction du langage. Les individus de ce groupe ont aussi tendance à souffrir davantage de troubles d'apprentissage ou d'attention. Broca avait donc eu raison d'insister sur le fait qu'on ne peut pas déduire, de façon certaine, le côté *intellectuel* du cerveau simplement par le fait qu'un individu est gaucher ou droitier.

John Hughlings Jackson et l'hémisphère droit

Si Broca était l'homme de l'heure dans le domaine des sciences neurologiques en France, John Hughlings Jackson (1835-1911) dominait cette sphère d'activité en Angleterre à la même époque. Jackson a commencé à s'intéresser à l'aphasie immédiatement après qu'on lui a fait part des travaux de Broca. Les preuves obtenues par Broca en faveur de la théorie des localisations corticales l'ont incité à entreprendre l'étude de 70 cas d'aphasie ; dans tous les cas, sauf un, la paralysie se trouvait du côté droit, ce qui était le signe d'une lésion dans l'hémisphère gauche. Jackson (figure 5-4) admit alors que Broca avait probablement raison d'associer l'aphasie à une lésion de l'hémisphère gauche[9].

Figure 5-4. John Hughlings Jackson, photographie tirée des Archives du Collège royal de médecine de Londres.

En 1868, Jackson rapporta que ses patients aphasiques pouvaient effectuer assez facilement des tâches nécessitant la capacité de percevoir l'espace environnant, ce qui n'était pas toujours le cas pour les patients atteints d'une lésion à l'hémisphère droit[10]. Sa perspicacité et son flair clinique remarquables lui permirent alors de reconnaître, probablement pour la première fois dans l'histoire du cerveau, le fait qu'une lésion impliquant l'hémisphère droit peut altérer davantage la perception spatiale qu'une lésion de l'hémisphère gauche. Ces observations cliniques amenèrent Jackson à conclure que les fonctions spatiales et langagières étaient contrôlées par des régions différentes du cerveau.

Quelques-uns des patients de Jackson atteints d'une lésion de l'hémisphère droit sont dignes de mention. En 1872, par exemple, Jackson décrivit le cas fascinant d'un homme dont le côté gauche du corps était entièrement paralysé et qui ne pouvait plus reconnaître les gens de son entourage, y compris sa propre épouse. De plus, cet homme éprouvait de la difficulté à reconnaître les lieux et les choses, bien que sa vision semblât inaltérée. Quelques années plus tard, Jackson présenta le cas d'*Elisa P.*, qui, ayant perdu le sens de la direction, ne pouvait plus reconnaître les trajets relativement courts qu'elle avait empruntés pendant plus de trente ans auparavant. Son autopsie révéla la présence d'une tumeur maligne dans la partie postérieure du lobe temporal droit. Jackson forgea alors le terme *imperception* pour décrire le déficit mnémonique affectant la reconnaissance des personnes, des objets et des lieux[11]. Pour Jackson, la région postérieure du lobe temporal était aussi importante que la région antérieure du lobe frontal ; l'hémisphère droit ne pense pas en termes de mots, mais son importance pour décoder l'espace, pour reconnaître les gens, et même pour se vêtir correctement est indéniable.

Le côté obscur de l'intellect

Sur la base de données essentiellement cliniques, Dax, Broca et Jackson en étaient arrivés à la conclusion que les deux hémisphères du cerveau humain sont fonctionnellement inégaux et différents. En accord avec cette façon de voir, le jeune psychiatre allemand Carl Wernicke (1850-1894) publia, en 1874, les résultats de ses travaux cliniques qui démontraient qu'une lésion localisée au niveau du lobe temporal gauche pouvait causer un trouble du langage caractérisé par un discours fluide mais vide de sens[12]. Ce problème langagier, qui avait été décrit à maintes reprises auparavant sans que l'on puisse l'associer à une région particulière du cerveau, porte aujourd'hui le nom d'*aphasie de Wernicke* (ou aphasie sensorielle), en l'honneur de celui qui l'a définie pour la première fois. Le patient atteint d'une lésion impliquant l'aire de Wernicke a de la difficulté à comprendre la signification des mots, sans qu'il n'y ait pour autant atteinte du système auditif. Le centre chargé de décoder le sens des mots est ici en faute, alors que celui qui contrôle la production de la parole (l'aire de Broca) est intact.

La découverte de Wernicke (figure 5-5) contribua à consolider l'idée que l'hémisphère gauche est plus impliqué dans les fonctions intellectuelles que l'hémisphère droit. Ce dernier se voyait progressivement attribuer des fonctions que l'homme partageait avec les animaux, soit celle de retrouver un objet ou son chemin vers la maison. Cette dichotomie simpliste conduisit à une surévaluation de l'importance de l'hémisphère gauche aux dépens de l'hémisphère droit, le premier était considéré comme la partie noble et civilisée de notre cerveau tenant en laisse l'hémisphère droit et les structures sous-corticales.

Dans son histoire de l'origine des neurosciences[13], Stanley Finger souligne l'impact qu'a eu cette façon de voir des scientifiques sur la littérature de l'époque en citant comme exemple le roman de Robert Louis Stevenson (1850-1894) publié à Londres en 1886 sous le titre *Strange Case of Doctor Jekyll and Mr. Hyde* (*Docteur Jekyll et Mister Hyde*)[14]. Le roman nous décrit un citoyen respecté de tous, le docteur Jekyll, qui ne peut supporter le combat qu'il livre contre les deux parties opposées de son esprit. Après avoir bu une certaine potion, il découvre qu'une partie de lui-même peut s'enfuir sous la forme de Mr. Hyde, un être démoniaque, mais plus accompli et davantage lui-même que le pauvre docteur Jekyll qui se débat avec sa double personnalité. Monsieur Hyde n'est pas l'incarnation de la violence et de la luxure, mais plutôt un individu possédant une âme primitive dénuée de toutes contraintes et qui ne peut adhérer à la notion que certains actes, dont le meurtre, sont interdits dans une société civilisée.

Figure 5-5. Carl Wernicke, photographie de la collection de l'Académie nationale de médecine, Paris.

On peut voir dans le succès immédiat et retentissant que connut le roman de Stevenson l'influence de la science de l'époque sur le monde culturel. En effet, le respecté docteur Jekyll semble être davantage sous l'emprise de l'hémisphère gauche cultivé et maître de soi, alors que le ténébreux Mr. Hyde nous apparaît comme une personnification de l'hémisphère droit primitif. À son tour, l'histoire de Jekyll et Hyde pourrait avoir influencé la façon de voir de certains cliniciens. En 1895, neuf ans après la parution du roman de Stevenson, un psychiatre écossais du nom de Lewis Campbell Bruce (1866-1949) publia le cas du patient H. P. qui semblait avoir deux personnalités distinctes[15]. L'une de ces deux personnalités le faisait paraître comme un individu dément, timide et suspicieux, parlant un charabia de type gallois et ne comprenant pas l'anglais. Lorsque cette personnalité dominait, il utilisait sa main gauche (contrôlée par l'hémisphère droit) pour écrire alors que, lorsque l'autre personnalité prenait le dessus, il utilisait sa main droite (contrôlée par l'hémisphère gauche dit *civilisé*) pour écrire plus lisiblement. Ce patient n'avait pas conscience de l'existence de ses deux personnalités. Bruce émit alors l'hypothèse que ces deux consciences distinctes, qu'il nommait *galloise* et *anglaise*, étaient le reflet de l'action des deux hémisphères, la conscience primitive de type gallique étant le résultat du fonctionnement de l'hémisphère droit et la conscience anglaise celui de l'hémisphère gauche plus civilisé[13]. Bruce ne prit cependant pas la peine d'expliquer comment pouvait s'opérer le changement d'un hémisphère à l'autre.

Deux ans plus tard, Bruce présenta à nouveau le cas du patient H. P. ainsi que deux autres cas trouvés dans l'asile qu'il dirigeait en Écosse. Il précisa alors que les deux nouveaux cas étaient des patients qui souffraient d'épilepsie et que la personnalité de ces deniers changeait immédiatement après une crise. Bruce croyait ainsi tenir le mécanisme qui présidait aux changements de personnalité : une attaque épileptique unilatérale qui ne paralyserait qu'un seul hémisphère permettait alors à l'autre hémisphère de prendre le contrôle, jusqu'à ce que le premier récupère de la crise. Ainsi, une telle attaque au niveau de l'hémisphère gauche civilisé permettrait à l'hémisphère droit primitif de s'échapper et de révéler son aspect bestial, un peu comme le noble docteur Jekyll laissant place aux bas instincts de Mr. Hyde. Les idées exprimées par Bruce eurent des ramifications juridiques potentielles. En effet, on pouvait se demander si un individu ayant commis un crime alors qu'il était uniquement sous l'influence de son hémisphère droit, par suite d'une affection de son hémisphère gauche, pouvait en être tenu responsable. Quoi qu'il en soit, une chose devenait de plus en plus claire au sein des cercles victoriens et des milieux sociaux réformistes de l'époque : les gens civilisés devaient apprendre à contrôler le côté obscur de leur esprit.

Chez les libres-penseurs de l'époque, on croyait de plus en plus à la possibilité d'éduquer l'hémisphère droit, peut-être jusqu'au point de le rendre aussi « intelligent » que l'hémisphère gauche. On présumait que cette *éducation bilatérale*, surtout si elle était commencée tôt dans la vie, pouvait produire des individus plus civilisés et possédant un intellect supérieur. Charles-Édouard Brown-Séquard (1817-1894), un médecin qui partageait les idées de Broca et de Jackson, soutenait que le système d'éducation d'alors était trop orienté vers des notions qui n'intéressaient que l'hémisphère gauche et que ce système ne portait pas suffisamment d'attention à l'hémisphère droit. En 1870, il proposa d'améliorer l'hémisphère droit primitif et de l'élever à un niveau comparable à celui de l'hémisphère gauche civilisé en utilisant davantage le côté gauche du corps. Il croyait important que chaque enfant, pendant son développement, puisse utiliser, dès que possible, de manière égale et alternée, les deux côtés du corps. De telles notions furent effectivement mises en pratique dans certaines écoles de Grande-Bretagne et des États-Unis sous l'influence de ce qu'on appelait les *sociétés culturelles ambidextres*. On suggéra alors d'entraîner les adultes à faire deux choses en même temps, comme jouer du piano d'une main et écrire une lettre de l'autre. Ce mouvement visant à éduquer les deux hémisphères se prolongea jusqu'au XXe siècle et plusieurs érudits y voyaient une solution au « problème de l'hémisphère droit ». Cependant, certains scientifiques eurent une attitude plus critique à l'égard de cet entraî-nement ambidextre. C'est le cas de James Crichton-Browne (1840-1938), un médecin écossais chargé de la supervision de plusieurs asiles psychiatriques en Écosse et que les questions de politique médicale intéressaient au plus haut point. Crichton-Brown détectait dans ce type d'éducation une vielle teinte de maniérisme et ne lui prédisait pas un très grand avenir.

Broca et le grand lobe limbique

Paul Broca demeura très actif pendant une grande partie de sa carrière, mais son métier d'anthro-pologue pris progressivement le dessus sur celui de neurologue. À partir de 1877, il cessa ses travaux sur la relation entre le cerveau et le langage pour étudier les restes fossi-les humains qu'on venait de mettre au jour en France. Il continua néanmoins de s'intéresser à la neu-rologie comparative, ce qui lui permit de définir, entre autres, le *grand lobe limbique*, ensemble de

Figure 5-6. Statue de Broca, photographie appartenant à la collection de la Bibliothèque interuniversitaire de médecine de Paris. Il s'agit d'une œuvre du sculpteur français Paul-François Choppin (1856-1931) qu'il était possible d'admi-rer place de l'École de médecine, boulevard Saint-Germain, à Paris, de 1887 à 1942. La statue fut réquisitionnée par l'armée allemande lors de l'in-vasion de Paris et finalement fondue pour servir à fabriquer des canons.

structures cérébrales que l'on croyait alors associé à l'olfaction (*rhinencéphale*), mais que l'on sait aujourd'hui être impliqué dans l'élaboration du comportement émotionnel et motivationnel[16].

Broca fut un travailleur acharné ; il publia plus de cinq cents articles et livres durant sa carrière scientifique. Il décéda en 1880 à l'âge de 56 ans des suites de problèmes cardiaques, quelques mois à peine après son élection au Sénat français à titre de représentant de la science et de la médecine : un témoignage éloquent d'estime de la part de ses contemporains qui lui érigèrent d'ailleurs une statue place de l'École de médecine à Paris (figure 5-6). Broca fut un géant dans plusieurs champs de la recherche, allant de l'anthropologie physique à l'anatomie cérébrale. Mais on retient davantage sa participation à la découverte de la zone motrice du langage et à la dominance cérébrale. Sa sagacité clinique lui aura permis de contribuer à la naissance des sciences neurologiques modernes qui reposent sur des notions précises de neurologie clinique ainsi que sur le concept des localisations cérébrales.

Gustav Fritsch et Eduard Hizig : la découverte du cortex moteur

Figure 5-7. Eduard Hitzig, photographie faisant partie de la collection de l'Académie nationale de médecine à Paris.

Si la publication de Broca en 1861 est l'apport clinique le plus important dans l'histoire des localisations cérébrales, la découverte de l'aire motrice corticale par Fritsch et Hitzig en 1870 en est certainement la contribution expérimentale la plus significative[17]. Gustav Fritsch (1838-1927) et Eduard Hitzig (1838-1907) sont tous les deux nés la même année en Allemagne. Hitzig (figure 5-7), le plus important des deux chercheurs pour ce qui est de l'histoire du cerveau, provenait d'une famille bien en vue à Berlin. Ayant d'abord envisagé la pratique du droit, il opta finalement pour la médecine. Après un séjour à Würzburg, il retourna à Berlin pour compléter ses études médicales et pratiquer cet art. Il commença à s'intéresser aux fonctions motrices corticales à la fin des années 1860, après avoir observé qu'une stimulation électrique au niveau de certaines régions du crâne chez l'homme pouvait engendrer des mouvements oculaires. Des résultats préliminaires encourageants obtenus en laboratoire chez le lapin le convainquirent de l'utilité de la méthode faisant intervenir des stimulations électriques (*électrostimulation*) pour étudier les localisations cérébrales[13].

Pour sa part, Fritsch était déjà connu pour les travaux d'anthropologie et de géographie qu'il avait effectués en Afrique du Sud lorsqu'il se joignit à Hitzig. Son intérêt pour les fonctions motrices du cerveau lui venait d'observations cliniques faites en soignant des soldats blessés à la tête sur les champs de bataille. En nettoyant certaines fractures ouvertes du crâne, il nota qu'une irritation accidentelle au niveau d'un seul côté du cerveau engendrait souvent des fasciculations musculaires focalisées du côté opposé[13].

Fritsch et Hizig se rendaient parfaitement compte que leurs expériences de stimulation corticale ne démontraient pas l'existence du cortex moteur, puisque les effets observés pouvaient tout aussi bien s'expliquer par l'activation du cervelet ou des ganglions de la base, deux structures associées depuis longtemps au mouvement. C'était d'ailleurs là la principale critique que Flourens, le principal représentant des unitaires, adressa au scientifique italien Luigi Rolando (1773-1831) qui avait observé une réaction motrice à une stimulation électrique du cerveau chez certains animaux. La prudence de Fritsch et Hitzig s'explique aussi par le fait que d'autres expérimentateurs de tout premier plan n'avaient pu obtenir de réaction motrice à des stimulations corticales effectuées avec du courant électrique de faible intensité. Fritsch et Hitzig ignoraient tout des intuitions géniales d'Emanuel Swedenborg sur les localisations corticales au XVIIIe siècle (voir chapitre 4), et ils ne connaissaient pas non plus les observations de Robert Bentley Todd (1809-1859) datant du milieu du XIXe siècle. Une stimulation électrique du cortex cérébral chez le lapin, effectuée par ce chercheur Écossais, avait entraîné des fasciculations musculaires au niveau de la face de l'animal[13]. Malheureusement, Bentley Todd n'a pas prêté attention à ces réactions musculaires focalisées, car il cherchait à tout prix à reproduire expérimentalement des attaques épileptiques de type « grand mal » dont l'origine, croyait-on, se trouvait sous l'enveloppe corticale.

C'est donc sur ce fond de scène pour le moins incertain que Fritsch et Hitzig décidèrent de joindre leur force dans une quête qui allait les conduire à la découverte du cortex moteur. Ils choisirent d'utiliser le chien comme animal d'expérimentation, un choix plus judicieux que les pigeons et les poules employés par Flourens avant eux. La méthode choisie impliquait l'électrostimulation de différentes régions du cortex cérébral et l'analyse détaillée des fasciculations musculaires qui pouvaient s'ensuivre. Afin d'éviter la diffusion du courant à des aires corticales avoisinantes, les expérimentateurs utilisèrent des courants électriques de très faible intensité. Les deux chercheurs déterminaient la force du stimulus empiriquement en plaçant les électrodes sur leur propre langue. Grâce à cette approche, Fritsch et Hitzig découvrirent que la stimulation d'une région corticale située à l'avant du cerveau produisait un mouvement au niveau de la patte avant du côté opposé. La stimulation des aires corticales adjacentes produisait un mouvement de la patte arrière, de la face et du cou, alors que la stimulation des autres régions corticales n'engendrait aucun mouvement. Fritsch et Hitzig réalisèrent alors qu'ils venaient de découvrir un centre cortical dévolu au contrôle de la motricité. Ils se rendirent aussi compte que ces régions corticales étaient, en fait, constituées d'aires plus petites qui correspondaient aux différentes parties du corps ; ils avaient donc découvert ce que nous appelons aujourd'hui l'*organisation somatotopique du cortex moteur*, c'est-à-dire la projection point par point de la surface corporelle sur le cortex moteur.

Selon une logique expérimentale tout à fait moderne, Fritsch et Hitzig procédèrent ensuite à des expériences d'ablations corticales afin de déterminer si ce type d'intervention pouvait induire des déficits moteurs. Ils procédèrent donc à l'ablation unilatérale de la zone corticale dont la stimulation avait engendré des mouvements de la patte antérieure. Contrairement aux humains ayant souffert d'un accident vasculaire cérébral ou d'un traumatisme crânien impliquant le cortex moteur, les chiens chez qui l'on avait procédé à l'ablation des aires motrices qui contrôlent le mouvement des membres antérieurs ne montraient pas de paralysie de la patte avant du côté opposé à la lésion. Cependant, l'observation attentive du comportement moteur révéla que ces animaux ignoraient leur patte avant du côté opposé et que ce membre glissait souvent sur le côté lorsqu'ils essayaient de courir ou de s'asseoir.

Ces résultats étonnants permirent à Fritsch et Hitzig d'élargir la théorie des localisations corticales en démontrant qu'elle ne concerne pas uniquement le langage de l'homme puisqu'elle est aussi valable pour le contrôle moteur chez certains animaux. De plus, ils démontrèrent pour la première fois l'existence de régions corticales électriquement excitable, découverte qui, en plus de son importance intrinsèque, laissait entrevoir la possibilité d'utiliser l'électrostimulation (couplée à l'ablation corticale) dans la recherche de régions corticales qui pourraient être les sites des expériences sensorielles de même que d'autres qui présideraient au contrôle des hautes fonctions mentales (figure 5-8)[17].

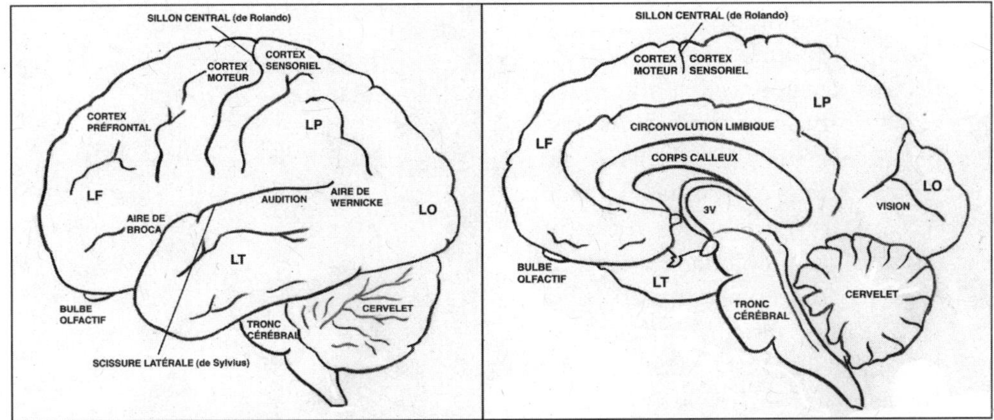

Figure 5-8. Face latérale (à gauche) et face médiane (à droite) du cerveau humain. Les illustrations indiquent l'emplacement des différentes zones fonctionnelles définies grâce aux travaux effectués chez l'animal au XIXᵉ siècle à l'aide de stimulations électriques et d'ablations corticales, ainsi qu'aux observations cliniques faites chez l'humain durant la même période. L'emplacement des lobes frontal (LF), occipital (LO), pariétal (LP) et temporal (LT) est indiqué. La figure de droite nous fait aussi voir le corps calleux, masse comportant plus de 200 millions de fibres reliant les deux hémisphères entre eux, ainsi que le troisième ventricule (3V). Les schémas sont de l'auteur.

David Ferrier et la cartographie cérébrale

Né à Aberdeen en Écosse en 1843, David Ferrier (figure 5-9) étudia d'abord la psychologie avec le philosophe et libre-penseur Alexander Bain (1818-1903), puis, après un bref séjour à Heidelberg, il rentra en Écosse où il obtint son doctorat en médecine avec les plus grands honneurs. Après avoir assisté Thomas Laycock (1812-1876) dans ses travaux sur les aspects sensoriels et moteurs du fonctionnement cérébral, il pratiqua la médecine générale dans une petite ville de son pays natal. Il quitta ensuite l'Écosse pour l'Angleterre où il travailla au King's College Hospital de Londres et au National Hospital for the Paralysed and Epileptic à Queen Square, le premier hôpital britannique entièrement consacré aux patients souffrant de maladies du système nerveux. C'est là qu'il se lia d'amitié avec John Huglings Jackson, qui avait lui aussi étudié auparavant avec Laycock[13].

Un des moments importants dans la carrière de Ferrier fut sa rencontre avec James Crichton-Browne, celui-là même qui exprimait certains doutes à l'égard de l'éducation ambidextre. Médecin écossais dynamique et progressiste, Crichton-Browne était alors responsable d'un asile d'aliénés du Yorkshire, le West Riding Lunatic Asylum. Ferrier et lui désiraient discuter de questions scientifiques d'intérêt commun, tout particulièrement du travail de Fritsch et Hitzig, qu'ils considéraient comme la pierre angulaire d'un édifice à bâtir. Crichton-Browne proposa alors à Ferrier de lui fournir tout ce dont il avait besoin s'il acceptait d'entreprendre des expériences sur ce sujet à West Riding. Il espérait ainsi pouvoir démontrer qu'il était possible d'effectuer des recherches de calibre international sur le cer-

Figure 5-9. David Ferrier, photographie dont l'original se trouve aux archives du Collège royal de médecine à Londres.

veau dans un hôpital psychiatrique, que l'on appelait alors asile pour aliénés ou lunatiques (*lunatic asylum*). Ferrier sauta sur cette occasion qui lui permettrait d'entreprendre de nouvelles recherches sur l'épilepsie motrice et de vérifier, entre autres, l'hypothèse de Jackson sur l'origine corticale de ce phénomène. Fidèle à sa parole, Crichton-Browne offrit à Ferrier un laboratoire spacieux hébergeant plusieurs espèces d'animaux d'expérience et c'est là, en 1873, que Ferrier commença la série d'expériences qui allaient le rendre célèbre[13]. Il commença par explorer le cerveau de lapins, de chats et de chiens avec des courants électriques alternatifs de faible intensité, ce qui lui permit d'ajouter aux aires identifiées par Fritsch et Hitzig de nombreuses autres régions excitables du cortex cérébral. Ces expériences d'électrostimulation lui permirent de confirmer la théorie de Jackson sur l'origine corticale de l'épilepsie motrice et lui suggérèrent l'idée que les mouvements de la main, de la jambe et de la face, observés durant les crises épileptiques avec manifestations motrices, pouvaient résulter de l'activation électrique de zones corticales adjacentes par diffusion du courant lors de la crise.

Ferrier s'attaqua ensuite à l'étude des effets de l'ablation des régions corticales motrices. Comme Fritsch et Hitzig avant lui, il observa des déficits moteurs après de telles ablations, mais il alla plus loin en précisant que la sévérité de ces déficits était proportionnelle au niveau d'évolution de l'animal en cause, les mammifères dits *supérieurs*, comme les singes, étant nettement plus affectés que les mammifères dits *inférieurs*, tels les rongeurs. Ces données confortaient l'idée de Fritsch et Hitzig selon laquelle les régions motrices du cortex jouaient un rôle important dans l'initiation et l'organisation des mouvements conscients et volontaires, par opposition aux mouvements instinctifs, automatiques et inconscients. Cependant, Ferrier considérait le cortex moteur essentiellement comme un organe du mouvement, alors que ses collègues allemands croyaient que cette région recevait aussi des informations sensorielles de rétroaction en provenance des muscles, ce qui en faisait un centre à la fois moteur et sensoriel. De plus, l'Écossais avait une vision plus mécaniciste que les Berlinois, qui faisaient intervenir les fonctions supérieures dans le contrôle du mouvement.

Crichton-Browne instaura à West Riding une réunion mensuelle où les scientifiques pouvaient faire connaître leurs résultats et échanger leurs idées. Ces conférences se tenaient dans le magnifique hall d'entrée de l'établissement où l'on pouvait aussi assister, en même temps, à différentes démonstrations et profiter d'expositions photographiques ou autres. Des rafraîchissements y étaient servis au son d'une musique d'ambiance. Ces réunions devinrent progressivement un événement couru aussi bien par les médecins et scientifiques que par les profanes. David Ferrier présenta ses premiers résultats sur les localisations cérébrales lors d'une de ces réunions en 1873, et ses données furent publiées plus tard au cours de la même année dans les *West Riding Lunatic Asylum Medical Reports* que venait de fonder Crichton-Browne[18]. On retrouvait régulièrement dans ce périodique des contributions de tout premier plan ; malheureusement il n'a pas survécu très longtemps.

Les aires corticales sensorielles

Même si Ferrier parla peu des systèmes sensoriels dans son article de 1873, il s'était rendu compte du fait que l'électrostimulation de certaines régions du cortex pariétal ou temporal, donc très éloignées du cortex moteur, pouvaient engendrer des mouvements. C'est en travaillant avec des singes, en 1874, qu'il s'aperçut que les mouvements résultant de la stimulation de ces zones pariétales et temporales ressemblaient aux réactions dont faisaient montre les animaux face à des stimuli sensoriels, particulièrement des stimuli visuels et auditifs. Par exemple, le fait de pointer l'oreille et tourner la tête du côté opposé par suite d'une légère stimulation du lobule temporal supérieur mettait en évidence un comportement moteur relié à l'audition, alors que certains mouvements des yeux et de la tête indiquaient qu'une autre région corticale était impliquée dans le comportement visuel. Ces observations firent dire à Ferrier que le simple fait d'observer une réaction motrice due à une stimulation ne signifie pas nécessairement que la zone stimulée possède une fonction motrice.

Puisque l'électrostimulation est inefficace pour identifier les zones corticales sensorielles chez un animal qui ne peut s'exprimer par la parole, Ferrier examina l'effet de l'ablation de certaines aires excitables chez le singe. Ces travaux lui permirent d'identifier avec assez d'exactitude quelques régions sensorielles du cortex cérébral, dont l'aire auditive située dans la partie dorsale du gyrus temporal supérieur (figure 5-8), ainsi que l'aire gustative, qu'il situait dans la région inférieure du lobe temporal. Ferrier n'eut pas le même succès pour ce qui est de la vision, qu'il croyait sous le contrôle du gyrus angulaire, situé dans la partie postérieure du lobe pariétal. Il mit beaucoup de temps à reconnaître le bien-fondé de la découverte que fit l'Allemand Hermann Munk (1839-1912) à la fin des années 1870, soit le rôle crucial du lobe occipital dans la fonction visuelle (figure 5-8)[19]. Ferrier eut aussi beaucoup de difficultés à localiser les régions corticales qui concernent la sensibilité cutanée (toucher, température et douleur). Il situa, de façon erronée, le centre du toucher dans le lobe temporal plutôt que dans le lobe pariétal situé juste au-dessus. À sa défense, il faut dire qu'il fallut attendre le XXe siècle pour que ces régions corticales soient définies avec précision. Ferrier présenta une synthèse remarquable de l'ensemble de ses découvertes et de ses idées dans un volume intitulé *The Functions of the Brain*, qui fut publié à Londres en 1876[20].

Le cortex frontal

Durant les années 1870, Ferrier tente de comprendre les fonctions des régions corticales situées à l'avant du cortex moteur (cortex préfrontal, voir figure 5-8). Il note qu'une lésion bilatérale de cette région altère les fonctions intellectuelles des singes ; ces derniers devenaient apathiques et insouciants face à l'environnement tout en présentant, à l'occasion, des périodes d'agitation motrice qui semblaient n'avoir aucun but. Ferrier croyait que ces singes souffraient de troubles de l'attention. Par un curieux hasard, Hitzig commença lui aussi à étudier le rôle de la portion antérieure du lobe frontal chez le chien à peu près à la même période. Il remarqua que les chiens ayant subi l'ablation bilatérale de cette partie de l'encéphale semblaient perdre la capacité de retrouver leur nourriture. Ces animaux n'avaient pas perdu l'appétit puisqu'ils se jetaient littéralement sur la nourriture lorsque cette dernière se trouvait directement sous leurs yeux, mais ils ne pouvaient retracer les aliments qu'on avait au préalable déplacés à une certaine distance. Hitzig ne pensait pas qu'on pouvait localiser l'intelligence dans une région précise du cerveau, mais ce type d'expérimentation chez le chien le conduisit à attribuer un rôle primordial au cortex frontal dans l'élaboration de la pensée abstraite. Ferrier et Hitzig avaient tous les deux raison, puisque l'on sait aujourd'hui qu'une lésion du lobe frontal peut entraîner aussi bien des déficits de l'attention que des altérations dans l'expression des pensées abstraites. Par ailleurs, les travaux réalisés dans les années 1894 et 1895 par Leonardo Bianchi (1848-1927), un expérimentateur italien suffisamment zélé pour vivre quotidiennement avec ses singes, révélèrent que des lésions du lobe frontal engendraient des déficits au niveau de la socialisation, de l'émotion et de la personnalité de l'animal[13].

Cependant, bien avant les travaux de Ferrier, Hitzig et Bianchi, il existait une description clinique détaillée des différents changements pouvant résulter d'une lésion de la partie antérieure du lobe frontal : il s'agit du célèbre cas « Phineas Gage ». Phineas Gage (1823-1860) travaillait comme contremaître pour la compagnie de chemin de fer Rutland and Burlington de la Nouvelle-Angleterre et son travail consistait à manipuler des explosifs. Le 13 septembre 1848, alors qu'il se trouvait près de la petite ville de Cavendish dans le Vermont, il fut victime d'une explosion accidentelle qui fit en sorte que la barre fer – possiblement un bourroir – qu'il utilisait pour manipuler la poudre pénétra l'os de sa joue gauche pour ressortir par la partie supérieure de son crâne. Gage fut immédiatement pris en charge par le docteur John Martyn Harlow (1819-1907) de Cavendish et, contre toute attente, il survécut à cet accident et retourna au travail quelques mois plus tard. Cependant, Gage fit montre d'aptitudes intellectuelles diminuées et d'instabilité émotionnelle à son retour au travail. Les troubles de la personnalité dont il souffrait furent suffisamment graves pour que ses employeurs le congédient peu de temps après son retour. Gage était devenu vulgaire, impulsif, insouciant et inadapté aux conditions sociales environnantes. Après une période d'errance, il quitta les États-Unis en 1852 pour le Chili, où il travailla comme cocher pour une compagnie de transport par diligences. Après avoir vécu pendant quelques années en Amérique du Sud, il s'embarqua sur un navire qui le ramèna aux États-Unis, plus exactement à San Francisco en Californie, où il allait rejoindre sa mère. Gage commença alors à souffrir d'épilepsie et mourut le 21 mai 1860. Malheureusement, on ne procéda pas à l'examen post-mortem de son cerveau et Gage fut inhumé

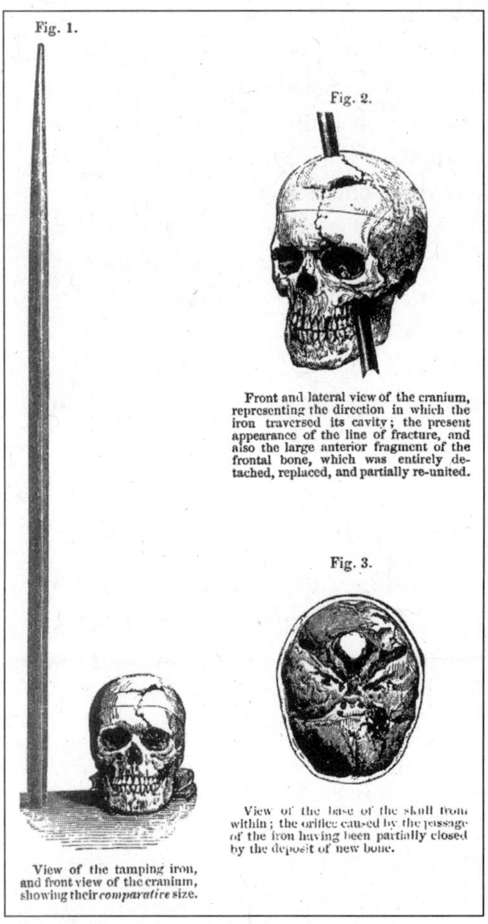

Figure 5-10. Le crâne de Phineas Gage ainsi que la barre de métal qui le traversa accidentellement. L'illustration est tirée de la description détaillée de ce cas publié par John Martyn Harlow en 1868[23].

avec, tout près de lui, la barre de métal qui lui avait fracassé le crâne douze années plus tôt. En 1867, on exhuma le corps de Gage et l'on expédia son crâne ainsi que la barre de métal au docteur Harlow, qui vivait alors près de Boston. Après un examen attentif de ce matériel, Harlow en fit don à la faculté de médecine de l'Université Harvard ; les pièces en question sont toujours exposées au Musée d'anatomie de cet établissement (figure 5-10). Le cas « Phineas Gage » fut d'abord décrit sommairement par Harlow[21] l'année même où l'accident se produisit et, de façon plus détaillée, en 1850, par le chirurgien Harry Bigelow (1818-1890) de l'Université Harvard[22]. Harlow publia en 1868 un travail plus exhaustif sur le sujet, après avoir étudié en détail le crâne de Gage[23].

Cet exemple extraordinaire d'un individu ayant survécu à une *lobotomie frontale*, soit la résection des connexions entre le lobe frontal et le reste du cerveau, occupe une place importante dans l'histoire des sciences neurologiques. Au cours de la première moitié du XXe siècle, la lobotomie frontale fut pratiquée pour corriger les troubles de l'humeur et de la personnalité qui caractérisent certaines maladies mentales, comme la schizophrénie. Cette pratique psychochirurgicale, formalisée au cours des années 1930 par le neurologue portugais Egas Moniz (1874-1955) à qui l'on attribua le prix Nobel de médecine en 1949 pour cette réussite, finit heureusement par décliner dans les années 1950 avec l'avènement des premiers médicaments antipsychotiques (neuroleptiques).

De l'expérimentation animale à la neurochirurgie

Avant l'établissement des cartographies cérébrales, les interventions chirurgicales au cerveau étaient limitées aux cas les plus graves, soit ceux où la lésion cérébrale volumineuse entraînait une décoloration ou même une déformation du crâne. Dans un tel contexte, des tumeurs plus petites et localisées sous le cortex cérébral passaient souvent inaperçues. Le premier à utiliser cliniquement les cartographies corticales établies grâce aux travaux de Broca, Hitzig et Ferrier fut le chirurgien William Macewen (1848-1924) de Glasgow en Écosse. Macewen était un disciple de Joseph Lister (1827-1912) qui, au milieu des années 1860, milita en Grande-Bretagne pour l'utilisation d'agents antiseptiques, ce qui améliora significativement le taux de survie après des traitements chirurgicaux. Le premier cas rapporté par Macewen est celui d'une adolescente chez qui l'on soupçonnait la présence d'une tumeur au niveau de la dure-mère, la principale enveloppe protectrice du cerveau. La jeune fille souffrait de convulsions intermittentes au niveau du bras et de la face du côté droit, ce qui fit dire à Macewen que la lésion responsable de ces symptômes, probablement une tumeur, devait entraver le fonctionnement du cortex moteur situé du côté gauche. Macewen était un chirurgien extrêmement prudent et doué d'une très grande dextérité. Il procéda avec succès à l'excision de cette tumeur méningée et la jeune fille survécut à l'opération. Macewen effectua de nombreuses autres chirurgies cérébrales pour éliminer des caillots, des abcès, des tumeurs ainsi que des fragments d'os et publia le résultat de ces différentes interventions dans plusieurs journaux scientifiques importants de Grande-Bretagne[24].

Cependant, l'opération neurochirurgicale qui fit vraiment école est celle où sont intervenus le médecin Alexander Hughes Bennett (1848-1901) et le jeune chirurgien londonien Rickman John Godlee (1849-1925). Contrairement à l'Écossais Macewen, qui travaillait seul et loin de l'aristocratie médicale anglaise, Godlee œuvrait au cœur même de Londres et bénéficiait de l'appui de scientifiques aussi célèbres que Ferrier et Jackson. De plus, même si Macewen appliqua les principes antiseptiques de Lister bien avant Godlee, c'est le nom de ce dernier que l'on associe le plus fréquemment à celui de Lister. Il faut dire que Godlee était le neveu de Lister... Bennett et Godlee ont publié en détail, en décembre 1884, le cas resté célèbre d'un de leurs patients qui souffrait d'une tumeur cérébrale[25].

Le patient était un fermier écossais, dans la vingtaine, que la littérature médicale connaît sous le nom de Henderson. Affligé d'une épilepsie motrice depuis trois ans, son bras droit était devenu presque inutilisable et il souffrait de faiblesse musculaire au niveau de sa jambe gauche ainsi que de troubles de la vision. Avec de tels symptômes neurologiques et en tenant compte du fait que le patient vomissait et se plaignait de céphalées persistantes, Bennett conclut à la présence possible d'une tumeur de taille relativement petite située au niveau du cortex moteur droit, et recommanda que ce cas soit immédiatement traité en chirurgie. Henderson ayant donné son accord, Bennett demanda à Godlee de procéder à l'opération, qui eut lieu le 25 novembre 1884 au National Hospital de Londres. Au départ, Godlee et ses collègues ne trouvèrent rien à la surface du cortex. Mais, en cherchant plus profondément, ils découvrirent une tumeur de la grosseur d'une noix située immédiatement sous la surface du cortex moteur. Après l'excision de la tumeur, Henderson prit du mieux : les vomissements, les céphalées et les convulsions cessèrent, il commença à bouger sa jambe gauche, mais son bras droit demeura paralysé probablement à cause d'une atteinte irréversible du cortex moteur gauche. Malheureusement, Henderson mourut des suites d'une méningite le 24 décembre 1884, soit moins d'un mois après l'opération. Malgré ce demi-succès, l'intervention de Bennett et Godlee fut à l'origine de beaucoup d'autres opérations similaires. Elle devint un cas classique dans les annales médicales et c'est à partir de ce moment-là que la neurochirurgie prit véritablement son envol.

La neurochirurgie n'aurait pu advenir sans les cartographies fonctionnelles du cerveau dressées avec tant de soin par Broca, Jackson, Ferrier, Hitzig et leurs collègues dont l'activité s'est poursuivie sans relâche tout au long du XIXe siècle dans le sillage de la voie initialement tracée par Gall à la toute fin du siècle précédent. C'est en effet grâce aux travaux de ces pionniers de la recherche sur le cerveau que le concept d'aires corticales motrices, sensorielles et associatives vit le jour, concept considéré encore aujourd'hui comme l'une de pierres angulaires de la neurologie.

Chapitre 6

De la neurologie à l'hystérie

Le XIXe siècle a vu l'irrationnel chassé par le portail des églises revenir par les fenêtres des nécromanciens.

Michel WINOCK

Ce chapitre est consacré au développement de la neurologie française au XIXe siècle. C'est en effet au cours de la deuxième moitié de ce siècle que les grandes idées concernant les aspects fonctionnels et cliniques du cerveau humain voient le jour en France. Œuvrant au vieil hospice de la Salpêtrière, Jean-Martin Charcot (1825-1893) fondera une école de pensée qui dominera le monde de la neurologie pendant des décennies. Cependant, la neurologie française n'est pas née sans difficulté et son évolution n'a pas suivi une courbe ascendante parfaite. Bien au contraire, elle a connu des hauts et des bas – de très grands moments, mais aussi des périodes plus sombres – et ce sont ces variations révélatrices que nous allons tenter de décrire maintenant. Afin de bien saisir tous les aspects importants de cette longue évolution, il nous faudra plonger loin dans le temps, car l'histoire de la neurologie française est intimement liée à l'évolution de l'*Hôpital Général* qui vit le jour en 1656. Le premier tiers du chapitre est donc entièrement consacré à cet hôpital, et le deuxième sera dévolu à celui qui deviendra son empereur, Charcot. La troisième partie du chapitre explore le problème de l'hystérie dans lequel tout le XIXe siècle, arrivé à son crépuscule, faillit sombrer.

La fondation de l'Hôpital Général

Le groupe hospitalier Pitié-Salpêtrière, ou le Centre hospitalier universitaire (CHU) Pitié-Salpêtrière, est aujourd'hui un centre hospitalier de 4 000 lits, dont environ 500 sont dévolus à la neurologie et aux disciplines connexes (neurochirurgie, psychiatrie, etc.). Un mur étanche a longtemps séparé les deux entités, l'une ouverte et moderne, l'autre fermée et enracinée dans son passé tricentenaire. La Pitié et la Salpêtrière sont en quelque sorte indissociables, tant dans le passé comme dans le présent. Elles ont d'abord été des lieux d'assistance avant d'être des lieux de soins, d'enseignement et de recherche. Nous allons essayer de retracer leur passé riche en événements qui allaient changer le cours de l'histoire de la médecine ainsi que celui de l'histoire tout court[1].

À la Renaissance, Henri II (1519-1559) avait transformé un petit arsenal municipal qui se trouvait sur la rive droite de la Seine en une manufacture royale où tournait en permanence sept moulins à poudre. Malheureusement, plusieurs explosions reliées au fonctionnement de cet arsenal allaient affecter, à différents degrés, la population civile. Celle de 1563 fut particulièrement violente ; elle causa la mort d'une cinquantaine d'individus et en blessa cent autres grièvement. Suite aux pressions exercées par la population civile environnante, on décida de transporter la fabrication de la poudre à canon de l'autre côté de la Seine, près des quartiers Saint-Marcel et Saint-Victor, relativement peu peuplés à l'époque. Cependant, ce n'est qu'en 1636 que Louis XIII (1601-1643) décide finalement d'y implanter le *Petit Arsenal*, qui deviendra rapidement connu au sein de la populace sous le nom de *Salpêtrière* à cause du salpêtre qu'on y trouve en grande quantité puisqu'il s'agit d'un composé qui entre dans la fabrication de la poudre à canon[1].

Le Petit Arsenal ne donnant pas satisfaction, il est condamné à peine 15 ans après sa mise en activité. En 1653, Louis XIV (1638-1715) envoie à Vincennes sa fabrique de poudre à canon et offre les terrains occupés par le Petit Arsenal à la duchesse d'Aiguillon (Marie-Madeleine de Vignerot, 1604-1675, nièce du cardinal Richelieu). Cette dernière veillait aussi sur la colonie française d'Amérique et lui fournissait d'importants subsides qui alimentèrent l'établissement de l'Hôtel-Dieu et du couvent des Ursulines à Québec. Sous la houlette de Vincent de Paul (1581-1660), la duchesse d'Aiguillon obtint des lettres patentes pour la création d'un nouvel hôpital à Paris. Après de nombreux détours, l'édit royal concernant la création de *l'Hôpital Général pour le Renfermement des Pauvres de Paris* est signé le 27 avril 1656 par Louis XIV, qui n'avait alors que 18 ans. Le terme d'*Hôpital Général*, utilisé ici, n'a que bien peu à voir avec l'idée de soin ; il s'agit plutôt d'une instance de l'ordre monarchique. Le véritable hôpital à l'époque était l'Hôtel-Dieu de Paris. Louis XIV a ici hésité entre charité et répression et, devant les pressions exercées par la reine Anne d'Autriche (1601-1666), le cardinal Mazarin (1602-1661) et l'inquiétante Compagnie du Très Saint-Sacrement de l'Autel, il a finalement opté pour la répression et le renfermement des pauvres et des mendiants de Paris[1].

Par ailleurs, suivant la suggestion de son premier médecin, le botaniste Jean Hérouard (1551-1628), Louis XIII (1601-1643) avait fait l'acquisition de terrains sur la rive gauche de la Seine pour y créer, en 1633, un jardin royal des herbes médicinales. Ce jardin allait devenir l'actuel Jardin des plantes autour duquel se développera le Muséum national d'histoire naturelle de Paris. C'est à l'extrémité nord-est de ce jardin que fut construit l'hôpital Notre-Dame de la Pitié, qu'on appellera plus communément la Pitié. Cette dernière est créée avant la Salpêtrière, soit en 1612, date véritable de la naissance du groupe hospitalier actuel. Elle a vu le jour grâce à des lettres patentes obtenues par Marie de Médicis (Régente du Royaume, 1573-1642). Comme la Salpêtrière, la Pitié sera d'abord affectée au renfermement des mendiants[2].

Le grand renfermement

Le très grand nombre de mendiants représentait un problème véritable dans toute l'Europe de l'époque. Dans la première moitié du XVIIe siècle, Paris était constamment envahi par des mendiants en provenance de toutes les régions de France. Souvent violents et dangereux, ces individus n'hésitaient pas à assassiner les passants pour les voler. De ses 400 000 à 500 000 habitants, Paris comptait alors plus de 50 000 mendiants, soit environ 10 % de la population totale[1]. Plusieurs mesures avaient été prises au cours de la Renaissance pour régler ce problème, mais sans succès.

On considéra alors la possibilité d'enfermer les mendiants afin de préserver l'ordre social et c'est ainsi que nous entrons dans la période dite du grand renfermement qui allait durer presque deux siècles. Les autorités firent tout en leur pouvoir pour que l'Hôpital général pour le renfermement des pauvres de Paris porte bien son nom. L'Hôpital général comprenait trois entités majeures : *la Pitié*, *la Salpêtrière*, avec plusieurs divisions réservées aux femmes et fillettes de diverses conditions (mendiantes, errantes, aliénées, etc.), et *Bicêtre*, avec plusieurs divisions réservées aux hommes (gueux, invalides, déments, etc.). À l'origine, la Salpêtrière (figure 6-1) abritait deux grandes catégories de femmes : les femmes dites *libres* (environ 6 000) et les femmes dites *contraintes* (environ 2 000). Toutes ces femmes et filles mendiantes, errantes, malades, ou infirmes, logeaient dans plusieurs divisions distinctes de l'hospice dans une promiscuité épouvantable.

Figure 6-1. En bas, l'entrée centrale de la Salpêtrière. De chaque côté du porche, derrière lequel on aperçoit le dôme de la chapelle Saint-Louis, se trouve la division Mazarin (à gauche) et la division de Lessay (à droite). À droite, l'entrée de la division Mazarin ; le fronton porte l'effigie du Cardinal (photographies de l'auteur).

En plus des édifices servant à loger les pensionnaires, la Salpêtrière comprenait aussi un endroit de culte : la chapelle Saint-Louis. Commandée à Louis Le Vau (1612-1670), architecte du roi, en 1669, et continuée par Libéral Bruant (1635-1697), architecte à qui l'on doit, entre autres, l'hôtel des Invalides à Paris, la chapelle Saint-Louis est un bel édifice, d'apparence austère mais très fonctionnelle ; elle comprenait huit nefs aménagées autour d'un autel central. Sa construction fut terminée en 1780. La royauté française s'estima alors très satisfaite ; elle avait construit le plus grand hospice du monde : 100 bâtiments de tout acabit s'étendant sur un espace de pas moins de 70 hectares.

Un univers concentrationnaire

On pouvait être enfermé à la Salpêtrière pour à peu près n'importe quel motif, même le plus banal. Certains particuliers faisaient ample usage de la *lettre de cachet* qui permettait d'interner à peu près n'importe qui, souvent pour des balivernes, alors que les autorités publiques abusaient des mesures de police afin de rétablir l'ordre social. On y enferma, entre autres, de nombreuses femmes protestantes ainsi que plusieurs convulsionnaires de Saint-Médard, ces femmes hystériques dont les crises de dévotion se transformaient en convulsions généralisées lorsqu'elles veillaient sur la tombe du diacre François de Pâris (1690-1727) au cimetière de l'église Saint-Médard à Paris. En somme, on internait tout ce qui pouvait déranger la quiétude de la bonne société. Parmi les détenues célèbres de la Salpêtrière, il y eut Jeanne de Saint-Rémy dit de Valois, comtesse de La Motte, qui avait trempé dans la fameuse affaire du vol du collier de Marie-Antoinette (1755-1793) et qui fut une des rares prisonnières à réussir à s'évader de la Salpêtrière. Mentionnons aussi la rencontre que fit l'abbé Antoine François Prévost (1697-1763) avec « les filles de joye » de la Salpêtrière en 1728, ce qui donna naissance à son célèbre roman *Manon Lescaut* publié en 1761. Il existe encore aujourd'hui une place qui porte le nom de Manon Lescaut à la Salpêtrière.

Les conditions de détention à la Salpêtrière étaient épouvantables ; il y avait surpeuplement, sous-alimentation et caporalisme. Les offices religieux étaient obligatoires et les peines très sévères pour celles qui n'obéissaient pas aux règlements de l'hospice. C'était particulièrement vrai pour les prostituées où la rigueur disciplinaire dépassait tout entendement. À titre d'exemple, notons l'existence de ce que l'on appelait *la malaise* ou *les oubliettes* ; il s'agissait d'un trou infecte où l'on plaçait les récalcitrantes pour des périodes de temps variables. Parfois, on oubliait carrément ces pauvres femmes que l'on retrouvait mortes et même dans un état de décomposition avancée après plusieurs semaines de réclusion. Un autre supplice consistait à sangler la récalcitrante sur un lit entre deux folles furieuses, et au petit matin on retrouvait trois folles. Il y eut aussi l'événement des nuits blanches de la duchesse du Maine à Paris qui incita la supérieure de la Salpêtrière à faire de même dans son jardin personnel à l'hospice. En effet, à l'occasion, la supérieure donnait des fêtes qui duraient presque toute la nuit et où l'on pouvait danser le menuet tout en s'empiffrant de nourriture. Il était alors du plus grand chic d'aller « faire la fête à la Salpêtrière » et l'on s'arrachait littéralement les invitations pour ces événements hors du commun[1], avec musique et danses galantes au milieu de 6 000 à 8 000 pauvresses qui croupissaient dans leur misère. On peut y voir le sadisme typique des univers concentrationnaires qui malheureusement est revenu nous hanter au XXe siècle dans les divers camps construits par les nazis lors de la Deuxième Guerre mondiale. Par ailleurs, les conditions de séjour dans le quartier des aliénées de la Salpêtrière dépassaient en horreur tout ce que l'on peut imaginer : cachot, chaînes, mais le pire était les basses loges, si basses que les eaux de la Seine et de la Bièvre les envahissaient régulièrement en hiver. On trouvait alors plusieurs de ces pauvres femmes enchaînées au poteau de leur loge et dévorées par les rats qui avaient suivi les flots montants[1].

Les déportations

À l'initiative de Colbert (1619-1683) qui désirait absolument peupler les colonies françaises d'Amérique – tout particulièrement la Martinique, Saint-Domingue et la Louisiane, mais aussi le Québec, comme le démontrent les registres qui se trouvent au musée l'Assistance publique à Paris –, de nombreuses femmes de la Salpêtrière furent déportées outre-mer *manu militari*. Selon une procédure qu'on nommait parfois « les noces des orphelins », on mariait de force les hommes de Bicêtre aux filles de la Salpêtrière et l'on envoyait les nouveaux mariés passer leur première nuit de noces en Amérique (figure 6-2). On procéda de la même façon avec les prostituées.

Ces déportations reprirent de plus bel lorsque le financier écossais John Law (1671-1729) fonda la Compagnie des Indes-Occidentales, dont le fonctionnement nécessitait une abondante main-d'œuvre à bon marché. Law fit sillonner la ville de Paris par ses terribles compagnies spéciales, les bandouliers du Mississippi, qui ramassaient les filles et les hommes errant dans les rues. Ces *archers* n'étaient pas toujours bien vus de la populace qui parfois leur faisait un très mauvais parti. En mai 1750, la population se révolta carrément pendant deux jours causant ainsi de sérieux dégâts à certains quartiers de Paris. Après cette révolte, le pouvoir céda et les déportations cessèrent ; elles avaient néanmoins duré 81 ans.

Figure 6-2. Arrivée des « filles de joye » à la Salpêtrière (en haut) et leur embarquement pour l'Amérique (en bas), gravures datant du début du XVIIIᵉ siècle. Les gravures originales sont exposées au musée de l'Assistance publique à Paris.

En 1756, grâce à la générosité de la marquise de Lessay, on réalise l'aile droite de la façade qui fait le pendant identique de l'aile Mazarin ainsi que le porche d'honneur. Ce nouvel ajout confère à l'ensemble des bâtiments de la Salpêtrière l'unité et l'harmonie que lui promettaient les plans originaux des architectes Le Vau et Bruant. L'hospice devint ainsi un monument unique au monde. En 1760, Louis XV fit percer le boulevard de l'Hôpital en passant à travers l'endroit où l'on enterrait depuis peu les morts de la Salpetrière (cimetière écorché). Jusque-là, les pensionnaires étaient enterrés en bordure de la Seine, entre la Bièvre et ses lavoirs et l'actuel boulevard Vincent Auriol, endroit marécageux et pestilentiel.

Après les incendies de 1737 et 1772 qui avaient détruit une partie de l'Hôtel-Dieu, le décret royal du 22 juillet 1780 interdit à cet hôpital de continuer à recevoir des malades de l'Hôpital général ; il a donc fallu construire une infirmerie à la Salpêtrière. Cette dernière occupait la place de l'actuel pavillon de médecine et de rééducation neurologique ; sa construction marque le début de la médicalisation de la Salpêtrière. Un peu plus tard, on construira une salle spécifique pour la chirurgie, de sorte que l'on n'aura plus à opérer les pauvres parmi les autres pensionnaires au milieu des salles communes. De 1784 à 1789, l'architecte Viel de Saint-Meaux élèvera à la Salpetrière de nouvelles loges pour les démentes, une buanderie, des magasins et des maisons pour le personnel. Il ne reste malheureusement que très peu de chose des constructions de Viel, si ce n'est une série de loges derrière le pavillon Paul-Castaigne (1916-1988), dévolu à la neurologie. Vers 1780, sur une proposition des Fermiers généraux, le roi décide d'agrandir les limites de Paris qui s'arrêtaient alors au boulevard de l'Hôpital. Pour la première fois, la Salpêtrière se trouve à l'intérieur de l'enceinte de Paris. Il existe encore aujourd'hui de très intéressants vestiges du mur des Fermiers généraux dans différents quartiers de la Salpêtrière.

La Salpêtrière sous la Révolution

La Révolution eut des effets à la fois bénéfiques et terribles pour la Salpêtrière. Résumons d'abord brièvement le massacre de septembre, initié par la terreur populaire annonciatrice de la Terreur révolutionnaire qui allait suivre. Le 3 septembre 1792, vers 16 heures, les portes de la Salpêtrière furent enfoncées par environ 250 hommes qui se précipitent sur les prisonnières. Durant plus de 40 heures, plus de 600 filles, fillettes, vieillardes furent possédées, sodomisées ou violées, plusieurs fois, devant environ 8 000 voyeurs accourus de toute la ville. Pour finir, le 4 septembre en fin de journée, des égorgeurs venus de Bicêtre se joignirent aux autres et assassinèrent 35 femmes dans la cour du bâtiment de *la Force*, qui existe encore de nos jours. Après ces événements, les portes ne se refermèrent plus et, jusqu'à l'abolition du secteur dévolu aux prostituées en 1794, la Salpêtrière a été l'un des plus grands bordels d'Europe.

En 1794, Philippe Pinel (1745-1826) arrive de Bicêtre et s'installe à la Salpêtrière. C'est à ce médecin des Lumières (figure 6-3) qu'on attribue la libération des aliénées de leurs chaînes, comme l'illustre le célèbre tableau de Tony Robert-Fleury (1837-1911) peint en 1876 (figure 6-4). Ancien personnage des Lumières, puis révolutionnaire convaincu, transformé en girondin modéré après la mort de Louis XVI (1754-1793), Pinel aborda le tournant de l'Empire et de la Restauration avec peu d'états d'âme[2]. On prétend qu'il était beaucoup plus théoricien que praticien et que c'est son élève Jean Étienne Dominique Esquirol (1772-1840) qui s'est davantage occupé des aspects pratiques du traitement des aliénés (figure 6-3). Certains affirment ironiquement que c'est son assistant, Jean-Baptiste Pussin (1746-1811), qui lui montra comment enlever les chaînes aux malades, comme il l'avait fait auparavant à Bicêtre. Pinel mourra sans bruit à 81 ans, à la Salpêtrière, où il avait passé 30 ans de sa vie.

Figure 6-3. À gauche, Philippe Pinel, peinture de Pierre Roch Vigneron (1789-1872) et, à droite, son élève et successeur Jean Étienne Dominique Esquirol, lithographie d'Ambroise Tardieu (1788-1841).

Figure 6-4. Détail de la toile peinte par Tony Robert-Fleury en 1876 montrant Pinel délivrant les aliénées de leurs chaînes. Ce tableau est exposé à l'entrée de la nouvelle bibliothèque Charcot de l'hôpital de la Salpêtrière à Paris.

On possède aujourd'hui davantage d'écrits sur le mythe Pinel que sur Pinel lui-même. Ce dernier publie en 1801 un ouvrage intitulé *Le traité médico-philosophique de l'aliénation mentale*[3], qui fit grand bruit, sans trop que l'on sache pourquoi, comme le disait le professeur Benjamin Ball (1833-1893). Quoi qu'il en soit, avec Pinel, que l'on considère comme le père de la psychiatrie française, les démentes cessèrent d'être des monstres pour devenir des malades.

Esquirol succède avec brio à Pinel ; c'est à lui que l'on attribue l'invention de la clinique psychiatrique. Avec Esquirol, que l'on considère comme le premier psychiatre moderne, les malades de la Salpêtrière souffrant d'aliénation mentale vont pouvoir être soignés. Il est le premier à s'occuper de la classification (la nosographie) des maladies psychiatriques. Il quitte la Salpêtrière pour l'hospice de Charenton en 1825. De Pinel à Esquirol, on est passé de la reconnaissance du malade mental à sa protection.

La Salpêtrière au XIXe siècle

Au début du XIXe siècle, les prostituées partent pour *Saint-Lazare* (un refuge), les fillettes vers *les Cent Filles* (un orphelinat) et les malades graves vers les six hôpitaux de Paris en fonction à cette époque ; il ne reste que les vieilles femmes et les insensées. Ironiquement, alors que l'Hôpital général se médicalise, il devient un *hospice civil* après la création de l'Assistance publique. Les démentes de l'Hôtel-Dieu sont transférées à la Salpêtrière où l'on crée un pavillon nouveau qui servira, entre autres, à héberger les épileptiques. On supprime aussi les basses loges et l'on installe une vraie salle de chirurgie. En 1823, la Salpêtrière devient *Hospice de la vieillesse – femmes*.

Passé le porche d'entrée de la Salpêtrière, trois bustes de personnages ayant laissé leur trace dans l'histoire de la psychiatrie nous attendent dans la cour d'honneur (cours Saint-Louis) ; il s'agit de ceux de Trélat, Baillarger et Falret. Ulysse Trélat (1795-1879) a été l'élève d'Esquirol à Charenton. Nommé à la Salpêtrière en 1840, il invente le concept de folie lucide. Militant politique né, il sera de toutes les révoltes ; aliéniste (psychiatre) bienveillant, il améliore la vie des insensées. Il quitte la Salpêtrière en 1875 et meurt à Menton en 1879. Il fut en adéquation parfaite avec son époque. Pour sa part, Jules Baillarger (1809-1890) fut le premier a démontrer clairement que le cortex cérébral possède six couches distinctes de cellules, mais il fut d'abord un aliéniste très réputé. Il fonda les *Annales médico-psychologiques*. Pour lui, la folie déviait tellement de la normalité qu'elle ne pouvait avoir pour cause qu'un dérangement organique, une doctrine qui passera à la postérité. Jean-Pierre Falret (1794-1866) était aussi un élève d'Esquirol. Il acquit une renommée internationale grâce à ses travaux sur la *folie circulaire*, soit la psychose maniaco-dépressive ou troubles bipolaires.

Au cours de la deuxième moitié du XIXe siècle, la Salpêtrière appartient entièrement à Charcot et à son école. En moins de cinquante ans, ce clinicien remarquable transformera l'Hospice de la vieillesse – femmes en un véritable hôpital universitaire d'enseignement et de recherche en neurologie.

Jean-Martin Charcot

Jean-Martin Charcot (figure 6-5) voit le jour le 29 novembre 1825 au sein d'une famille de classe moyenne dans le quartier ouvrier la Poissonnière à Paris[4]. Il naît donc quatre ans à peine après la mort de Napoléon Bonaparte (1769-1821), alors que la France était encore sous l'influence de la Révolution et de la Ire République. Son enfance s'est déroulée au cours d'une période politique agitée, soit la fin de la Restauration et la révolte de 1830, immortalisée par Victor Hugo (1802-1885) dans *Les Misérables*. Son adolescence se passa sous le long règne de Louis-Philippe d'Orléans (1773-1850). Simon Pierre, son père, carrossier de métier, prit très à cœur l'éducation de son fils Jean-Martin et de ses trois frères.

Figure 6-5. Jean-Martin Charcot en habit d'académicien, gravure de Narcisse Navellier datant des années 1880 et appartenant à la collection de l'Académie nationale de médecine à Paris.

Charcot était un enfant timide et solitaire, préférant la lecture et le dessin, discipline dans laquelle il excellait. Il a d'ailleurs pensé devenir artiste, avant de choisir la médecine, vers 1843 environ. Les études de médecine, alors accessibles même aux jeunes de familles peu fortunées, permettaient aux étudiants brillants de la classe ouvrière d'accéder aux échelons plus élevés de la société française. Ses études universitaires commencées en 1844 furent moyennes, mais Charcot attira néanmoins l'attention de plusieurs de ses collègues de la faculté par la facilité qu'il avait de résumer en dessins les traits principaux des cas cliniques qu'il venait de voir et d'étudier. Il se considérait lui-même comme un *visuel*[5]. Après les stages cliniques, Charcot réussit les examens universitaires et devient externe en 1846 et, deux ans plus tard, il est reçu à l'internat. Il travaille à la Pitié en 1850 et à la Salpêtrière en 1852. En 1853, Charcot termine ses études de doctorat et devient chef de clinique à la faculté de médecine. Après deux échecs consécutifs, il est finalement reçu à l'agrégation en clinique en 1860, un peu grâce à son mentor Pierre Rayer (1793-1867). En 1866, il est nommé chef de service à la Salpêtrière, poste recherché qu'il occupera en compagnie de son confrère d'études Alfred Vulpian (1826-1887).

La nosologie

Charcot traverse les portes de la Salpêtrière, ce « grand asile de la misère humaine », comme il le dit lui-même, en compagnie de Vulpian et entreprend alors de classifier et de regrouper les différentes patientes de l'établissement suivant leur pathologie principale (maladies chroniques, aliénées, hystériques, épileptiques, etc.). Après avoir analysé en détail l'histoire de cas de chacune des patientes qui leur étaient référées, Charcot et Vulpian confient les malades mentales aux aliénistes, qu'ils n'aimaient guère, et se réservent les *nerveuses*. Ce faisant, Charcot se rend compte de l'importance de compléter ses analyses cliniques par des autopsies, suivant les préceptes de la méthode anatomo-clinique qu'il allait pousser jusqu'à son extrême limite. Au sein de la division Paniset, il se fait construire une petite unité clinique (figure 6-6) comprenant une salle d'autopsie, un laboratoire d'analyse clinique équipé de microscopes, une salle d'attente, une salle d'examen, un petit musée ainsi qu'un laboratoire de photographie. Ce dernier allait jouer un rôle important dans les travaux de la Salpêtrière, comme en fait foi la célèbre *Iconographie photographique de la Salpêtrière*[6], qui met en vedette les plus célèbres hystériques de l'hôpital. De taille relativement modeste, la clinique de Charcot était très active. Le maître y effectuait de nombreuses autopsies, souvent même la nuit, afin de compléter ses examens cliniques (figure 6-6). C'est alors que commence l'aventure de la *nosologie*, soit l'étude des caractères distinctifs des maladies en vue de leur classification systématique, et avec elle la construction de la neurologie moderne.

Charcot, le visuel, a su analyser avec grande acuité les signes et les symptômes de différentes maladies neurologiques afin de les regrouper de façon logique et utile. Il définit les « signes » neurologiques comme étant ce que l'observateur voit, alors que les « symptômes » sont pour lui ce que le patient rapporte à l'observateur ; il nomme « syndrome » le regroupement de signes et de symptômes qui vont ensemble. Avant Charcot, la plupart des maladies neurologiques étaient décrites selon une seule de leurs caractéristiques, comme le tremblement, la paralysie et la perte de sensibilité. En revanche, les étapes d'une même maladie nerveuse étaient souvent considérées comme des pathologies distinctes. Grâce à l'utilisation de la méthode anatomo-clinique, qui lui était si chère et qui consistait, pour l'essentiel, à faire la corrélation entre des signes neurologiques distincts et des lésions pathologiques spécifiques, Charcot regroupe signes et symptômes en entités ou groupes d'entités nosologiques précises.

Figure 6-6. Charcot au cours d'une autopsie (dessin de son élève Edouard Brissaud) et la clinique de Charcot située dans la division Paniset de la Salpêtrière (dessin d'Irène Zurkinden, 1909-1987). La figure de gauche montre Charcot vêtu d'un tablier et portant des sabots de bois ; il a gardé son chapeau haut-de-forme et tient en main un cerveau. Les dessins originaux sont exposés à la bibliothèque Charcot de l'hôpital de la Salpêtrière à Paris.

Lors de son arrivée à la Salpêtrière, Charcot s'intéresse d'abord aux maladies chroniques, de pair avec les pathologies auxquelles il était confronté, comme en fait foi sa thèse de doctorat dans laquelle il démontre comment différencier les rhumatismes de la goutte. C'est en grande partie grâce à Duchenne de Boulogne, médecin peu conventionnel s'intéressant à la photographie et à la conduction électrique au niveau des muscles, comme nous l'avons vu au quatrième chapitre, que Charcot commence à prêter une attention particulière au cerveau et à la moelle épinière. Duchenne de Boulogne rejoignit le service de Charcot en 1862 et lui fut très utile comme photographe et électrophysiologiste clinique.

Charcot et l'enseignement

Très tôt après son arrivée à la Salpêtrière, Charcot amorce un enseignement dit *extra-curriculaire*. Bien qu'il démarre lentement et sobrement dans un petit local appartenant autrefois à la pharmacie, cet enseignement a un impact considérable sur le milieu. C'est là que Charcot révèle petit à petit ses pensées sur différentes maladies chroniques et nerveuses. Plus tard, devenu célèbre, il se fait construire un amphithéâtre de 400 places particulièrement bien adapté aux démonstrations cliniques. Aujourd'hui, on retrouve à cet emplacement un amphithéâtre moderne ainsi qu'une bibliothèque qui abrite toute la collection privée de Charcot, léguée à la Salpêtrière par son fils Jean-Baptiste (figure 6-7).

Figure 6-7. L'amphithéâtre de Charcot d'hier (d'après un dessin de Paul Richer, élève de Charcot) à aujourd'hui (photographie de l'entrée de l'amphithéâtre actuel prise par l'auteur en 2005).

L'enseignement de Chrcot allait devenir célèbre dans le monde entier ; il comprenait deux parties distinctes, soit les leçons du mardi et celles du vendredi. Les *leçons du mardi* (leçons cliniques) s'adressaient d'emblée aux internes et comportaient presque toujours l'examen de patients amenés dans une petite salle qui faisait partie de la clinique Charcot. Le maître y faisait montre de son génie et de tout son art de clinicien. Ses leçons semblaient souvent improvisées, mais il les avait minutieusement préparées, allant même jusqu'à en écrire complètement le texte. Après la leçon, le texte était remis à certains élèves de Charcot, le plus souvent Désiré-Magloire Bourneville (1840-1909) et Édouard Brissaud (1852-1909), qui le révisaient et le publiaient dans le *Progrès médical*. Ces *leçons* (figure 6-8) devinrent rapidement un passage obligé pour les neurologues du monde entier. Les *leçons du vendredi* (leçons magistrales) étaient beaucoup plus solennelles que celles du mardi et attiraient un grand nombre de *beaux esprits*, de personnages politiques en vue ainsi que de nombreux scientifiques provenant de plusieurs

disciplines. À l'époque où Charcot s'est intéressé à l'hystérie, ces leçons attiraient littéralement le Tout Paris. Charcot y était à son meilleur, utilisant les
plus récentes techniques (mannequin de cire, tableaux en couleurs et lanter-
nes permettant de projeter des croquis) afin de faire comprendre à ses audi-
teurs attentifs l'essentiel de son argumentation.

Figure 6-8. Détail du tableau d'André Brouillet (1857-1914) pour le Salon de Paris en 1887 et
intitulé *Une leçon clinique à la Salpêtrière*. Le professeur Charcot se tient debout tout près de la
patiente Blanche Wittman qui, sous hypnose et victime d'une crise d'hystérie, tombe dans les bras
du chef de clinique Joseph Babinski. Charcot est entouré de plusieurs élèves qui deviendront célèbres, dont Gilles de la Tourette, Pierre Marie et Édouard Brissau. Ce tableau très révélateur est
exposé à l'entrée du Musée d'histoire de la médecine à Paris.

Ces célèbres Leçons de la Salpêtrière ont fait connaître Charcot à travers le monde et ont grandement influencé la plupart des gens de l'époque
qui s'intéressaient de près ou de loin à la neurologie. Sigmund Freud (1856-
1939), qui passa six mois à la Salpêtrière en 1885, voyait en Charcot l'un des
plus grands médecins qu'il ait connu. Croyant que la raison de Charcot
confinait au génie, il prétendait qu'aucun autre homme n'avait eu autant
d'influence sur lui[8].

La primauté de certaines descriptions pathologiques

Charcot a participé à la formation de plusieurs des plus grands neurologues français du XIXe et du début du XXe siècle, dont Joseph Babinski (1857-1932), Édouard Brissau, dont on a parlé plus haut, Georges Gilles de la Tourette (1857-1904) et Pierre Marie (1853-1940), pour ne nommer que ceux-là. Avec l'aide de ses élèves et de quelques-uns de ses collègues professeurs, Charcot fut le premier à décrire plusieurs maladies neurologiques importantes, parmi lesquelles on compte la sclérose en plaques, la maladie de Parkinson et le syndrome de Gilles de la Tourette. Un coup d'œil rapide à ces trois pathologies nous renseignera sur la façon dont Charcot abordait les problèmes cliniques en neurologie.

La *sclérose en plaques* attira l'attention de Charcot tôt dans sa carrière. Il s'agit d'une maladie neurologique chronique qui se caractérise par une détérioration progressive des gaines de myéline entourant les axons qui cheminent dans le cerveau, le long de la moelle épinière et dans les nerfs périphériques. Aux endroits où les axones perdent leur enveloppe de myéline apparaît une plaque sclérotique dure qui altère la conduction nerveuse, ce qui induit l'apparition de signes cliniques variés, dont des pertes de sensibilité, des troubles moteurs ainsi que des problèmes visuels et langagiers. Avant Charcot, les pathologistes Robert Carswell (1793-1857) en Angleterre et Jean Cruveilhier (1791-1874) en France avaient décrit les plaques en question sans toutefois pouvoir faire de lien avec la maladie que l'on connaît aujourd'hui. C'est au cours des années 1863-1865 que Vulpian et Charcot caractérisèrent cette pathologie et en firent une entité clinique distincte. Charcot alla même jusqu'à engager, comme domestique à son domicile, une patiente atteinte de sclérose en plaques afin de pouvoir étudier en détail l'évolution de la maladie. Lorsque cette malade fut trop handicapée pour rester chez lui, il la ramena à la Salpêtrière où elle mourut quelques années plus tard. Son autopsie révéla à Charcot les plaques typiques qui caractérisent cette maladie. En ce qui a trait à l'arsenal diagnostique, il vaut la peine de mentionner que Charcot fut un des premiers à tenter de caractériser les tremblements que l'on rencontre dans différentes pathologies, dont la sclérose en plaques. Il y arriva en modifiant un sphygmographe servant normalement à mesurer le pouls artériel et en fixant cet appareil à l'articulation du poignet des patients (figure 6-9). Grâce à ce sphygmographe modifié, il réussit à distinguer, entre autres, le tremblement d'action qui accompagne la sclérose en plaques de celui de repos qui caractérise la maladie de Parkinson. Charcot fit connaître ses idées au sujet de la sclérose en plaques lors de la publication du premier volume des *Leçons sur les maladies du système nerveux*[9].

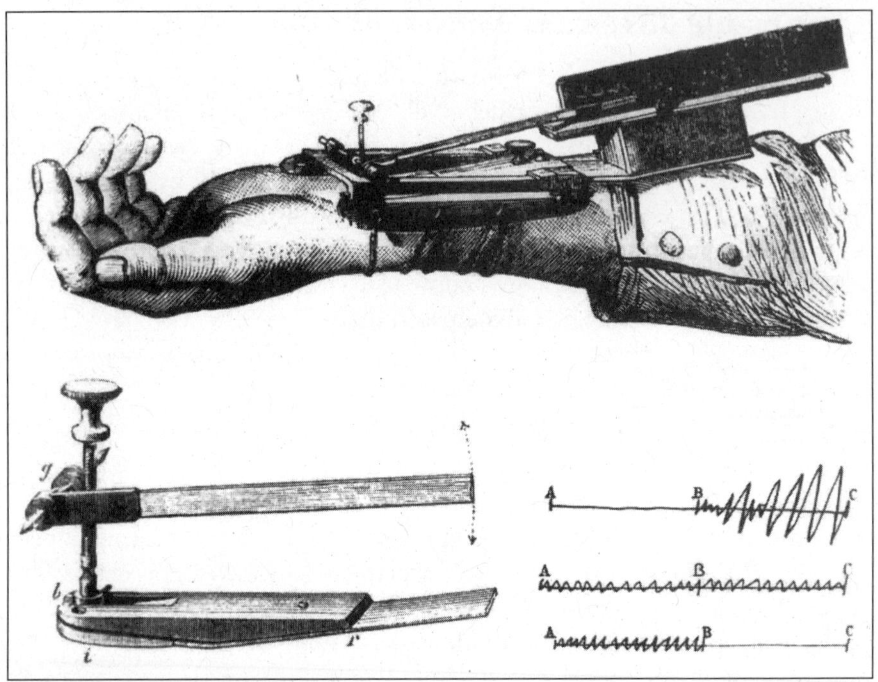

Figure 6-9. Sphygmographe modifié par Charcot pour enregistrer les tremblements. La partie inférieure droite de l'illustration présente différents tracés typiques obtenus par cet appareil primitif. L'original est exposé à la bibliothèque Charcot de l'hôpital de la Salpêtrière à Paris.

La *maladie de Parkinson* fut décrite pour la première fois en 1817 par le médecin anglais James Parkinson (1755-1817)[10], mais cette description est cependant largement passée inaperçue jusqu'à ce que Charcot s'intéresse au sujet. C'est lui qui donna le nom de Parkinson à la maladie que les Anglais appelaient *shaking palsy* (paralysie angitante). Charcot a donné une description de la symptomatologie de cette maladie qui reste encore valable aujourd'hui : tremblement au repos, absence d'expression faciale, rareté du mouvement et surtout rigidité qui empêche le patient de déambuler correctement. Il nota aussi l'altération de l'écriture (micrographie) chez les patients atteints de cette maladie, mais il décédera avant que l'on trouve la lésion responsable de cette pathologie. Ses élèves achèveront le travail en montrant que les troubles moteurs qui caractérisent la maladie de Parkinson résultent de la dégénérescence des neurones d'une structure du tronc cérébral que l'on nomme substance noire[11] et qui fut découverte par Félix Vicq d'Azyr au XVIIIe siècle (voir chapitre 4). Charcot se fit une très grande réputation grâce à sa description de la maladie de Parkinson ; de nombreux paralytiques agitants en provenance de tous les coins du monde lui furent alors amenés (figure 6-10). Il inventa d'ailleurs de curieux appareils à vibration destinés à soulager cette maladie, mais ces instruments n'ont jamais vraiment produit d'effet bénéfique.

Le *syndrome de Gilles de la Tourette* a grandement intéressé Charcot puisqu'on pouvait le classer parmi les troubles du mouvement. Il aida son élève Gilles de la Tourette à caractériser la maladie qui portera plus tard son nom. Ce dernier connaissait bien les descriptions de Jean Itard (1774-1838) concernant les problèmes langagiers de la marquise de Dampierre qui ne pouvait s'empêcher de prononcer l'expression « Merde et Foutu Cochon ! », même dans les occasions les plus inappropriées. Il connaissait aussi les publications de George Beard (1839-1883) à propos des *Jumping Frenchmen of Maine*, ainsi que le travail de H. A. O'Brien sur une maladie semblable retrouvée en Malaisie et que les Malais appelaient le *latha*[5]. En plus, il avait lu l'article de William Hammond (1828-1900), l'auteur du premier traité américain de neurologie, sur une pathologie semblable appelée *miryashit* qui affectait certains travailleurs de Sibérie. Toutes ces pathologies avaient un point commun : un besoin irrépressible d'effectuer des mouvements anormaux, brefs et involontaires, sous forme de tics et souvent accompagnés de cris inarticulés ou même de jurons. Les publications d'Itard et des autres n'auront cependant pas beaucoup d'écho et c'est la description de Gilles de la Tourette que l'on retiendra. Charcot la nommera : « la maladie des tics de Gilles de la Tourette » et dira d'elle, à tort, qu'elle résistera à tous les traitements.

Figure 6-10. Dessin de Charcot montrant un patient parkinsonien qu'il a traité lors d'une visite en Afrique du Nord (bibliothèque Charcot, hôpital de la Salpêtrière, Paris).

Charcot intime

Charcot était un travailleur acharné. Il se levait chaque matin à huit heures et prenait son petit-déjeuner tout en se faisant lire un journal, le plus souvent par son épouse. Il prenait ensuite le coche qui le conduisait à la Salpêtrière. À l'entrée de l'hôpital, il rencontrait brièvement son personnel (infirmières et internes) qui le mettait au fait des derniers développements dans son service clinique. Il se dirigeait ensuite vers son bureau où il interrogeait quelques patients qui lui étaient amenés. Il examinait souvent deux à trois patients à la file avant de formuler ses impressions et ses suggestions à ses internes en ce qui a trait au suivi de ces patients. Il reprenait ensuite son coche à heure fixe devant son bâtiment clinique pour retourner à la maison où il déjeunait en famille. Les après-midi étaient en général consacrés à sa clinique privée. Charcot passait ses soirées à la rédaction d'articles scientifiques ou à la préparation de ses leçons[12].

Charcot s'est marié à 39 ans, soit deux ans après son arrivée à la Salpêtrière. Son épouse, Mme Augustine Victoire Durvis, une veuve de 29 ans appartenant à une riche famille parisienne, était pleine d'humanité et possédait un réel talent pour les arts décoratifs. Les élèves de Charcot passaient souvent par elle avant d'aborder directement le Maître ; si cela ne réussissait pas, la cause était considérée comme perdue. Charcot adorait les animaux domestiques et l'on retrouvait chez lui plusieurs chiens et chats et même une guenon qu'il affectionnait particulièrement. Inutile de dire qu'il n'était pas très chaud à l'idée de l'expérimentation animale ; pour lui, les véritables réponses devaient venir des patients eux-mêmes[5, 12].

Charcot eut deux enfants, Jeanne et Jean-Baptiste, qu'il adorait et de qui il était très près (figure 6-11). Il aimait beaucoup les arts, surtout la musique allemande et la peinture flamande. Il trouvait *un peu floue* la peinture française du moment, soit celle de Manet, Monet et Renoir. Lorsqu'il fut au sommet de sa gloire, il habitait l'hôtel de Varangeville, une opulente demeure située boulevard Saint-Germain où il organisait des soirées somptueuses et très courues. On pouvait alors y rencontrer les plus grandes personnalités de l'heure, tant dans le domaine artistique (Alphonse Daudet, Émile Zola, les frères Edmond et Jules de Goncourt), politique (Léon Gambetta, Désiré-Magloire Bourneville), que médical (Claude Bernard, Alfred Vulpian). L'hôtel de Varangeville était situé très près de la demeure d'Alphonse Daudet (rue de Bellechasse) où Charcot se rendait à l'occasion pour des soirées littéraires (figure 6-11). Il se trouvait alors en présence de plusieurs écrivains de l'heure, tels Guy de Maupassant, Marcel Proust et Émile Zola. Charcot était devenu un véritable grand bourgeois parisien ; que de chemin parcouru depuis le modeste faubourg de la Poissonnière !

Figure 6-11. À gauche, dessin de Charcot montrant son fils Jean-Baptiste pendant sa leçon d'écriture (bibliothèque Charcot, hôpital de la Salpêtrière, Paris). À droite, Charcot participant à une soirée littéraire chez Alphonse Daudet en avril 1882 ; gravure parue dans le livre d'Édouard Drumont *La France juive*[13], publié à Paris en 1886. Dans cette illustration, Charcot (en haut à gauche) est assis au côté d'Alphonse Daudet, d'Émile Zola, d'Edmond de Goncourt et de Léon Gambetta (fumant le cigare). Les noms ont été ajoutés sur la gravure pour faciliter l'identification des principaux personnages.

Les familles Charcot et Daudet se visitaient fréquemment et le fils de Charcot était relativement proche de celui de Daudet. D'ailleurs, les deux jeunes hommes firent leurs études médicales ensemble. Jean-Baptiste Charcot (1867-1936) abandonna cependant la médecine après la mort de son père pour se consacrer à sa véritable passion, soit la navigation et l'étude du continent Arctique. Il perdit la vie lors d'une expédition navale dans l'Arctique aux commandes de son navire le *Pourquoi-Pas ?* Léon Daudet (1867-1942) délaissa lui aussi la médecine au profit d'une carrière polymorphe qui le vit passer de la politique au journalisme. Il devint l'un des journalistes les plus acerbes que Paris ait connus. Il laissa cependant des souvenirs à la fois ironiques et émus des milieux hospitaliers où il avait évolué du temps de Charcot, dont il fut un témoin privilégié. Voici ce qu'il nous dit de la façon dont Charcot s'occupait de sa clinique :

Charcot descend de son coupé, que tirent cahin-caha deux vieux chevaux auxquels, dans son amour des bêtes, il jette fréquemment un coup d'œil, il donne une petite tape amicale. Il salue son monde d'un regard circulaire, tend deux doigts à son chef de clinique, un doigt à son interne et c'est tout. Exception faite pour l'illustre étranger qui baragouine quelque compliment incompréhensible. Le grand homme répond par un sourire stéréotypé, une sorte de hihi qui signifie : « Trop aimable, mais je suis pressé. » Il se dirige vers son vestiaire, contigu à une pièce qui sert de laboratoire, de musée, de salon d'attente. Des moelles épinières, des cerveaux plongés dans l'alcool, étiquetés et numérotés, indiquent que le jeu est sérieux et qu'on est prié d'aller rire plus loin. Brièvement, le chef de clinique signale ce qui s'est passé d'important dans le service depuis la veille. Charcot prodigue quelques rapides, elliptiques conseils. En route pour la salle de cours, spacieuse, assez mal éclairée, telle que l'ont reproduite bien des photographies et des gravures. Les assistants s'entassent dans le fond. On amène un malade. Quelquefois Charcot le connaît ; souvent il ne le connaît pas. Toujours il l'interroge comme s'il le voyait pour la première fois, et dans cet examen éclate son génie ; car il va tout de suite à l'essentiel, déblayant les symptômes secondaires, écartant ce qui dérouterait tout autre médecin, ce qui ne l'embarrasse pas, lui. Il ne se penche pas vers l'échantillon humain qui lui est soumis ; il lui parle simplement, mais avec clarté, sans enfantillage, et quand il a reconnu, à quelques répliques, l'intelligence, laquelle se trouve, comme la sottise, à tous les niveaux sociaux, il s'en sert, ainsi que d'un levier, pour soulever la difficulté.

Alors il s'adresse à son auditoire, devient aussitôt technique et d'une précision tranchante : « Messieurs, vous savez déjà… J'ai déjà eu l'occasion de vous dire… C'est généralement ainsi que les choses se passent… » Il revient au patient : « Mon ami, tendez la jambe, articulez ce mot, faites ceci ou cela… » L'autre obéit, heureux d'être si bien deviné dans ce qu'il éprouve, flatté de servir la cause de la science, dont le prestige est considérable dans les milieux populaires. Quand il a affaire à un abruti, Charcot sourit imperceptiblement, avec humanité cette fois, et répète la question jusqu'à ce qu'elle soit complètement saisie. Chemin faisant, il se laisse aller, conte l'anecdote d'un cas similaire, cite un vers de Racine, de Molière, de son cher Shakespeare ou de Dante, rappelle un tableau de Hals ou de Velázquez, et c'est un merveilleux spectacle que celui de ces concordances artistiques et médicales qui se nouent et se dénouent pittoresquement dans sa grosse tête méditative, éloquente.

Après celui-là, un autre. Le professeur s'amuse, se surprend, se déroute lui-même. Quand il n'y comprend rien, il murmure : « Je n'y comprends rien. » Quand le pronostic est mauvais, il l'indique en latin : « Pronostic pessimum, exitus letalis, et j'ajouterai properatus. » On devine que le mal l'intéresse plus que celui qui porte le mal. Constater lui importe plus qu'alléger. La recherche des grands secrets de la vie et de la déchéance nerveuse lui fait négliger les petits secrets du traitement approprié. Quand il réfute une erreur, il s'échauffe, son œil brille davantage ou bien il souffle bruyamment afin de marquer son mépris.

C'est fini. Brouhaha. Charcot, de son même pas, regagne son vestiaire, puis sa voiture, sans se laisser importuner par les questions des profanes. S'il trouve qu'un argument ne mérite pas de réponse, il introduit son petit doigt dans son oreille et la secoue vigoureusement, en dirigeant, vers son interlocuteur ahuri, son rictus bizarre. Les Allemands l'embêtent. Il a une préférence marquée pour les Anglais et pour les Russes. D'ailleurs, il regarde les gens, bien plus qu'il ne les écoute. Ce qui l'amuse, c'est ce qu'on n'exprime pas, c'est la nature du monsieur qui lui parle[14].

Durant la guerre franco-prussienne (1870-1871), période très pénible pour les Parisiens qui virent leur ville envahie par les Allemands, Charcot a dû abandonner ses recherches et ses travaux cliniques. Il expédia sa femme et ses deux enfants à Londres durant cette guerre qui vit la Salpêtrière recevoir des obus allemands, un « acte barbare » que Charcot ne pardonna jamais aux Allemands. Une balle traversa son coche alors qu'il retournait chez lui et Charcot de murmurer « du bruit de fond » tout en restant tout à fait impassible. Il retrouva sa famille à la gare, arborant une longue barbe qu'il a dû couper suite aux récriminations de son épouse[4, 5].

Charcot face à la gloire

Charcot est nommé professeur d'anatomie pathologique à la faculté de médecine en 1872 ; il prend ainsi possession du siège occupé avant lui par Vulpian et Cruveilhier. En 1873, il est élu à l'Académie de médecine de Paris, institution la plus prestigieuse du genre en France. C'est à ce moment qu'il commence à s'intéresser aux problèmes que posent les localisations cérébrales. Il étudie le comportement après dommage cortical et, grâce à des analyses post-mortem détaillées du cerveau des patients, il essaie d'expliquer les déficits moteurs ; le système moteur était alors au centre de ses intérêts. En collaboration avec son élève Albert Pitres (1848-1928), il examine des formes frustes de troubles de la motricité. Il redécouvre les localisations qu'avait décrites John Hughlings Jackson un peu avant lui, après des déductions cliniques basées sur des observations de cas d'épilepsie de type focalisé. Grâce à des données précises provenant de l'anatomie pathologique, il confirme la représentation du corps sur le cortex moteur telle qu'on la connaît aujourd'hui : jambe en haut, bras au milieu et face en bas, ce qui allait devenir le fameux homoncule de Penfield (voir chapitre 8).

En 1882, Léon Gambetta (1838-1882), alors ministre de l'Éducation, crée pour lui la première chaire de neurologie au monde ; Charcot devient responsable de la *Clinique des maladies du système nerveux*. La neurologie est ainsi reconnue pour la première fois comme discipline distincte. Charcot devient membre de la prestigieuse Académie des sciences en novembre 1883 et ouvre une grande consultation externe près de l'entrée principale de la Salpêtrière. Cela lui permet d'examiner des patients de l'extérieur, en particulier des hommes, et de les soigner adéquatement. C'est à cette époque qu'on a bâti pour Charcot un tout nouvel amphithéâtre au cœur même de la Salpêtrière. Charcot est alors au sommet de sa gloire. Il a beaucoup d'ennemis qui le traitent d'*Empereur* ou de *César* de la Salpêtrière, mais il a aussi beaucoup d'élèves qui lui sont entièrement dévoués. Sous son règne, le vieil *Hospice de la vieillesse – femmes* est devenue *la Salpêtrière*, un des hôpitaux d'enseignement et de recherche les plus célèbres du monde ; on parle à juste titre de l'*École de la Salpêtrière*.

Charcot et les pièges de l'hystérie

Durant la dernière période de sa vie, Charcot se plongea dans l'étude de l'hystérie, soit une affection psychiatrique de type névrotique dans laquelle une cause psychique généralement inconsciente provoque des troubles physiques ou psychopathiques très variés. Charcot allait rapidement découvrir que cette pathologie connue depuis l'Antiquité était un sujet pour le moins hasardeux et difficile. Un des principaux problèmes de Charcot a justement été de ne pas avoir trouvé de lésion organique sous-tendant l'hystérie et donc de ne pas pouvoir appliquer la méthode anatomo-clinique qui lui avait été si profitable jusque-là.

Charcot tente d'abord de définir plusieurs catégories d'hystérie : il différencie les véritables épileptiques des soi-disant *hystéro-épileptiques*, qui mimaient les signes qu'elles avaient observés chez les épileptiques vraies (figure 6-12). Les patientes des deux types logeaient ensemble jusqu'au moment où l'aliéniste Louis Delasiauve (1804-1893) offrit à Charcot de prendre en charge le service des épileptiques. Charcot s'empêtre davantage dans ce champ miné de la médecine en utilisant à outrance l'hypnose comme moyen de détecter les hystériques. Charcot et ses élèves prétendaient que seuls les hystériques pouvaient être hypnotisés. Pour sa part, Hippolyte Bernheim (1840-1919), chef de la nouvelle *École de Nancy*, pensait le contraire et osait critiquer la célèbre École de la Salpêtrière.

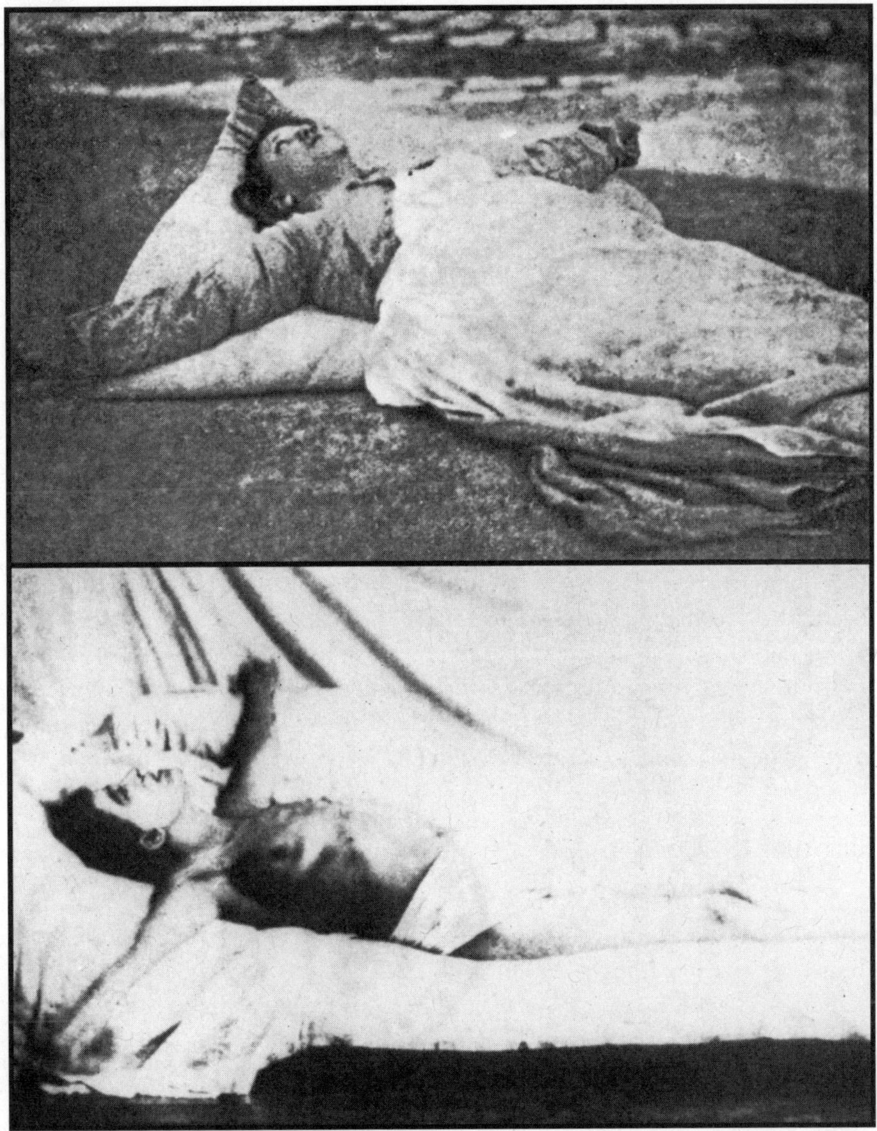

Figure 6-12. Illustrations tirées du tome I de l'*Iconographie photographique de la Salpêtrière*[6] publié à Paris en 1876. Ces photographies de facture relativement primitive et floues montrent deux jeunes femmes, l'une étendue sur son lit d'hôpital et l'autre gisant sur le pavée d'une des cours de la Salpêtrière, subissant une attaque de grande hystérie (phase de la crucifixion).

La question avait des ramifications juridiques et trouvait des échos dans toute la presse populaire, comme l'illustre l'affaire Gabrielle Bompard. Mme Bobard était accusée d'avoir assassiné son mari, mais prétendait avoir commis ce meurtre sous l'influence hypnotique de son amant. Comme il se doit, certains membres de l'école de la Salpêtrière et de l'école de Nancy témoignèrent au procès et le juge se rendit aux arguments avancés par les membres de la prestigieuse Salpêtrière. Puisque Mme Bompard n'était pas hystérique et que seuls les hystériques pouvaient être hypnotisées, il ne pouvait s'agir que d'un meurtre de sang-froid.

Charcot admit finalement qu'on pouvait hypnotiser des sujets qui ne sont pas hystériques, y compris des hommes, et que la suggestion avait un grand rôle à jouer dans l'hypnose. Son article intitulé « La foi qui guérit[15] », ainsi que les études qu'il entreprit en collaboration avec l'un de ses élèves, le neurologue et artiste Paul Richer (1849-1933), sur la place qu'occupent les démoniaques dans l'art[16], démontrent que Charcot accepta finalement la vision de Bernheim concernant le rôle de la suggestion et de l'autosuggestion dans l'hypnotisme, mais non sans dommage pour l'école de la Salpêtrière. En revanche, la recherche de Charcot pour trouver une cause organique à l'hystérie a contribué à la découverte de l'inconscient. C'est d'ailleurs dans cette voie que s'engagera résolument son élève Pierre Janet (1859-1947) dont les recherches, ainsi que celles d'un autre habitué de la Salpêtrière, Sigmund Freud, allaient conduire au développement de la psychanalyse.

La mort de Charcot

Travailleur acharné, Charcot était aussi un bon vivant qui aimait la bonne chère. Il savait probablement depuis un certain temps déjà que son cœur était affaibli, comme en fait foi le texte suivant de Léon Daudet :

> Vers 1890, le professeur Charcot était à l'apogée de sa réputation et de sa puissance. Il tenait la faculté courbée sous sa loi. Son œuvre, non encore attaquée dans ses fondements, donnait une impression de solidité et même de majesté. Sa méthode d'expectation en thérapeutique était universellement adoptée. Il ne se publiait, dans le monde civilisé, aucun travail sur les maladies du système nerveux dont l'auteur ne sollicitât au préalable son approbation, son imprimatur. La structure du foie et celle du rein lui obéissaient, ainsi que la structure de la moelle. On lui expédiait les ataxiques et les paralytiques agitants de l'Amérique du Nord, du Caucase et même de la Chine. Il les regardait, les palpait, les congédiait, joignait leur observation à ses archives. [...] C'est le moment que choisit la Camarde [la mort], examinée par lui tant de fois, pour lui faire son premier signe d'intelligence.

La chose arriva après un réveillon particulièrement gai et brillant, qui avait eu lieu chez lui, boulevard Saint-Germain. Il s'y était montré détendu, affable, heureux de voir autour de lui toute cette jeunesse, dont les fantaisies l'amusaient. Soudain, comme il regagnait sa chambre, il poussa un sourd gémissement, porta la main à sa poitrine, et, le visage d'une pâleur soudaine, tomba sans un mot dans un fauteuil.

L'un de nous courut chez le docteur Damaschino, qui habitait à côté. Je bondis en face, chez Potain. Il était deux heures du matin. Mon maître, en train de se coucher, vint m'ouvrir en chemise, un bougeoir à la main. En deux mots, je le mis au courant de ce qui s'était passé. Il murmura son « Ah diable », enfila un pantalon, une veste, un manteau de fourrure, releva le collet sur un foulard de soie blanche et descendit derrière moi quatre à quatre, dans la nuit glacée. Aussitôt introduit auprès de son illustre confrère, il fit signe de la main qu'on les laissât seuls. Un quart d'heure après, il ressortait, une courte ordonnance entre les doigts : « Ce n'est rien, rien du tout, un simple malaise gastrique. » Je remarquai cependant sa hâte à nous rassurer et une certaine façon de plonger les mains dans ses poches, en s'écarquillant les yeux, qui indiquait chez lui la préoccupation grave. Comme je le raccompagnais à son domicile, il me dit de son accent bas, à peine distinct : « Il a fallu le rassurer. Il pensait à l'angor pectoris... »

Je ne sais pourquoi, à cette minute, il employa le mot latin, plutôt que le terme français « angine de poitrine ». Puis, après un instant de silence : « Il ne s'est pas trompé. »

Nous étions maintenant sur le palier, je tenais la bougie. Le professeur Potain mettait la clef dans la serrure. J'étais terriblement ému, l'arrêt de mort étant prononcé par le maître infaillible des affections du cœur. Je murmurai, en tremblant de froid et d'épouvante : « Combien de temps, Monsieur ? »

Il me mit la main sur 1'épaule, avec cette infinie bonté qui n'appartenait qu'à lui et, dans un souffle cette fois : « Deux ans... deux ans et demi, au grand maximum. Mais motus, n'est-ce pas, mon cher ami. »

Le lendemain, Charcot, complètement remis, souriait à ses visiteurs et raillait son appréhension de la veille. Je me suis demandé depuis si Potain avait réussi à le duper, ou si Charcot avait fait semblant d'être dupé. Ce qui est sûr, c'est que deux ans et demi plus tard, l'événement confirma le pronostic[14].

De fait, exactement deux ans et huit mois plus tard, Charcot succomba à l'âge de 67 ans à un œdème aigu du poumon dû à un problème cardiaque. La mort survint le 16 août 1893 à l'auberge du lac des Settons dans le Morvan où il passait une partie de ses vacances d'été avec des amis. On ramena sa dépouille à Paris et on l'exposa pendant plusieurs jours dans le chœur de la chapelle Saint-Louis à la Salpêtrière. On fit à Charcot des obsèques d'un faste comparable à celui d'un chef d'État. Il repose depuis le long d'une allée tranquille du cimetière Montmartre. Comme ce fut le cas pour Paul Broca, les disciples et amis de Charcot lui érigèrent une statue en 1898 (figure 6-13). Celle-ci trôna à l'entrée de la Salpêtrière jusqu'en 1942, puis fut détachée de son socle par les Allemands et fondue pour en faire des canons.

Figure 6-13. Photographies datant de la fin du XIXe. À gauche, l'entrée de la Salpêtrière (porte des Champs) qui s'ouvre sur le boulevard de l'Hôpital, et où se trouvait la statue de Charcot dont on peut apprécier les détails sur la photographie de droite. Il s'agit d'une œuvre du sculpteur parisien Alexandre Falguière. Photographies appartenant à la collection de la bibliothèque Charcot, hôpital de la Salpêtrière.

Jules Bernard Luys

Le XIXe siècle en France est une période singulière à bien des égards. Dominé, pour une large part, par le positivisme d'Auguste Comte (1798-1857), il se termine dans l'occultisme. Pour illustrer ce fait, nous examinerons les contributions neurologiques d'un personnage typique de cette période : le Français Jules-Bernard Luys (1828-1897). Tout en ayant marqué de façon significative les sciences neurologiques fondamentales, principalement l'anatomie cérébrale, ce scientifique contribua également au développement de la psychiatrie clinique, grâce au rôle qu'il joua à titre d'aliéniste dans un milieu tout à fait particulier. Malheureusement, comme beaucoup de ses collègues de l'époque, Luys verra sa réputation ternie par une malencontreuse incursion de dernière minute dans le champ miné de l'hystérie et de l'hypnose.

Jules-Bernard Luys (figure 6-14) naquit le 18 août 1828 dans une famille aisée de Paris. On sait malheureusement peu de choses sur les origines exactes de ses parents ainsi que sur les principaux événements qui ont jalonné sa jeunesse, à l'exception du fait qu'il fit ses études classiques et médicales à Paris. Sa carrière entière se déroula dans la région parisienne. Luys est reçu interne des hôpitaux de Paris en 1853 et obtient son doctorat en médecine en 1857 après avoir défendu une thèse traitant de l'histologie pathologique de la tuberculose[17].

Luys échoue une première fois au concours d'agrégation en 1860 ; il faisait alors face à de sérieux concurrents, dont Jean-Martin Charcot (1825-1893), Alfred Vulpian (1826-1887), Victor Marcé (1828-1864) et Pierre Potain

Figure 6-14. Jules-Bernard Luys, gravure de Laurent Gsell, tirée de l'*Hypnotisme* de Foveau de Courmelle, publié à Paris en 1890[18].

(1825-1901). En 1863, Luys échoue une seconde fois à l'agrégation malgré une thèse remarquable sur les maladies héréditaires, un sujet très actuel à l'époque. Il est néanmoins reçu *médecin des hôpitaux de Paris* deux ans plus tard et remplace Alfred Vulpian à la Salpêtrière. Il dirige alors l'un des services de cet hôpital, avec probablement la fonction de médecin chef de l'infirmerie. Malheureusement, nous savons très peu de choses sur la nature des fonctions de Luys à cet hôpital où Charcot venait d'établir ses quartiers[17].

Après sa nomination comme médecin des hôpitaux de Paris, Luys se lance dans un travail colossal sur l'anatomie, la pathologie et l'organisation fonctionnelle du système nerveux central. Il contribue d'abord à l'identification des lésions pathologiques impliquées dans l'ataxie locomotrice et l'atrophie musculaire progressive, mais sa véritable ambition est d'embrasser le système nerveux dans son ensemble. C'est dans cette perspective que les *Recherches sur le système cérébro-spinal, sa structure, ses fonctions et ses maladies*[19] voient le jour en 1865, alors que son auteur n'a que 36 ans. Ce traité de 660 pages accompagné d'un atlas de 80 pages contenant 40 planches décrivant, avec moult détails, différents aspects de l'anatomie du système nerveux central, recevra la reconnaissance de l'Académie de médecine et l'Académie des sciences. Cet ouvrage aida la neuromorphologie française à retrouver ses lettres de noblesse, la discipline ayant passablement souffert des turbulences dues au passage relativement récent de Gall et, surtout, de ses disciples inconditionnels.

Luys publie plusieurs autres travaux traitant de l'anatomie pathologique de différentes régions corticales, y compris un travail dévolu entièrement à l'écorce cérébrale et dans lequel il fait amplement usage de la photomicrographie, une technique toute nouvelle à cette époque. Dans la même veine, il publie, en 1873, son *Iconographie photographique des centres nerveux*[20]. Il s'agit du premier atlas photographique du cerveau de l'homme, que Luys illustre à l'aide d'excellentes photomicrographies de coupes histologiques présentées de façon séquentielle et dans les trois plans de l'espace, chaque photomicrographie étant accompagnée d'un très beau schéma explicatif. Cette œuvre reçoit les éloges de l'Académie des sciences. Parallèlement à son travail de chercheur, Luys commence, en 1866, sa carrière d'enseignant à l'École pratique des hautes études, avec des cours sur les fonctions et les maladies du système nerveux.

Doué d'un esprit essentiellement déductif, Luys utilise ses vastes connaissances de la structure du système nerveux pour développer progressivement une façon très personnelle de concevoir le fonctionnement du cerveau humain. Il nous offre une synthèse de sa vision dans un petit volume intitulé *Le cerveau et ses fonctions*[21], qu'il publie en 1876. Ce livre devint rapidement un best-seller de la Librairie scientifique internationale ; on le réédita sept fois et il fut traduit en allemand et en anglais. En reconnaissance de sa contribution à l'avancement des connaissances sur l'anatomo-pathologie du système nerveux, Luys est élu, en 1877, membre de l'Académie de médecine.

Parallèlement à ses travaux d'anatomo-pathologie du système nerveux, Luys s'occupa très activement du problème des maladies mentales. Dès 1864, on lui confie la direction de la *Maison de santé d'Ivry*, qu'avait fondée Étienne Esquirol et qui fut dirigée par des aliénistes aussi distingués que Jules Baillarger et Jacques-Joseph Moreau de Tours (1804-1884). Luys résume brillamment ses observations cliniques et pathologiques sur les patients souffrant de troubles psychiatriques dans plusieurs traités qui seront primés[17]. Reconnaissant son apport de premier plan à la neuropsychiatrie et à l'étude du système nerveux en général, le gouvernement français lui décerne le titre de chevalier (1877) et d'officier (1893) de la Légion d'honneur.

Luys et l'identification de centres cérébraux majeurs

En plus d'études novatrices sur les maladies neuromusculaires, Luys a contribué de façon exceptionnelle à l'avancement des connaissances sur l'anatomie du cerveau. Entre autres, il a été le premier à identifier deux structures situées dans la partie antérieure du cerveau et auxquelles son nom demeure encore attaché, soit le *centre médian* et le *noyau sous-thalamique*, dont on trouve des descriptions détaillées dans son traité de 1865.

Le *centre médian* fait partie de ce que l'on appelle le *thalamus*, une énorme structure nerveuse qui occupe la partie centrale du cerveau et qui sert de centre de relais pour l'ensemble des systèmes sensoriels, à l'exception du système olfactif. En somme, il s'agit du *sensus communis* de la médecine galénique. Luys est l'un des premiers scientifiques à s'être rendu compte que le thalamus n'est pas une masse homogène, et que cette structure était en fait composée de différentes unités fonctionnelles – le centre médian étant une de ces unités –, recevant chacune des afférences sensorielles distinctes et relayant cette information à des régions corticales spécifiques, ceci avant même que des régions corticales fonctionnelles distinctes ne soient identifiées par Fritsch, Hizig, Ferrier et les autres. Il considérait que chaque aire corticale recevait des afférences de centres thalamiques spécifiques et projetait, en retour, à ces mêmes unités ou centres thalamiques. Il concevait le thalamus comme une structure cérébrale servant d'interface fonctionnelle entre les activités purement réflexes de la moelle épinière et les hautes fonctions mentales du cerveau (figure 6-15). Pour lui, le thalamus regroupait divers centres fonctionnels où les impressions sensorielles étaient condensées, stockées et élaborées en formes d'énergies nouvelles, et peut-être plus intellectualisées, qui, en dernier ressort, servaient à exciter l'écorce cérébrale[17]. Ainsi, Luys a non seulement mis l'accent sur le thalamus comme relais sensoriel, mais il a aussi entrevu le rôle que certains neurobiologistes contemporains attribuent à cette structure dans des phénomènes aussi vastes que l'attention et les états de vigilance (voir chapitre 8).

Pour sa part, le *noyau sous-thalamique* est une structure ovalaire localisée sous le thalamus (figure 6-15). Après la première identification de cette structure par Luys, le neuroanatomiste et psychiatre suisse Auguste Forel (1848-1931) la décrivit en détail et la nomma *Luys'schen corpus* ou *corpus Luysii* (corps de Luys), par reconnaissance pour celui qui l'avait découverte.

Luys ne fut pas seulement le premier à découvrir le noyau sous-thalamique, il a aussi été le premier à comprendre que ce noyau était intimement relié aux ganglions de la base, un ensemble de structures sous-corticales motrices comprenant, entre autres, le corps strié, décrit pour la première fois par Thomas Willis au XVIIe siècle (voir chapitre 3). Malgré la description anatomique détaillée qu'il nous fournit, Luys admet que l'on connaît très peu de choses, sinon rien, en ce qui a trait à la fonction du noyau sous-thalamique. Il considère cela comme « un point délicat qui est destiné à tenir pendant encore de longues années en haleine, la sagacité des vivisecteurs de l'avenir », ce qui fait de Luys un véritable visionnaire. En l'absence de données précises sur la physiologie de ce noyau, Luys revient à ses spéculations originales (1865) sur le rôle présumé de cette structure dans l'organisation cérébrale ; il conclut, fort justement, que cette structure nerveuse pourrait « jouer un rôle capital dans la synthèse des mouvements automatiques[17] ».

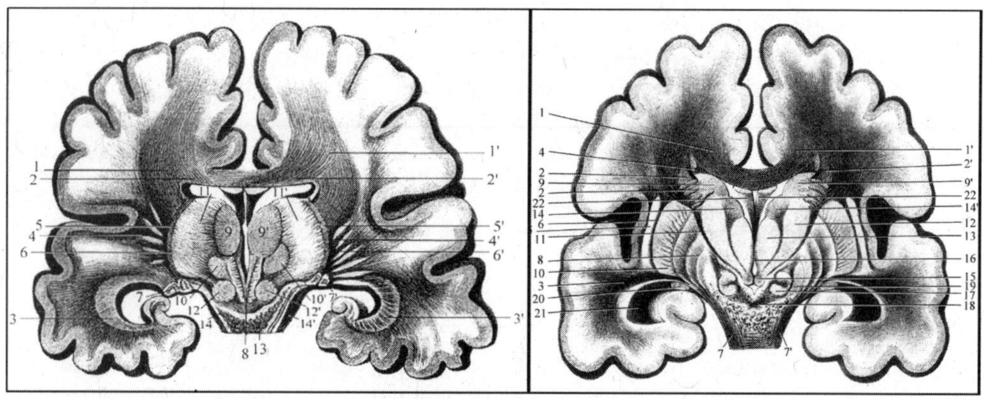

Figure 6-15. Schémas de deux sections frontales du cerveau humain tirés des *Recherches sur le système cérébro-spinal*[19], publié par Luys à Paris en 1865. Le schéma de gauche illustre le thalamus à un niveau où l'on peut apercevoir deux des quatre centres thalamiques définis par Luys, soit le *centre moyen* (9, 9') et le *centre médian* (10, 10'). Le schéma de droite illustre l'emplacement du noyau sous-thalamique (19, à droite).

Ce noyau est actuellement un centre de la plus haute importance en neurologie pour son rôle prépondérant dans le contrôle du comportement moteur. On sait aujourd'hui qu'une lésion de cette petite structure induit des mouvements involontaires très violents et habituellement limités au côté du corps opposé à la lésion ; c'est ce qu'on appelle l'*hémiballisme*. Les données récentes sur le câblage des ganglions de la base, ainsi que l'avènement de modèles animaux permettant l'étude expérimentale des troubles moteurs de type hypo- et hyperkinétique, nous ont fait mieux apprécier le rôle pivot du noyau sous-thalamique dans le contrôle moteur. Des expériences électrophysiologiques et métaboliques récentes ont révélé que ce noyau est hyperactif dans les cas de troubles hypokinétiques (par exemple, la maladie de Parkinson), alors qu'il est hypoactif dans les cas de troubles herperkinétiques (par exemple, la maladie de Huntington). Ces données sont à l'origine d'une résurgence de la chirurgie stéréotaxique pour faire taire, soit par lésion ou par stimulation électrique à haute fréquence, le noyau sous-thalamique dans l'espoir d'alléger les symptômes de la maladie de Parkinson (voir chapitre 8).

Luys a aussi été un pionnier en France pour ce qui est de l'application de la microscopie, et même de la photomicrographie, à l'étude de l'anatomie normale et de la pathologie du cerveau humain. Il a d'ailleurs lui-même fabriqué un microtome qui permettait de faire des coupes minces de cerveau humain entier. Son intérêt pour la microscopie lui a permis de nous fournir non seulement des images de l'écorce cérébrale, mais aussi les premières descriptions de neurones que l'on rencontre dans plusieurs structures appartenant aux ganglions de la base, dont la substance noire et le corps strié (figure 6-16).

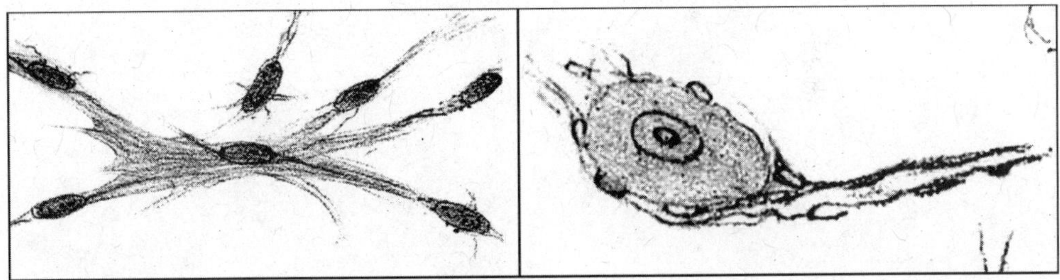

Figure 6-16. Illustrations tirées des *Recherches sur le système cérébro-spinal de Luys*[19] montrant quelques neurones de la substance noire (à gauche) et un neurone géant du corps strié (à droite).

Luys et l'hystérie

Pour Luys, l'année 1886 marque le début d'une deuxième carrière beaucoup moins prestigieuse que la première. Venant à peine d'être nommé médecin chef à l'hôpital de la Charité, Luys décide de se consacrer à sa nouvelle passion : l'étude de l'hystérie et de l'hypnose. Son intérêt pour l'hystérie pourrait provenir de sa participation à la Commission du Burkisme, mise sur pied par Claude Bernard (1813-1878), alors président de la Société de biologie, pour vérifier les travaux du docteur Victor Burk (1822-1884) qui prétendait pouvoir guérir certaines maladies neurologiques en utilisant différents objets métalliques (méthalothérapie). Poussé par Victor Dumont-Pallier (1826-1899), Luys participe à la création de l'école de la Charité, dont les idées sur l'hystérie se situaient quelque part entre celles de la prestigieuse et dogmatique *école de la Salpêtrière*, dominée par Charcot, et celles de la nouvelle et provocatrice école de Nancy, dirigée par Bernheim.

Se croyant protégé par une foi candide dans ses recherches, Luys se laissa envoûter par le déroutant docteur Gérard Encausse (1865-1916). Cet individu énigmatique, mieux connu dans les milieux occultes sous le nom de *Mage Papus*, devint responsable du laboratoire d'hypnothérapie à la Charité. Ensemble, Luys et Encausse imaginent d'extravagantes expériences dont les résultats sont fidèlement rapportés devant différentes sociétés savantes.

Figure 6-17. Expériences de Luys sur l'effet des médicaments à distance mettant en vedette Esther, une jeune *hystéro-épileptique* qui était dans le service de Luys depuis l'âge de 13 ans. À gauche : Esther dans son état normal. Au centre : Esther sous hypnose et dans un état de béatitude causé par la présentation, de son côté gauche, d'un tube rempli de morphine. À droite : Esther, toujours sous hypnose, montrant un état de profonde terreur dû à la présentation, de son côté droit, du même tube de morphine. Ces photographies sont tirées de l'œuvre intitulée *Les émotions dans l'état d'hypnotisme* que Luys publia en 1890[22].

Ce faisant, Luys devient l'exemple le plus caricatural de la fascination que l'hystérie exerçait à la fin du XIXe siècle sur différents individus, y compris des esprits prétendument rationnels et scientifiques. La première publication de Luys en ce qui a trait à l'hystérie concerne l'action des médicaments à distance[22]. Ce travail résume le résultat d'expériences effectuées sur de jeunes patientes présumées hystériques qui, sous hypnose, montraient des changements émotionnels marqués, mais très labiles et variables, simplement à la vue d'éprouvettes contenant différentes substances médicamenteuses ou toxiques. On pouvait obtenir des réactions complètement opposées suivant que le tube était présenté du côté gauche ou du côté droit de la patiente (figure 6-17).

Luys passe outre aux sérieux avertissements que lui servent, en 1888, les membres de la *Commission sur l'hypnotisme* mise sur pied spécifiquement pour enquêter sur les expériences concernant l'effet à distance de médicaments. Il se plonge encore plus profondément dans le monde de l'irrationnel en s'engageant directement dans l'étude du magnétisme animal et de l'occultisme. Il entreprend alors une série d'investigations sur le stockage de l'activité cérébrale dans des couronnes aimantées ainsi que sur la visualisation directe d'émanations cérébrales et corporelles. Luys invente de nouveaux procédés et instruments pour obtenir le sommeil hypnotique : il s'agit essentiellement de miroirs rotatifs, dont l'intérêt réside dans le fait de pouvoir hypnotiser plusieurs patients simultanément. Un tableau peint par Georges Moreau de Tours (1848-1901), le neveu de Luys, représente ce dernier parmi ses patients ; il est exposé en 1890 au Salon des Champs-Élysées sous le nom « Les fascinés de la Charité » (figure 6-18).

Les expériences de Luys reposaient principalement sur l'utilisation de l'hypnose chez des jeunes patientes que l'on croyait hystériques. Ces expériences étaient souvent réalisées lors de séances publiques qui se tenaient dans le service clinique de Luys à la Charité, principalement à l'amphithéâtre du professeur Potain. Ces représentations attiraient non seulement les spécialistes du domaine, mais aussi le Tout Paris, dont des membres de la presse populaire qui, souvent, réagissaient de façon très critique à ces spectacles singuliers. Édouard Lepelletier, un des journalistes particulièrement virulents du journal *Gil Blas* a décrit, en 1888, ces *folies cliniques* comme étant du goût des Parisiens et Parisiennes qui forment un public décadent et blasé se ruant « aux expériences du docteur Luys pour se faire brutaliser l'imagination[17] ».

Léon Daudet était interne à l'hôpital de la Charité au moment où Luys dirigeait ces séances débridées. Il nous a laissé une description particulièrement vivante de ces événements.

Figure 6-18. *Les fascinés de la Charité*, de G. Moreau de Tours (1890). Au fond de la salle, Luys, reconnaissable à sa corpulence et à sa chevelure blanche et abondante, regarde un groupe de patientes collectivement hypnotisés à l'aide d'une sorte de miroir aux alouettes se trouvant au milieu de la pièce. Cette toile est exposée au Musée des beaux-arts de la ville de Reims.

On ne parle plus guère des travaux du docteur Luys, qui avait le tort de s'occuper d'hystérie et d'hypnotisme en même temps que le grand Charcot. Il hébergeait à la Charité toutes les simulatrices nerveuses de Paris, des femmes rouées, débauchées jusqu'à l'os et quelques fois jolies, habituées des services hospitaliers, rompues aux comédies de la fausse attaque, du songe éveillé, de la suggestion. Il fallait voir le confiant Luys, pareil à un gros et beau perroquet blanc, décrivant sur des tableaux en couleurs le « puits somnambulique » extraordinaire de Sarah, de Suzanne et de Lucie, les phases de leurs hallucinations coutumières, pendant que Sarah, Suzanne et Lucie, sagement assises sur des chaises, se trémoussaient et se pinçaient pour ne pas se tordre de rire. Les élèves soufflaient à ces jeunes personnes des expériences abracadabrantes : purgations et vomissements obtenus à l'aide de flacons bouchés, dont elles étaient censées ignorer le contenu ; lecture d'un texte les yeux bandés ; description, à distance, d'un objet censé inconnu. On réglait jusqu'aux insignifiantes erreurs, qui donnaient ensuite plus de prix à la réussite. Une de ces filles nous disait : « J'sais plus quand c'est blague, j'sais plus quand c'est vrai, tellement que vous me faites pivoter. » Au milieu de ces farces énormes, et souvent visibles à l'œil nu, le papa Luys demeurait imperturbable. Elles confirmaient ses thèses favorites, c'était l'important. Afin de s'attacher ses sujets, il leur passait toutes leurs fantaisies, les laissait transformer leurs lits d'hôpital en boudoirs surchargés de faveurs, de guirlandes, de fanfreluches, de peinturlurages, leur achetait du parfum, du linge fin, des gourmandises. Je laisse à penser la vie que menaient ces petites Parigotes quand le patron n'était pas là. Elles combinaient leurs représentations huit jours à l'avance, nous demandaient conseil, se disputaient les premiers rôles, les meilleurs trucs, criaient, se griffaient, se giflaient à tour de bras. On eût dit une cage de chattes ivres de valériane.

Quelquefois l'une d'elles cafardait, allait tout raconter au bon Luys : « M'sieur, faut que j'vous dise... on se fiche de vous... » Mais lui écoutait sans entendre, mettait ces expansions troublantes sur le compte du fameux « puits », s'entêtait d'autant plus dans ses schémas. Il avait bâti, sur les extravagances de ces demoiselles, une théorie du sommeil, une autre de la veille, une troisième des rapports de l'âme et du corps, une quatrième de l'âme toute seule. Il ne lui venait pas à l'idée qu'il pût être mystifié. À la fin, cela faisait pitié et l'on en perdait le plaisir du jeu[14].

Malgré ces excès, tous les collègues de Luys, même ceux qui ont exprimé les plus sérieuses réserves quant à cette incursion naïve dans le royaume obscur de l'hystérie, ont tenu a exprimer leur soutien envers ce chercheur vigoureux, actif et besogneux. Ils étaient tous convaincus de la totale bonne foi de cet homme courtois et cordial, mais dont les travaux sur l'effet des médicaments à distance lui avaient coûté une partie de la réputation scientifique qu'il avait mis quarante ans à acquérir.

Malgré une surdité progressive durant les dernières années de sa vie, il continue à participer activement aux différentes débats scientifiques et à publier régulièrement les résultats de ses travaux anatomiques. Sa très forte capacité de travail étant toujours intacte, il présente une communication intitulée *Structure du cerveau* au Congrès de psychologie qui eut lieu à Munich en 1896 ; cela semble avoir été sa dernière apparition officielle en public. Luys mourut subitement dans la soirée du samedi 21 août 1897, à l'âge de 69 ans. On l'inhuma quatre jours plus tard en présence de quelques collègues et amis au cimetière Montparnasse (figure 6-19).

Figure 6-19. À gauche, entrée principale de l'hôtel particulier de Luys (20, rue de Grenelle, à Paris), qu'il habita lorsqu'il était médecin chef à l'hôpital de la Charité, situé tout près. À droite, la tombe de Luys au cimetière Montparnasse. (Photographies de l'auteur, 2002.)

Ernest Cadet de Gassicourt (1826-1900), alors secrétaire de l'Académie de médecine, prononça un bref éloge posthume lors d'une réunion de l'Académie, le 14 décembre 1897. Dans son allocution, Cadet de Gassicourt, qui avait connu Luys personnellement pendant une quarantaine d'années, louangea l'honnêteté de ce vaillant investigateur qui, malgré sa malencontreuse incursion de dernière minute dans le monde de l'hystérie, contribua de façon remarquable à l'avancement des connaissances de l'organisation anatomique et fonctionnelle du cerveau humain.

Mais que penser d'un tel revirement chez Luys, d'une telle absence de sens critique chez un sexagénaire qui avait toujours, jusque-là, fait preuve d'une rigueur intellectuelle remarquable et d'un don exceptionnel pour l'observation anatomique et clinique ? Ce changement radical reflète-t-il une érosion du jugement due au vieillissement ? Trahit-il l'ambition d'un homme voulant devenir à tout prix le chef d'une école de pensée semblable à celle de la Salpêtrière ? Ou, plus simplement, exprime-t-il le reflet d'une fascination pour le fabuleux, un besoin de surnaturel à la fin d'un siècle dominé par le positivisme relativement terne hérité d'Auguste Comte ? Il n'y a pas de réponse facile à ces questions, mais il est révélateur de constater que plusieurs autres neurologues célèbres ont aussi été envoûtés par l'hystérie à la fin du XIXe siècle. Par exemple, l'ancien chef de clinique de Charcot, Joseph Babinski, explorait activement, en 1886, la possibilité de transférer certaines manifestations hystériques d'un sujet à un autre à l'aide d'un simple aimant[23]. Comme nous l'avons vu plus haut, le grand Charcot lui-même fut libéré honorablement de cet envoûtement en découvrant, quelques années à peine avant sa mort, que la foi peut guérir.

Une fin de siècle singulière

Cette fin de XIXe siècle semble avoir été une période bizarre, un temps qui vit renaître le mysticisme en plein matérialisme. Comme l'a écrit si justement Joris-Karl Huysmans (1848-1907) dans son roman intitulé *Là-bas* publié à Paris en 1891 : « Quelle bizarre époque !... C'est juste le moment où le positivisme bat son plein, que le mysticisme s'éveille et que les folies de l'occulte commencent ; mais il en a toujours été ainsi ; les queues de siècle se ressemblent. Toutes vacillent et sont troubles. Alors que le matérialisme sévit, la magie se lève. Ce phénomène reparaît tous les cent ans [...][24]. » Paul Régnard (1848-1907), qui a travaillé activement à la production de la deuxième *Iconographie photographique de la Salpêtrière*, est encore plus visionnaire dans son livre *Les maladies épidémiques de l'esprit* publié à Paris en 1897. En voici la dernière phrase, on ne peut plus prémonitoire : « J'ai peur que la maladie épidémique de l'esprit ne soit au vingtième siècle, le délire du carnage, la folie du sang et de la destruction[25]. »

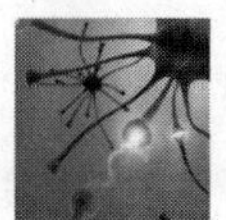

Chapitre 7

Neurones et communication neuronale

C'est une même opposition qui, partant du magnétisme et passant par l'électricité, finit par se perdre
dans les phénomènes chimiques.

Friedrich Wilhelm Joseph von Schilling

La neurologie moderne émergea au cours de la deuxième moitié du XIXe siècle grâce aux efforts soutenus de cliniciens remarquables, tels Jean-Martin Charcot en France et John Hughlings Jackson en Angleterre. L'approche anatomo-clinique poussée à son ultime développement a permis aux sciences cliniques de prendre une sérieuse avance sur les sciences fondamentales. En effet, la neurologie, au sens moderne et clinique du terme, vit le jour bien avant que l'on ait identifié l'élément signalétique principal du tissu nerveux : le neurone, qui ne sera défini qu'à la toute fin du XIXe siècle. Les scientifiques de la deuxième moitié de ce siècle savaient que le tissu cérébral était composé de cellules et de fibres, mais l'imprécision de la terminologie utilisée alors pour définir les éléments nerveux trahissait un manque de connaissance flagrant. On parlait alors de cellules ganglionnaires sans faire de distinction entre les fibres nerveuses et les corps cellulaires. Les relations entre cellules et fibres nerveuses ainsi que la fonction de chacun de ces deux éléments étaient inconnues. La direction que prenait l'influx nerveux et la façon dont cet influx passait d'un élément à l'autre posaient aussi problème. C'est finalement l'analyse microscopique qui révélera l'organisation anatomique intime du tissu nerveux ; mais il faudra de nombreuses années à la microscopie pour acquérir ses lettres de noblesses.

Le développement de la microscopie

La microscopie a vu le jour grâce aux efforts de deux scientifiques du XVIIe siècle : Robert Hooke (1635-1703), physicien, astronome et paléontologue anglais, et Anton van Leeuwenhoek (1632-1723), drapier à Delft aux Pays-Bas. En combinant une lentille et un oculaire, Hooke réussit à mettre sur pied le premier microscope, une percée importante par rapport au simple verre grossissant que l'on utilisait alors pour examiner l'infiniment petit. Grâce à cette invention, Hooke a pu examiner la composition de différents tissus, dont le liège coupé en minces rubans. Il résuma ses observations dans un traité somptueusement illustré et intitulé *Micrographia*[1] qui vit le jour à Londres en 1667. Dans cet ouvrage, Hooke décrivit en détail la structure alvéolée du liège (figure 7-1). C'est alors qu'il utilisa pour la première fois le terme de « cellule » pour faire référence aux espaces laissés vacants par les éléments vivants de ce tissu végétal. Le concept de cellule devint par la suite une des pierres angulaires de la biologie. Cependant, Robert Hooke n'a jamais utilisé ce mot en rapport avec la structure des tissus animaux et il n'a pas non plus étudié la structure des nerfs et du tissu cérébral.

Tout comme Robert Hooke, Anton van Leeuwenhoek (figure 7-2) était littéralement fasciné par ce qu'il pouvait observer sous son microscope. Pour satisfaire sa curiosité insatiable, il construisit des centaines d'instruments simples et examina de nombreux spécimens végétaux et animaux. Le nerf optique fut l'une des premières structures qu'il explora, car le concept galénique de « nerf-tube » servant à transporter les esprits animaux ou pneuma psychiques du cerveau à la périphérie et vice-versa l'intéressait au plus haut point. Durant les années 1674 et 1675, il expédia quelques courtes communications à la Société royale de Londres dans lesquelles il exprimait son désarroi

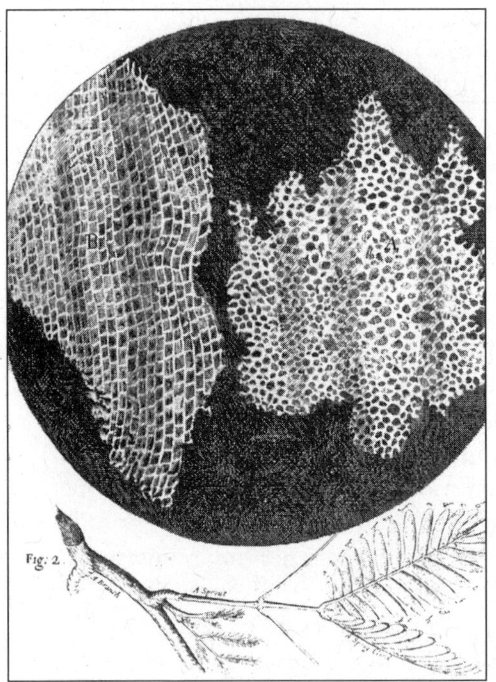

Figure 7-1. Figure tirée du *Micrographia*[1] de Robert Hooke (1667) montrant une vue microscopique d'un morceau de liège avec ses « cellules » typiques.

envers le fait qu'il n'avait pas réussi à visualiser le canal qui devait se trouver au centre du nerf optique[2]. Cette observation toute simple jeta une ombre considérable sur une des idées-forces de la physiologie galénique et laissa Leeuwenhoek pour le moins perplexe. Ce dernier n'en continua pas moins ses analyses microscopiques du tissu nerveux, principalement les nerfs périphériques chez différentes espèces animales. Ces travaux lui permirent de se rendre compte que les nerfs étaient associés à une substance graisseuse, ce qui pourrait être la première allusion à la gaine de myéline qui recouvre les axons et fait en sorte qu'ils scintillent à la lumière. Leeuwenhoek nous a laissé des dessins très réalistes de quelques nerfs (figure 7-2).

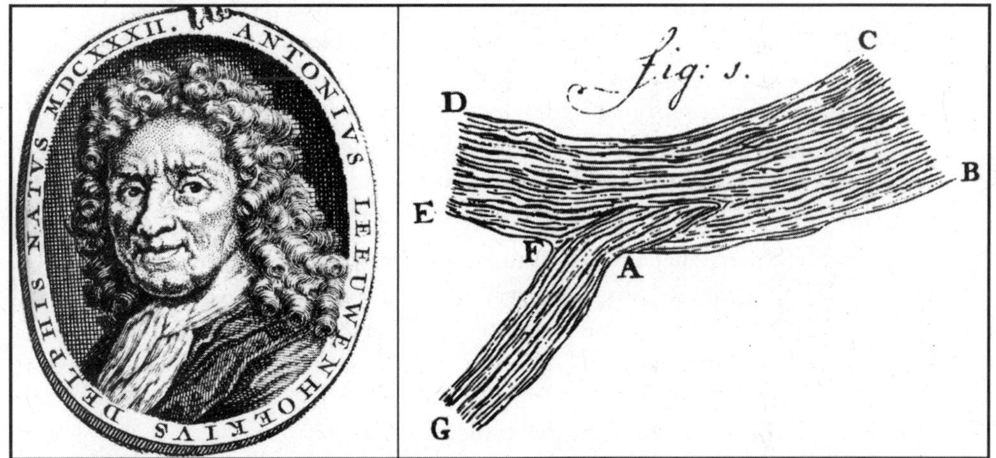

Figure 7-2. À gauche, Anton van Leeuwenhoek, gravure du XVIIe siècle. À droite, section d'un nerf de mouton, dessin de Leeuwenhoek qui accompagne son étude de 1675[2].

Leeuwenhoek était sans contredit doué d'un pouvoir d'observation remarquable. Cependant, son approche expérimentale faisait face à de sérieuses limitations : d'une part, les aberrations optiques produites par les lentilles primitives de l'époque et, d'autre part, le manque de contraste entre les éléments qu'il voulait observer et les structures environnantes faute de coloration adéquate. Devenu quinquagénaire, Leeuwenhoek tenta de résoudre ce dernier problème en colorant quelques sections fines de tissu musculaire avec du safran, une matière jaune d'origine végétale. Le safran était employé depuis plus de deux millénaires pour teindre draperies et vêtements et, plus récemment, il avait été injecté dans des vaisseaux sanguins afin de les visualiser plus clairement (voir chapitre 3). Leeuwenhoek mélangea du safran avec du cognac (le *vin brûlé* de l'époque) et mit des spécimens de muscle déjà coupés en contact avec ce curieux mélange. Il fut heureux de constater que ce procédé améliorait considérablement la visualisation des fibres musculaires. Cependant, on ne sait pas s'il a utilisé un procédé similaire pour colorer les nerfs, encore moins le tissu cérébral.

Contre toute attente, les études de Leeuwenhoek sur le tissu nerveux n'eurent pas de suite, du moins pas dans l'immédiat. Il fallut attendre plus d'un siècle avant que le microscope devienne autre chose qu'un jouet pour dilettantes. Pendant cette longue pause, la plupart des scientifiques évitèrent le microscope comme la peste ; ils craignaient cet instrument peu fiable qui pouvait, selon eux, anéantir toute une carrière en peu de temps. Durant les années 1820, l'avènement d'un nouveau type de microscope permettant de corriger les problèmes d'aberration optique auxquels Hooke et Leeuwenhoek avaient été confrontés relança l'étude de la structure fine du système nerveux. Des pas décisifs furent franchis dès l'apparition de lentilles de verre plus performantes. Ce fut le cas particulièrement en Allemagne où l'on trouvait d'excellents fabricants de microscopes et où travaillaient plusieurs scientifiques intéressés par l'étude microscopique du tissu nerveux.

Les chercheurs allemands ont aussi découvert de meilleures façons de préparer les spécimens pour l'observation microscopique. C'était là une avancée importante puisque, au cours des XVIIe et XVIIIe siècles, la plupart des scientifiques n'utilisaient pas de procédés pour durcir ou *fixer* les spécimens afin d'en faciliter la conservation et la coupe. On faisait, à l'occasion, bouillir la matière à analyser dans de l'huile ou on la trempait dans de l'alcool (du vin, dans la plupart des cas). Il s'agissait là de procédures non standardisées qui donnaient des résultats très inégaux et, la plupart du temps, insatisfaisants. Au tout début du XIXe siècle, le neuroanatomiste Johann Christian Reil (voir chapitre 4) constate que les pièces de cerveau ayant préalablement trempé dans l'alcool pur se prêtent mieux à la dissection fine. Quelques décennies plus tard, Adolph Hannover (1814-1894) démontre que l'acide chromique est un excellent agent de fixation pour le tissu nerveux. Cependant, il faudra attendre la toute fin du XIXe siècle pour voir apparaître le formaldéhyde, substance employée par la plupart des scientifiques d'aujourd'hui pour fixer et préserver les tissus, nerveux ou autres.

Naissance de la théorie cellulaire

Le développement de microscopes plus performants et la mise au point de méthodes de fixation plus efficaces permirent à certains microscopistes du XIXe siècle suffisamment motivés d'aborder avec confiance l'étude complexe de l'anatomie fine du système nerveux. Jan Evangelista Purkyne (ou Purkinje, 1787-1869) fait partie de ce premier contingent de nouveaux explorateurs du cerveau. Né et éduqué en Tchécoslovaquie, Purkyne (figure 7-3) devint membre de la faculté de médecine de l'Université de Breslau (maintenant Wroclaw) en 1822 où il commença ses études microscopiques du système nerveux. Il décrivit pour la première fois une cellule typique du cervelet au cours d'un congrès scientifique qui s'est tenu à Prague en 1837. Il spécifia alors que cette cellule volumineuse possède un corps cellulaire (soma ou périkarya) contenant un noyau et que ce corps cellulaire donne naissance à quelques fibrilles allongées. Un an plus tard, il publie cette description accompagnée d'un dessin montrant ces cellules que l'on appelle toujours *cellules de Purkyne* en l'honneur de leur découvreur (figure 7-3)[3].

Figure 7-3. Jan Evangelista Purkyne, gravure datant du début du XIXe siècle, et dessin d'une cellule du cervelet qui porte son nom, tiré de son article original[3] publié 1838.

L'idée que les cellules sont les éléments constitutifs de tous les êtres vivants vit le jour peu de temps après la description des cellules cérébelleuses par Purkyne. Les deux scientifiques à qui l'on attribue un rôle crucial dans la formulation de la théorie cellulaire sont Matthias Schleiden (1804-1881) et Theodor Schwann (1810-1882). En 1838, Schleiden, un botaniste allemand, en arrive à la conclusion que toutes les parties des plantes sont formées de cellules. Une année plus tard, Schwann, un cytologiste allemand qui professait alors à l'Université de Louvain en Belgique, réussit à convaincre son ami Schleiden que la théorie cellulaire est valable pour le tissu animal aussi bien que pour le tissu végétal. De plus, Schwann décrivit la myéline, une substance graisseuse qui recouvre certains axones et leur donne une couleur blanche et brillante, substance à laquelle Leeuwenhoek – ainsi que Galvani, mais dans un tout autre contexte (voir chapitre 4) – avait fait allusion un siècle plus tôt (tableau 7-1). Schwann fut suffisamment perspicace pour réaliser que la myéline n'appartenait pas à la cellule nerveuse elle-même mais qu'il s'agissait plutôt d'un *dépôt secondaire* provenant d'une cellule non neuronale. Dans le système nerveux périphérique, les cellules formant la gaine de myéline qui enveloppe certains axones sont aujourd'hui appelées *cellules de Schwann*.

TABLEAU 7-1
**Nomenclature utilisée pour désigner les éléments constitutifs
du tissu nerveux**

Structures	Nom des scientifiques	Années de découverte
Cellule (concept)	Robert Hooke	1667
Cellule (tissue végétale)	Matthias Schleiden	1842
Cellule (tissue animal)	Theodor Schwann	1843
Fibre nerveuse	Anton van Leeuwenhoek	1675
Cellule nerveuse	Jan Evangelista Purkyne	1837
Cellule gliale	Rudolph Virchow	1856
Microglie	Pio del Rio Ortega	1919
Gaine de myéline	Theodor Schwann	1838
Dendrite	Wilhelm His	1890
Axone (cylindre-axe)	Wilhelm Waldeyer	1896
Neurone	Wilhelm Waldeyer	1891
Synapse (concept)	Charles Scott Sherrington	1897
Synapse (démonstration)	Eduardo De Robertis, Edward G. Gray et Sanford L. Palay	1950-1960

La théorie réticulariste

La théorie cellulaire de Schleiden et Schwann fut rapidement acceptée sauf, curieusement, pour expliquer la composition du tissu nerveux. En effet, certains scientifiques prudents faisaient valoir le besoin d'informations supplémentaires sur les structures fibrillaires qui entourent les cellules nerveuses avant de conclure que la théorie cellulaire s'appliquait aussi au système nerveux. De plus, la majorité des chercheurs de l'époque croyait que les cellules nerveuses ne pouvaient seules maintenir leur intégrité comme les autres cellules du corps et qu'elles fusionnaient pour former un vaste réseau ou *réticulum* (figure 7-4).

Plusieurs caractéristiques morphologiques des cellules nerveuses ont été mises en évidence par Otto Friedrich Karl Deiters (1834-1863), un microscopiste très talentueux travaillant à Bonn en Allemagne. Il utilisait l'acide chromique comme agent de fixation et le carmin comme colorant, méthode découverte un peu plus tôt par l'Italien Alfonso Corti (1822-1888) et employée couramment pour l'étude du tissu nerveux par l'Allemand Joseph von Gerlach (1820-1886) de Mayence. À l'aide de ces méthodes, Deiters a pu démontrer que le soma des cellules nerveuses émet de multiples *extensions protoplasmiques* (les parties du neurones qui reçoivent l'influx nerveux et que l'on appellera plus tard *dendrites*), mais un seul *cylindre-axe* (élément de propagation de l'influx nerveux et que l'on désignera plus tard sous le vocable d'*axone*)[4]. Deiters envisagea la possibilité que les terminaisons du cylindre-axe d'une cellule nerveuse puissent contacter les dendrites d'une autre cellule nerveuse et *fusionner avec elles*. Cependant, ce n'était là pour Deiters qu'une hypothèse de travail, l'anatomiste ayant eu la prudence de n'illustrer dans ses publications que ce qu'il avait vraiment observé sous son microscope.

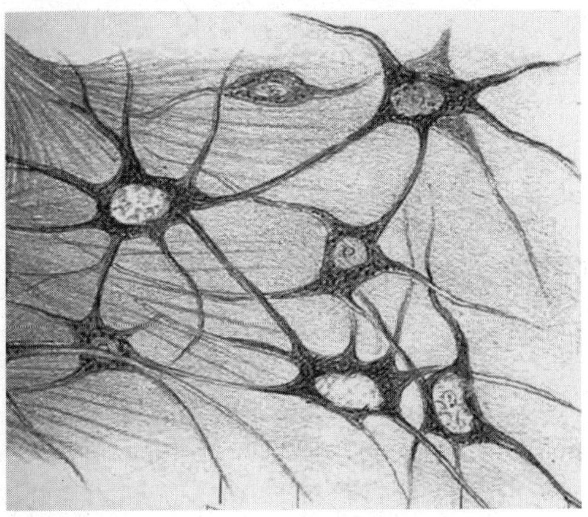

Figure 7-4. Dessin de Jules Bernard Luys montrant les neurones de la corne ventrale de la moelle épinière reliés entre eux par la fusion de leurs prolongements. Illustration tirée de *Recherches sur le système cérébro-spinal, sa structure, ses fonction et ses maladies*[5].

Néanmoins, l'idée que les cellules nerveuses puissent fusionner (par anastomose) pour ne former qu'un seul et vaste réseau neuronal (une sorte de syncytium) fut progressivement acceptée par la majorité des scientifiques. On croyait alors qu'un tel réseau pouvait assurer la vitesse et la fiabilité nécessaires à la transmission de l'information à travers le système nerveux. Pour sa part, Rudolph Albrecht von Kölliker (1817-1905) pensait qu'une anastomose entre éléments nerveux ne pouvait s'opérer qu'entre les dendrites de cellules proches les unes des autres. Cependant, d'autres scientifiques allaient beaucoup plus loin en suggérant que les axones et les dendrites, et même les axones entre eux, pouvaient fusionner. Très enthousiaste à l'idée d'une telle fusion des éléments nerveux, Gerlach soutenait que l'impulsion nerveuse voyageait d'une cellule à l'autre à l'aide de réseaux ou treillis de fibres nerveuses. Grâce à la position d'autorité que Gerlach occupait dans le domaine de l'étude microscopique du tissu cérébral, on en vint à considérer le système nerveux comme un réticulum composé d'un très grand nombre d'éléments, tous fusionnés les uns avec les autres ; la théorie réticulariste venait de voir le jour.

Golgi et la « Reazione nera »

En rétrospective, on peut facilement comprendre les erreurs commises par Gerlach et les réticularistes ; ces pionniers de la microscopie n'avaient pas en main les instruments nécessaires pour mettre en évidence le substratum anatomique permettant les interactions entre les divers éléments du tissu nerveux. De plus, la théorie fusionnelle pouvait, en effet, rendre compte de la communication neuronale. Il a donc encore fallu atteindre le développement de méthodes encore plus puissantes pour jeter un éclairage nouveau sur l'anatomie fine du système nerveux.

Un développement majeur eut lieu en 1873 lorsque l'italien Camillo Golgi (1843-1926) décrivit une nouvelle méthode de coloration à l'argent qui faisait en sorte que les cellules nerveuses ainsi que tous leurs prolongements apparaissaient en noir intense sur un fond de couleur jaunâtre. Golgi (figure 7-5) avait 30 ans lorsqu'il présenta au monde scientifique cette coloration à l'argent qui allait le rendre célèbre. Il n'était membre d'aucun corps professoral universitaire et ne travaillait pas dans une institution hospitalière reconnue au moment de sa découverte. Golgi, originaire de Lombardie, reçut l'essentiel de son éducation à l'Université de Pavie. Il fit sa découverte fondamentale alors qu'il était médecin dans une *casa degli incurabili* (une maison pour malades chroniques) située à Abbiategrasso dans le nord de l'Italie. Golgi avait néanmoins acquis une certaine expérience en recherche avant d'accepter son poste de médecin dans cet établissement ; il avait étudié, entre autres, la pellagre, les tumeurs cérébrales ainsi que la structure du cervelet quand il était encore à Pavie[6].

Figure 7-5. À gauche, Camillo Golgi, photographie datant du début du XXe siècle dont l'original se trouve au Musée historique de l'Université de Pavie. À droite, dessin de Golgi montrant l'alignement des neurones (dont le corps, de forme pyramidale, est intensément coloré) dans la formation de l'hippocampe, tiré de l'étude[7] qu'il publia en 1873. L'hippocampe est une structure cérébrale enfouie dans le lobe temporal ; il joue un rôle important dans la mémoire.

Golgi travaillait principalement le soir après son travail clinique dans la cuisine de l'hôpital qu'il avait convertie en laboratoire relativement primitif. On ignore comment lui vint l'idée d'utiliser l'argent pour colorer les cellules nerveuses, mais on sait que d'autres scientifiques avant lui avaient essayé, sans succès, d'imprégner les neurones avec ce métal qui commençait alors à être employé en photographie. Utilisant des blocs de tissu cérébral fixés pendant quelques jours, Golgi les immergea pendant un jour ou deux dans une solution contenant du nitrate d'argent. Il sectionna ensuite ces blocs imprégnés de ce composé en très fines lamelles qu'il monta sur des lames de verre. L'observation au microscope de ces minces sections de tissu cérébral lui permit de se rendre rapidement compte de la très grande efficacité de la technique de coloration qu'il venait de développer. Pour des raisons que l'on ignore encore aujourd'hui, la méthode de Golgi ne colore que 3 % environ des neurones, ce qui est heureux puisque, si tous les très nombreux neurones qui composent le tissu cérébral étaient colorés en même temps, on ne pourrait évidemment pas les distinguer les uns des autres. En revanche, les neurones imprégnés par les sels d'argent le sont entièrement et se démarquent de façon éclatante sur un fond de couleur légèrement jaunâtre. C'est là toute la puissance et la beauté de la *reazione nera* (réaction noire) qui présente des images de la morphologie des neurones d'une qualité jamais vue jusque-là (figure 7-5).

Golgi fit part de sa découverte dans un bref article intitulé « Sulla struttura della grigia del cervello »[7] (« De la structure de la matière grise du cerveau ») qui parut dans la *Gazetta Medica Italiana Lombardia*, en 1873. La morphologie des neurones y est décrite avec une clarté remarquable ; Golgi parle du corps cellulaire et de ses prolongements, en spécifiant qu'il n'existe qu'un seul axone (cylindre-axe) mais plusieurs dendrites ramifiées. Golgi fut aussi le premier à mentionner l'existence des *collatérales axoniques*, c'est-à-dire de fins prolongements qui émergent des axones et se prolongent à angle droit à partir de ces derniers.

Cette première description fut suivie de plusieurs autres publications dans lesquelles Golgi rapporte avec plus de détails son approche méthodologique et illustre, sous forme schématique, les neurones qu'il a colorés. Il s'intéresse alors principalement à l'organisation fine du cervelet et du bulbe olfactif. Il fait une nette distinction entre les neurones dont l'axone est long et peu arborisé et les neurones qui possèdent un axone court et fortement arborisé. Encore aujourd'hui ces groupes de neurones sont appelés neurones de types *Golgi I* et *Golgi II*, en l'honneur de celui qui les a découverts. En 1875, Golgi accepte un poste de professeur à l'Université de Pavie, son *Alma Mater*, et continue d'approfondir l'étude morphologique des neurones toujours grâce à sa méthode de coloration à l'argent. Il s'intéresse alors à l'organisation du cortex cérébral et de la moelle épinière. Il prête aussi une attention particulière aux cellules gliales qui sont dépourvues d'axone et qui n'appartiennent donc pas aux éléments neuronaux. Il décrit en plus un organe particulier situé dans les tendons et qui renseigne le cerveau sur la tension musculaire ; il s'agit d'une structure complexe que l'on appelle encore aujourd'hui l'*organe tendineux de Golgi*. On lui doit aussi la découverte de ce qui est aujourd'hui convenu d'appeler l'*appareil de Golgi*. Il s'agit d'un organite présent dans le cytoplasme de tous les types de cellules, autant végétales qu'animales, et qui sert à la maturation des protéines.

La technique de Golgi a donc permis d'accroître significativement la connaissance de la morphologie neuronale. Cependant, la sélectivité de cette méthode n'a pas permis à Golgi de visualiser le substratum anatomique sur lequel repose la communication neuronale. Golgi a néanmoins souscrit à l'idée alors en vogue qui stipulait que les prolongements neuronaux fusionnaient physiquement les uns avec les autres pour former un syncytium. Cette vision réticulariste le conduisit à remettre en question l'idée de l'existence d'aires corticales fonctionnellement distinctes ; pour Golgi, c'était là un concept incompatible avec la notion de prolongements neuronaux s'anastomosant pour former un vaste réseau neuronal. De plus, l'existence d'aires corticales fonctionnellement distinctes les unes des autres lui paraissait incompatible avec le potentiel de récupération fonctionnelle dont faisaient montre certains patients à la suite de lésions touchant des régions spécifiques de l'écorce cérébrale.

Pourquoi les cellules nerveuses devraient-elles fusionner ?

En 1886, l'embryologiste Wilhelm His (1831-1904) et le neuroanatomiste et psychiatre Auguste Henri Forel (1848-1931), tous les deux originaires de Suisse, eurent l'audace de remettre en question l'idée que les cellules nerveuses fusionnent pour former un seul et vaste réseau neuronal (figure 7-6).

Figure 7-6. Wilhelm His (à gauche) et Auguste Forel (à droite), (photographies de l'époque).

Comme beaucoup d'autres, His avait observé qu'à la jonction entre le nerf et le muscle (la *jonction neuromusculaire*), les terminaisons nerveuses ne fusionnaient pas avec les fibres musculaires. De plus, ses travaux sur le développement embryologique du système nerveux révélaient que les axones en croissance des nerfs optique, acoustique et olfactif ne s'anastomosaient pas non plus et, à ce titre, His ne voyait pas pourquoi le système nerveux central serait différent du système nerveux périphérique. De son côté, Forel était arrivé à la même conclusion grâce à une série de travaux effectués dans le laboratoire de Bernhard von Gudden (1824-1886) à Munich. Utilisant la méthode de dégénérescence rétrograde élaborée par Gudden, Forel avait observé que l'ablation de certains organes sensoriels périphériques ainsi que les sections de différents nerfs crâniens (oculomoteur, trochléaire et trijumeau) ne produisaient dans le cerveau que des pertes neuronales très localisées, contrairement aux perte neuronales massives et étendues auxquelles on serait en droit de s'attendre si tous les neurones ne formaient qu'un seul réseau. Ces observations, couplées à d'autres qu'il fit ultérieurement sur du matériel préparé selon la méthode de Golgi, lui semblaient contredire la théorie réticulariste. Forel postula alors qu'un simple contact entre éléments nerveux pourrait expliquer la communication neuronale beaucoup plus facilement qu'une fusion ou qu'une anastomose des éléments nerveux ; ce concept fut appelé plus tard la *théorie du contact*. Même si les résultats obtenus par His et Forel semblèrent peu concluants et largement hypothétiques aux yeux de leurs contemporains, ils allaient jeter un sérieux doute sur la vision réticulariste.

Santiago Ramón y Cajal

C'est cependant un Espagnol, Santiago Ramón y Cajal (1852-1924), qui ébranla le plus la théorie réticulariste. On retrouve dans son autobiographie, écrite entre 1901 et 1917 et publiée sous le titre *Recuerdos de mi vida*[8] (« Souvenirs de ma vie »), un portait très vivant de ce talentueux neuroanatomiste qui exploita au maximum les possibilités de la méthode de Golgi. Cajal naît en 1852 dans la petite ville de Petilla de Aragon, située dans la province de Saragosse, qui jouxte la France au nord-est de l'Espagne. Enfant, il se rebelle contre la société locale et la discipline que veut lui imposer son père, Don Justo, un modeste chirurgien de village. Tout rebelle qu'il est, Cajal s'intéresse néanmoins très tôt à la nature et aux arts ; il envisage même la possibilité de devenir artiste. Cependant, au cours de l'été 1868, Don Justo fait un effort particulier pour tenter d'intéresser son fils, alors adolescent, à son propre travail de médecin et d'anatomiste. Ils visitent ensemble des cimetières dans l'espoir d'y recueillir des restes de squelettes humains susceptibles d'être étudiés à loisir par la suite. Cajal commence alors à exécuter des croquis d'os humains et cet exercice semble avoir un effet décisif sur l'orientation du jeune homme. Tout en apprenant comment fonctionne le système squelettique, Cajal réalise progressivement qu'il vient de trouver sa voie[8].

Après l'obtention de son baccalauréat, il entreprend des études de médecine à Saragosse et participe activement aux dissections de cadavres humains, ce qui lui permet de découvrir « la merveilleuse machine de la vie[8] ». Il obtient son diplôme de médecin sans avoir abordé le travail clinique. Avant d'avoir eu le temps de combler cette lacune, il est forcé de faire son service militaire. À cette époque, l'armée espagnole combattait les Cubains désireux de s'affranchir de la tutelle de l'Espagne. En 1874, Cajal se retrouva en mission dans une région éloignée et infestée de moustiques de l'île de Cuba où il attrapa la malaria. Son état maladif fit en sorte qu'on le déchargea du service militaire, ce qui lui permit de revenir en Espagne.

L'Espagne, le microscope et la coloration de Golgi

Après s'être refait une santé, Cajal (figure 7-7) accepte un poste d'assistant à Saragosse. Cette position étant cependant précaire, il prépare les examens d'État en vue de l'obtention d'un poste officiel de professeur. Il découvre le microscope alors qu'il effectue un séjour à Madrid. Fasciné par ce qu'il voit, et faisant fi du peu de considération des professeurs espagnols pour cet instrument, Cajal revient chez lui bien décidé à devenir microscopiste. Il utilise le peu d'argent qu'il a réussi à économiser pour acheter un microscope qu'il avait remarqué dans une boutique de Madrid. Entretemps, on lui offre le poste de directeur du Musée d'anatomie de la faculté de médecine de Saragosse. Voyant ses gages ainsi assurés, Cajal épouse Dona Silvería, une femme qui lui sera entièrement dévouée et avec laquelle il fondera une famille nombreuse[8].

En 1883, on offre à Cajal la très convoitée chaire d'anatomie de Valence, sur les bords de la Méditerranée, mais peu de temps après son arrivée dans cette ville éclate une épidémie de choléra. Bien que sa famille en fût épargnée, grâce en grande partie à des mesures d'hygiène appropriées, Cajal met temporairement ses recherches de côté pour s'occuper de ce problème de santé publique. Il écrit même un mémoire sur la nature de cette maladie ainsi que sur les procédures d'hygiène et de vaccination susceptibles de la prévenir. Les autorités gouvernementales lui achètent alors un splendide microscope en reconnaissance de ses efforts. En 1887, alors qu'il séjourne à Madrid à titre de responsable des examens d'anatomie pour les futurs médecins, Cajal profite de l'occasion pour visiter les laboratoires espagnols les mieux pourvus en équipements scientifiques. Il rencontre le neuropsychiatre Luis Simarro Lacabra (1851-1921) qui lui fait part de la méthode de Golgi qu'il utilisait couramment pour étudier les changements dégénératifs dans le cerveau de patients atteints de maladies mentales. En jetant un coup d'œil aux préparations de Simarro, Cajal est immédiatement convaincu de la supériorité de la technique de Golgi sur les autres méthodes de coloration du tissus nerveux. Il retourne alors à Valence bien décidé de mettre à profit la coloration du *savant de Pavie*, mais la chose ne se fera pas sans mal.

Figure 7-7. À gauche, Santiago Ramón y Cajal dans la cinquantaine (photographie qui se trouve dans la collection de l'Institut Cajal à Madrid). À droite, dessin tiré du traité de Cajal intitulé *Histologie du système nerveux*[9], publié à Paris en 1909 et 1911. Il s'agit d'une section du cervelet d'un chaton après une imprégnation à l'argent faite selon la méthode de Golgi. Le schéma de Cajal montre les cellules de Purkyne (l'un de ces neurones est identifié par la lettre A) et leur arborisation dendritique très profuse. Il s'agit du neurone décrit pour la première fois par Purkyne (voir figure 7-3).

Dès son retour au laboratoire, Cajal tente de colorer des sections de cerveaux. Cependant, il réalise rapidement les difficultés que comporte la méthode de Golgi et le besoin de l'appliquer de façon très rigoureuse. Se rendant compte que Valence n'est peut-être pas l'endroit idéal pour effectuer de tels travaux, il déménage alors à Barcelone, capitale de la Communauté autonome de Catalogne, sur la Méditerranée. C'est dans cette ville que Cajal tente d'améliorer la coloration à l'argent. Il s'aperçoit rapidement que l'utilisation de sections épaisses de tissu cérébral ainsi qu'une coloration plus intense donnent des résultats optimaux. Plus important encore, il découvre que la méthode de Golgi colore plus facilement les axones dépourvus de gaine de myéline. Ses efforts se concentrent alors sur l'étude de cerveaux dont les fibres nerveuses sont peu ou pas myélinisées, soit ceux d'oiseaux et de jeunes mammifères.

Grâce à ces différents ajustements techniques, Cajal se trouve en possession d'une méthode de Golgi nettement améliorée. Contrairement à plusieurs autres scientifiques qui avaient abandonné la capricieuse technique, Cajal fit de cette procédure son cheval de bataille et c'est avec elle qu'il aborda l'étude systématique de l'organisation du système nerveux. Les résultats n'allaient pas tarder à justifier son choix. Ne trouvant pas de revues espagnoles pouvant publier ses longs textes toujours accompagnés de nombreuses illustrations, Cajal fonde son propre journal qu'il appelle *Revista Trimestral de Histología Normal y Patológica* (« Revue trimestrielle d'histologie normale et pathologique »). Décidé à montrer au monde entier l'excellence des travaux scientifiques qui s'effectuaient alors en Espagne, si souvent ignorée par la communauté internationale, Cajal utilisa ses propres deniers afin d'assurer la survie de ce journal.

Cajal publie le résultat de ses premières études, effectuées à l'aide de la méthode de Golgi qu'il avait lui-même modifiée, dans le premier volume de *Revista*[10] paru en 1888. Il s'agit d'un travail qui traite du cervelet des oiseaux et dans lequel Cajal décrit pour la première fois des axones qui se terminent en forme de *nids* ou de *paniers*. L'examen attentif de son matériel ne lui permet pas d'observer d'axones ou de dendrites qui fusionnent, contrairement à ce qu'avaient décrit précédemment Gerlach et Golgi. Il propose deux explications possibles au fait qu'il n'a pu observer de telles anastomoses : soit la méthode de Golgi, même modifiée, n'est pas suffisamment sensible pour montrer les contacts physiques entre les éléments nerveux, soit il existe une autre façon pour les neurones de communiquer entre eux. Ne connaissant vraisemblablement pas les travaux antérieurs de His et Forel, Cajal croyait que le simple contact physique entre les éléments nerveux pouvait expliquer leur interaction fonctionnelle. Il examine alors la rétine et ne trouve toujours pas de preuve confirmant la théorie réticulariste. Il étudie ensuite le bulbe olfactif, le cortex cérébral, la moelle épinière et le tronc cérébral sans y trouver la moindre trace d'anastomose entre les éléments nerveux. En 1889, après avoir revu tout le matériel qu'il avait accumulé jusqu'alors, il conclut que les cellules nerveuses sont des éléments indépendants, tout comme les autres cellules du corps[11].

La théorie neuronale

L'Espagne de Cajal, plus peut-être encore que l'Italie de Golgi, était isolée des principaux foyers scientifiques européens, ce dont Cajal était parfaitement conscient. Il se rendait aussi compte du peu d'impact qu'avait la revue qu'il venait de fonder sur le monde scientifique de l'époque ; ses propres articles – il n'en avait publié pas moins de 14 au cours des années 1887 et 1888 –, tous rédigés en espagnol, étaient presque complètement ignorés de la communauté scientifique. Cajal utilisa alors deux stratégies pour faire connaître davantage ses travaux : il fit traduire quelques-unes de ses publications en français et adhéra à la Société allemande d'anatomie, ce qui lui donnait le droit de présenter ses résultats au congrès annuel de cette société à Berlin.

À l'été 1889, Cajal partit donc pour Berlin avec son meilleur matériel et son précieux microscope espérant, chemin faisant, pouvoir visiter quelques laboratoires. Le congrès eut lieu sur le campus de l'Université de Berlin en octobre 1889. Ne parlant pas l'allemand, Cajal appréhendait le moment où il aurait à expliquer ses résultats, mais il comptait sur son matériel, dont on pourrait apprécier la qualité directement sous son microscope, pour faire contrepoids à ce problème de communication. D'abord peu intéressés et même soupçonneux vis-à-vis de cet individu venu du fond de l'Espagne, les congressistes découvrent peu à peu la beauté et la qualité de son matériel. Après l'avoir félicité, on lui demanda de nombreux détails techniques sur sa version de la méthode de Golgi et également son avis sur la théorie réticulariste. Dans un français très approximatif, Cajal expliqua qu'il n'a jamais pu obtenir de certitude en faveur d'une fusion quelconque des différents éléments nerveux et affirma qu'il croyait que chaque cellule nerveuse est un élément distinct.

Parmi les scientifiques qui assistèrent à cette présentation se trouvait Albrecht von Kölliker, le patriarche de l'histologie allemande, qui allait jouer un rôle capital dans la carrière de Cajal. Kölliker (figure 7-8) fut si impressionné par l'excellence du travail de ce dernier qu'il l'invita à dîner et profita de l'occasion pour le présenter à plusieurs de ses collègues allemands. Pour la première fois, Cajal sentait que sa contribution était appréciée ailleurs qu'en Espagne. Par la suite, Kölliker décida de vérifier les dires de Cajal en effectuant lui-même, alors qu'il était septuagénaire, toute une série d'expériences à l'aide de la méthode de Golgi. Après quelques mois d'observations, il confirma les affirmations de Cajal et décida d'abandonner officiellement la théorie réticulariste qu'il avait épousée jusque-là. Cajal venait de trouver en Kölliker et ses collègues allemands des puissants alliés.

Figure 7-8. Rudolph Albrecht von Kölliker (à gauche) et Wilhelm von Waldeyer (à droite) (photographies de l'époque).

Le directeur de l'Institut d'anatomie de l'Université de Berlin, Wilhelm von Waldeyer (1836-1921), fut lui aussi très impressionné par la prestation de Cajal au congrès de Berlin. Waldeyer (figure 7-8) qui avait la réputation de posséder un esprit de synthèse remarquable, entreprit alors la rédaction d'un article très détaillé dans lequel il proposa de considérer la cellule nerveuse comme unité fondamentale du système nerveux. À la fin de cet article[12], constitué de six parties distinctes qui parurent toutes à l'hiver 1891, Waldeyer conclut que les cellules nerveuses ne fusionnent pas et que le neurone (tableau 7-1) est l'unité anatomique et physiologique du système nerveux. Waldeyer avait décidément un penchant pour les nouveaux termes – c'est lui qui avait introduit, entre autres, le terme de *chromosome* – et celui de neurone fut immédiatement adopté par la communauté scientifique. Il servit de cri de ralliement aux adeptes de ce qui allait devenir la théorie ou la *doctrine neuronale*. Même s'il n'avait pas lui-même effectué une seule expérience ou rapporté une seule observation originale à l'appui de la théorie neuronale, sa remarquable synthèse ainsi que sa nouvelle terminologie jouèrent un rôle capital dans la victoire de la doctrine neuronale sur la théorie réticulariste.

La communication neuronale : une voie à sens unique

Après avoir déterminé que le neurone était l'élément constitutif du système nerveux, il fallait définir le rôle respectif des dendrites et de l'axone dans la transmission de l'information neuronale. Pour sa part, Golgi attribuait aux dendrites un rôle nutritionnel alors que Cajal croyait que ces dernières participaient autant que l'axone à la transmission de l'influx nerveux. Cependant, on se questionnait toujours à propos de la direction de l'influx nerveux le long du neurone. Ayant observé que les neurones sensoriels avaient des dendrites qui se ramifiaient en périphérie et un axone qui s'arborisait dans le système nerveux central, alors que c'était l'inverse pour les neurones moteurs, Cajal pensait que la transmission nerveuse était unidirectionnelle. Ainsi, pour lui, les dendrites étaient des éléments récepteurs, le corps cellulaire, une entité exécutrice, et l'axone, un élément chargé de transmettre l'information au neurone suivant dans la chaîne. En 1891, Cajal énonce la *loi de la polarisation dynamique* qui résume sa vision unidirectionnelle du neurone, tout en n'oubliant pas de mentionner le nom du Belge Arthur van Gehuchten (1861-1914), avec qui il avait entretenu une correspondance soutenue et qui l'avait grandement aidé à déduire la direction de l'influx nerveux.

Puisque les neurones ne fusionnent pas et que l'influx nerveux ne se propage que dans une seule direction, il restait à comprendre comment cet influx passe d'un neurone à l'autre. Cajal aborda cette question en suggérant que les axones et les dendrites communiquent entre eux par simple contact, reprenant en cela la théorie énoncée plus tôt par Forel. Il souleva même la possibilité de l'existence d'une communication neuronale sans contact physique, mais ne put aller plus loin faute d'instrument capable de visualiser ce point de jonction entre l'axone et les dendrites ou entre l'axone et le muscle. Cet espace microscopique, auquel Charles Scott Sherrington (1857-1952) en 1897 avait donné le nom de *synapse* (du grec *syn* pour ensemble et *haptein* pour toucher ou saisir), ne put être visualisé qu'avec l'avènement du microscope électronique dans les années 1950.

La croissance neuronale

En 1890, deux ans avant qu'il ne s'installe à Madrid, Cajal publie une description très imagée du développement embryonnaire d'un neurone[13]. Ce dernier émet un prolongement en forme de massue qui se fraye un chemin en bousculant les autres neurones ainsi que les cellules gliales afin de rejoindre sa cible. Cajal donne le nom de *cône de croissance* à l'extrémité de ce prolongement qui semble se comporter comme un des pseudopodes d'une amibe. L'existence d'un cône de croissance aussi mobile confère aux neurones une caractéristique dynamique tout à fait particulière. Plusieurs contemporains de Cajal utilisèrent ce concept d'axone dynamique pour expliquer certaines variations de comportement qui peuvent être observées même chez l'adulte. Une idée particulièrement attrayante faisait état de rapprochements ponctuels et dynamiques de prolongements neuronaux (axones et dendrites) de différents neurones afin de favoriser la communication neuronale. Certains croyaient qu'un tel rapprochement favorisait l'apprentissage, alors que l'éloignement des prolongements neuronaux pouvait rendre compte des pertes de mémoire. Selon ces chercheurs, la fatigue, les fièvres, l'abus de certaines drogues, le vieillissement ou le simple manque d'utilisation pouvaient entraîner la rétraction des éléments nerveux au niveau de la synapse.

L'idée de l'implication possible de la croissance neuronale dans les phénomènes mnémoniques avait été énoncée dès 1872 par Alexander Bain (voir chapitre 5), un spécialiste des hautes fonctions mentales. Cette idée, qui était alors passée totalement inaperçue, refit surface au cours des années 1890 après les découvertes des neuroanatomistes. En plus de l'apprentissage, le concept d'*amiboïdisme neuronal* semblait pouvoir rendre compte de phénomènes aussi variés que le cycle éveil/sommeil, l'effet des anesthésiques et même les états hypnotiques. Cependant, des critiques indiquèrent, à juste titre, que le concept d'amiboïdisme neuronal n'était pas basé sur des expériences rigoureuses ; ce phénomène pouvait être un simple artefact ou le résultat d'événements pathologiques. De plus, on ne croyait pas qu'un processus aussi lent que celui impliquant la croissance et la rétraction d'éléments neuronaux puisse rendre compte des phénomènes aussi brefs que ceux en jeu dans le contrôle du cycle éveil/sommeil.

Pour sa part, Cajal suggéra en 1894 l'existence d'une corrélation directe entre la prolifération neuronale dans le cortex cérébral et l'intelligence. Il postula que l'apprentissage implique la croissance des dendrites et l'augmentation du degré de branchement des axones. Il prétendait que le génie pouvait être atteint grâce à des modalités économiques qui n'impliquaient pas l'ajout de nouveaux neurones ou l'augmentation d'espace, mais simplement un plus haut degré de branchement dendritique et axonal. Cette fois, Cajal avait vu juste puisque de nombreuses données expérimentales amassées au cours des années 1960 et 1970 montrent que le nombre de synapses et de connexions neuronales dans le cortex cérébral augmente de façon significative chez des animaux élevés dans un milieu enrichi par rapport à des sujets ayant vécu dans un environnement pauvre (voir chapitre 8). Ces théories demeurèrent cependant floues du vivant de Cajal qui se réfère, dans sa biographie, à la période spéculative de sa carrière, soit le milieu des années 1890, comme étant la période des cabrioles spéculatives[8]. À l'évidence, Cajal s'intéressait beaucoup plus aux faits qu'aux théories.

Cajal et Golgi se partagent le prix Nobel

En 1906, on attribue conjointement à Cajal et Golgi le prix Nobel de médecine pour leurs travaux sur l'anatomie du système nerveux. À la cérémonie d'attribution du prix, on s'attendait à ce que le discours d'acceptation de Golgi fasse état de ses découvertes, principalement sa méthode de coloration qui permit de visualiser les neurones mieux que jamais auparavant, et que Cajal décrive les études qui lui ont permis d'élaborer la doctrine neuronale et la loi de la polarisation dynamique. Il n'en fut rien. À la surprise générale, Golgi tenta de ressusciter la théorie réticulariste. Il commença son discours par une charge à fond de train contre la théorie neuronale que défendait le co-récipiendaire du prix et le termina en disant qu'il ne voyait aucun avenir dans la philosophie réductionniste à la base des localisations corticales. Les scientifiques présents furent estomaqués et se rendirent vite compte que les conceptions de Golgi n'avaient pas changé d'un iota depuis 1873, année où il découvrit la méthode de coloration à l'argent. Cajal fut profondément blessé par l'allocution de Golgi, qu'il n'avait d'ailleurs jamais rencontré auparavant. Dans son discours d'acceptation, largement centré sur la structure neuronale et les interactions de neurones entre eux, Cajal ne répondit pas aux attaques de Golgi, parlant même de ce denier par l'expression « mon illustre collègue ». Cajal n'avait que 54 ans lorsqu'il reçut le prix Nobel alors que Golgi était âgé de 63 ans.

On aurait pu penser que cet honneur ultime sonnerait la fin de la carrière de Santiago Ramón y Cajal, mais il n'en fut rien. Cajal écrivit environ une centaine d'articles et plus d'une douzaine de volumes après avoir obtenu ce prix prestigieux[6]. Plusieurs de ses livres se trouvent toujours dans les bibliothèques des neurobiologistes d'aujourd'hui, principalement son *Histologie du système nerveux*[9] qui renferme des descriptions de l'organisation de différentes régions du cerveau, encore citées de nos jours. Cajal prend sa retraite en 1922 et, malgré une santé déclinante, continue d'écrire à son domicile où il possède une bibliothèque riche de plus de 1 000 volumes. Il meurt à Madrid en 1934, huit ans après que Golgi se soit éteint à Pavie.

La transmission chimique

Après avoir déterminé que le neurone était l'élément signalétique du système nerveux, on chercha à comprendre comment les neurones communiquent entre eux et de quelle façon ils interagissent avec les fibres musculaires et les glandes. Élucider le problème de la communication neuronale devint donc une préoccupation majeure des neurobioiogistes à la fin du XIXe siècle. La majorité d'entre eux croyait que l'influx nerveux se transmettait tout comme les charges électriques cheminent le long des nerfs, soit sous la forme d'une onde électrique continue. Même si on savait que les éléments nerveux n'étaient pas en continuité les uns avec les autres – il y avait contiguïté, mais non continuité –, la plupart des chercheurs étaient convaincus que les petites étincelles électriques émanant des terminaisons nerveuses pouvaient combler l'espace qui séparait les neurones les uns des autres ainsi que celle qui traçait la limite entre les neurones et les fibres musculaires. Cependant l'idée d'onde électrique continue ne pouvait en aucun cas expliquer la polarisation de la transmission nerveuse, soit le fait que l'influx nerveux se propage du corps cellulaire vers les terminaisons axoniques et non dans le sens inverse. Le concept d'onde électrique continue allait être sérieusement remis en question au cours de la première décennie du XXe siècle lorsqu'on se rendit compte que certaines substances chimiques sont libérées par les terminaisons nerveuses. Cette nouvelle notion allait bouleverser l'idée que l'on se faisait alors de la communication neuronale, comme nous le constaterons en retraçant les principales étapes qui ont mené à cette découverte fondamentale.

C'est en 1877, soit vingt ans avant que Sherrington ne formule le terme de *synapse*, que le physiologiste allemand Emil Du Bois-Reymond émit l'hypothèse selon laquelle une fibre nerveuse puisse exciter un muscle, soit électriquement (l'opinion qui prévalait à l'époque), soit chimiquement (un concept radicalement nouveau). Il énonça très clairement l'idée que des substances chimiques relâchées au niveau des terminaisons nerveuses pouvaient engendrer une contraction musculaire[6].

Malheureusement, trop en avance sur son temps, l'idée de la transmission chimique telle qu'énoncée par Du Bois-Reymond ne trouva pas d'écho. Il faut dire que ce concept n'était alors appuyé par aucun résultat tangible et que Du Bois-Reymond lui-même n'a pas développé davantage son idée révolutionnaire. Ainsi, lorsque cette notion refit surface au début du XXᵉ siècle, le nom de Du Bois-Reymond n'y fut même pas associé.

La double action du système nerveux autonome

Plusieurs scientifiques dont le nom est associé à la découverte de la transmission chimique œuvraient dans le domaine de la physiologie du système nerveux autonome. Grâce aux travaux du grand physiologiste français Claude Bernard (1838-1878), ces chercheurs savaient que le système nerveux autonome régule les fonctions internes de l'organisme, dont le rythme cardiaque, la respiration et la digestion. De plus, les recherches de Walter H. Gaskell (1847-1914) et John Newport Langley (1852-1925) à Cambridge avaient démontré que le système nerveux autonome était constitué de deux parties – une partie sympathique (ou orthosympathique) et une partie parasympathique –, chacune ayant une action opposée et complémentaire à l'autre. La notion de binarité du système nerveux autonome reposait sur tout un faisceau convergent de données expérimentales. On savait, par exemple, que la stimulation des fibres sympathiques augmentait le rythme cardiaque et respiratoire ainsi que le transport du sang oxygéné vers les muscles ; le système nerveux sympathique semblait donc tout désigné pour répondre aux situations extrêmes se traduisant par un comportement de combat ou de fuite. À l'inverse, le système parasympathique paraissait jouer un rôle dans la digestion et autres activités ayant pour but de restaurer les ressources vitales de l'organisme. On savait aussi que les deux composantes du système nerveux autonome exerçaient une activité opposée sur les mêmes viscères. Par exemple, une stimulation électrique du nerf vague (une des composantes majeures du système parasympathique) ralentit le rythme cardiaque et augmente les mouvements intestinaux, alors qu'une stimulation des nerfs sympathiques accélère les battements cardiaques tout en ralentissant les mouvements intestinaux. De nombreuses études physiologiques et pharmacologiques sur le système nerveux autonome furent entreprises au cours des dernières années du XIXᵉ siècle, à la fois par des scientifiques en laboratoire et des médecins en clinique. C'est de cette longue série d'expériences sur le relâchement de substances chimiques par les terminaisons de fibres nerveuses du système autonome que naîtra le concept de transmission chimique.

L'adrénaline

Le neurologue français Alfred Vulpian, un collègue de Charcot à la Salpêtrière, fut le premier à mettre en évidence, en 1856, une substance chimique biologiquement active dans la glande surrénale qui coiffe chacun des reins. La découverte de Vulpian demeura cependant sans suite et c'est une observation fortuite du médecin anglais George Oliver (1841-1915) œuvrant à Harrogate, station thermale du Yorkshire, qui ouvrit la voie conduisant à la découverte des neurotransmetteurs. Le tout se produisit lorsque Oliver voulut vérifier la sensibilité d'un instrument qu'il avait inventé pour mesurer le diamètre des artères situées sous la peau. Après l'injection d'extraits de glandes de différents animaux à son fils, qui lui servait souvent de cobaye, Oliver nota des changements importants du diamètre des artères. Le changement le plus dramatique se produisit après l'injection d'un extrait de glande surrénale, qui eut pour effet de diminuer considérablement le diamètre des artères (vasoconstriction) et ainsi d'augmenter la pression artérielle. Excité par cette découverte, Oliver se rendit à Londres pour en faire part au professeur Edward Schäfer (1840-1935), qu'il trouva occupé à mesurer la pression artérielle chez un chien. Ayant apporté avec lui un peu d'extrait de surrénale, il demanda à Schäfer d'en injecter une certaine quantité au chien afin de vérifier ses dires. La pression artérielle de l'animal ayant augmentée de façon dramatique quelques minutes à peine après l'injection, Schäfer fut forcé de reconnaître la véracité des affirmations d'Oliver. Oliver et Schäfer joignirent alors leurs efforts pour pousser plus loin leur découverte et ils mirent peu de temps à réaliser que l'effet de l'injection d'extraits de glande surrénale ressemblait à l'action qu'engendre une stimulation électrique des nerfs sympathiques[14].

Les résultats d'Oliver et Schäfer furent confirmés par le neuropsychiatre russe Max Lewandowsky (1876-1912), ainsi que par Langley à Cambridge, qui démontrèrent que, tout comme la stimulation des nerfs sympathiques, l'injection d'extraits de glande surrénale produit des effets très variés. Par exemple, les deux types de manipulations induisent de la salivation ainsi qu'une dilatation de la pupille. Ces auteurs n'étaient cependant pas prêts à admettre que les terminaisons nerveuses régulaient l'action des muscles lisses des viscères ainsi que les glandes en relâchant une substance semblable à l'adrénaline. Langley fut quand même suffisamment intrigué pour demander à Thomas Renton Elliott (1877-1961), l'un de ses étudiants, de caractériser davantage l'effet de la substance dérivée de la glande surrénale. Après une série d'expériences bien contrôlées, ce dernier conclut que l'adrénaline produit sur les muscles lisses le même effet que la stimulation électrique des nerfs sympathiques[15].

Un deuxième neurotransmetteur

Peu de temps après qu'Elliott eut fait part de la relation privilégiée qui semblait exister entre l'adrénaline et le système sympathique, une théorie similaire vit le jour pour ce qui est des terminaisons nerveuses du système parasympathique. Une série de travaux effectués chez la grenouille en 1907 permirent à Walter Dixon (1871-1931), un autre pharmacologiste de Cambridge, de confirmer le fait que la stimulation électrique du nerf vague ralentit les battements cardiaques. De plus, il note que cet effet peut être bloqué par l'atropine, une substance de type alcaloïde que l'on extrayait à l'époque à partir de la plante appelée belladone (Belle Dame). En comparant le fluide entourant le cœur inhibé à celui d'un cœur contrôle, il trouve le premier beaucoup plus riche en molécule ressemblant à la muscarine que l'on extrayait du champignon *Amanita muscaria*. Les pharmacologistes sachant depuis longtemps que la muscarine inhibait le cœur et que l'action de la muscarine était bloquée par l'atropine, Dixon ne fut pas long à faire le lien entre les deux types d'observations. Cela lui permit d'aller beaucoup plus loin qu'Elliott en proposant qu'une substance de type muscarinique est véritablement stockée au niveau des terminaisons nerveuses du système parasympathique avant d'être libérée lors de l'arrivée de l'influx nerveux. Il expliquait l'action inhibitrice de certaines drogues sur l'activité cardiaque par le fait que ces substances agissent en forçant le nerf vague à relâcher davantage de molécules de type muscarinique. Celui qui mettra de l'ordre dans cet ensemble de données hétéroclites est Henry Hallet Dale (1875-1968), dont nous allons maintenant retracer l'étonnant parcours.

Henry Hallett Dale

Henry Dale (figure 7-9) naît à Londres en 1875. Il commence ses études à Cambridge en 1894 et, faisant montre d'un réel talent pour la biologie, il opte pour la pharmacologie. Il est initié aux défis que représentait l'étude du système nerveux autonome par nuls autres que Gaskell et Langley. Dale quitte Cambridge en 1900 pour aller compléter sa formation médicale à l'hôpital Saint-Barthélemy (St. Bartholomew's Hospital) à Londres. Deux ans plus tard, il doit choisir entre la pratique médicale et la recherche en pharmacologie. Il opte pour la deuxième solution et accepte un poste de chercheur au University College de Londres, où on lui offre un petit laboratoire pauvrement équipé. Croulant sous une charge d'enseignement énorme, Dale remet son choix de carrière en question. Heureusement, en 1904, le pharmacologue américain Henry Wellcome (1853-1936), un des deux co-fondateurs de la compagnie pharmaceutique Burroughs Wellcome, lui offre un emploi aux Wellcome Physiological Research Laboratories, où Dale peut enfin se consacrer entièrement à la recherche en pharmacologie.

De l'ergot à l'adrénaline

Dale se met rapidement à la tâche. Il commence par étudier les propriétés physiologiques de l'ergot, un champignon (*Calviceps purpurea*) qui parasite les épis de blé et de seigle. Au Moyen Âge, l'intoxication à l'ergot fut la cause de nombreuses épidémies connues sous le

Figure 7-9. Henry Dale, photographie datant des années 1930 et faisant partie de la collection de la Fondation Nobel.

nom de « Feu de Saint-Antoine » ou « Mal des Ardents ». Les patients touchés souffraient de troubles digestifs et étaient souvent atteints d'accidents convulsifs et gangreneux qui s'accompagnaient d'une douleur sous forme de brûlure intense au niveau des extrémités.

Grâce à sa capacité d'induire des contractions utérines (propriété ocytocique), l'ergot était utilisé depuis des siècles en obstétrique. Ainsi, Dale pensait qu'une meilleure connaissance des propriétés de l'ergot pourrait aider à mettre au point des médicaments plus efficaces à l'usage des obstétriciens. En essayant d'en apprendre davantage sur les effets physiologiques des nombreuses substances que contient l'ergot, Dale s'embarqua dans une aventure qui allait le mener à la plus importante découverte de sa carrière. En 1906, Dale publie un article de synthèse sur les effets de l'ergot dans lequel il mentionne qu'un extrait de ce champignon peut bloquer l'action excitatrice de l'adrénaline de même que l'effet d'une stimulation directe des nerfs sympathiques[16]. Quatre ans plus tard, Dale entreprend en collaboration avec George Barger (1878-1939), un expert en chimie organique aux *Wellcome*

Laboratories, des travaux qui allaient mener à une découverte fondamentale, soit la démonstration de l'existence d'une molécule chimiquement très semblable à l'adrénaline mais qui exerce des effets physiologiques beaucoup plus grands que cette dernière[17]. Malgré l'importance de leur découverte, Dale et Barger n'avaient pas encore en mains toutes les certitudes voulues pour affirmer qu'une substance de type adrénergique était utilisée comme neurotransmetteur par les fibres sympathiques.

L'acétylcholine

L'acétylcholine avait été synthétisée pour la première fois en 1867, mais on connaissait encore bien peu de chose sur ses effets physiologiques. Il y eut une résurgence d'intérêt pour cette substance lorsque le pharmacologue américain Reid Hunt (1870-1948) et ses collaborateurs découvrirent, en 1906, que cette substance causait une très forte baisse de la pression sanguine. L'effet hypotensif de l'acétylcholine était cent fois plus puissant que l'effet hypertensif de l'adrénaline.

C'est encore grâce à son intérêt pour l'ergot que Dale fit son entrée dans l'univers de l'acétylcholine. En 1913, il démontra que l'injection intraveineuse d'un extrait d'ergot pouvait induire un ralentissement marqué du rythme cardiaque, tout en produisant des effets sur d'autres organes internes. Dale émit alors l'hypothèse que l'ergot contenait de la muscarine ou, à tout le moins, une substance de type muscarinique semblable à la substance chimique que Dixon croyait libérée lors de la stimulation du nerf vague. Après avoir isolé la substance muscarinique présente dans l'extrait d'ergot que Dale avait utilisé, on s'aperçut que cette substance ressemblait effectivement à la muscarine, mais elle était chimiquement moins stable et son effet beaucoup plus labile que celui de la muscarine. Dale se souvint de ce que Reid Hunt avait dit à propos de l'effet labile de l'acétylcholine sur le rythme cardiaque et se demanda alors si la substance qu'il recherchait n'était pas l'acétylcholine.

Suite à une étude comparative de l'effet de l'acétylcholine et de différentes substances chimiquement similaires, Dale conçut l'idée que l'acétylcholine était la substance qui mimait le plus fidèlement l'activation naturelle des nerfs parasympathiques. Cette molécule exerçait une influence inhibitrice sur l'activité cardiaque et accélérait le péristaltisme intestinal. En 1914, Dale décrivit deux séries d'effets très différents de l'acétylcholine[18]. D'une part, il nota les effets parasympathiques de type *muscarinique* (comme l'inhibition cardiaque) de l'acétylcholine, effets qui peuvent être bloqué par l'atropine. D'autre part, il remarqua les effets de type *nicotinique* (semblable à ceux de la nicotine) de l'acétylcholine au niveau des ganglions du système nerveux autonome et de la jonction neuromusculaire, effets qui sont insensibles à l'atropine, mais qu'on peut bloquer par le curare, un poison mortel dont certains indigènes de l'Amérique du Sud enduisaient leurs flèches pour tuer leurs proies. On sait aujourd'hui que ce double effet résulte du fait que l'acétylcholine agit sur deux complexe protéiniques distincts, soient les récepteurs de types muscarinique et nicotinique, qui interprètent de façon radicalement différente l'action de ce même neurotransmetteur.

Malgré l'importance de ses découvertes, Dale gardait ses distances relativement à la question de la transmission chimique. Son hésitation venait en grande partie du fait que ses résultats avaient été obtenus à l'aide de substances synthétiques dont l'existence au niveau de l'organisme n'avait pas encore été démontrée. Cette démonstration allait devoir attendre puisque la Première Guerre mondiale (1914-1918) entraîna l'arrêt de ses recherches. Néanmoins, des percées importantes avaient été réalisées en ce début de XXe siècle pour ce qui a trait à la transmission chimique. En grande partie grâce aux efforts des Anglais Elliott, Dixon et Dale, l'attention avait été attirée sur deux substances en particulier : une substance de type adrénergique et l'acétylcholine associée respectivement aux composantes sympathique et parasympathique du système nerveux autonome. En plus, l'acétylcholine semblait pouvoir aussi agir sur les muscles squelettiques. C'est cependant un Allemand, Otto Loewi (1873-1961), qui allait apporter la preuve décisive que ces deux substances sont vraiment relâchées par les terminaisons nerveuses.

Otto Loewi

Otto Loewi (figure 7-10) est né à Francfort sur-le-Main en 1873. Il entreprit un cycle d'études de neuf ans au *Gymnasium* de sa ville natale, où il excella particulièrement dans le domaine des sciences humaines. À la fin de ses études, en 1891, Loewi s'intéressa à l'histoire de l'art, mais il s'inscrivit finalement à la Faculté de médecine de Strasbourg, alors sous domination allemande. Sans qu'il sache lui-même très bien pourquoi, il orienta sa thèse de médecine vers la pharmacologie. Il défendit avec succès une thèse qui comportait des données concernant l'effet de certaines drogues sur l'activité cardiaque chez la grenouille. Il opta alors pour un poste de chercheur assistant en pharmacologie à l'Université de Marburg où il commença l'étude de la synthèse et du métabolisme de certaines protéines[6].

Figure 7-10. Otto Loewi, photographie datant des années 1930 et faisant partie de la collection de la Fondation Nobel.

En 1904, Loewi s'installe à Vienne, la capitale de l'Empire autrichien, et il commence une série d'études visant à analyser l'effet de différentes substances chimiques sur la salivation, la pression artérielle et le fonctionnement de certaines glandes endocrines. En 1909, il accepte la chaire de pharmacologie de l'Université de Graz, alors la deuxième ville en importance d'Autriche. Il y continue ses travaux de pharmacologie, tout en assumant une lourde tâche d'enseignement. Il en sera ainsi jusqu'en 1921, année où Loewi entreprit une série d'expériences sur la transmission chimique qui allait le rendre célèbre.

Les expériences de Loewi

L'histoire des expériences que Loewi entreprit en 1921 fait maintenant partie des légendes du monde de la pharmacologie. C'est apparemment lors d'une de ses nombreuses périodes d'insomnie que Loewi conçut cette série d'expériences. Comme Dixon, il supposa que si le nerf vague inhibait le cœur en libérant une substance chimique quelconque, ladite substance devait diffuser dans le péricarde pour exercer son effet. Si tel était le cas, on pourrait démontrer la présence d'une telle molécule en mettant simplement un autre cœur en contact avec la solution contenu dans cette enveloppe entourant le cœur. Loewi griffonna alors rapidement sur un bout de papier l'idée qu'il venait d'avoir et retourna se coucher. Malheureusement, lorsqu'il se réveilla au petit matin, il se rendit compte qu'il avait tout oublié et que le bout de papier posé sur sa table de chevet était totalement illisible. Loewi passa la journée et la soirée à tenter de retrouver le paradigme perdu, mais il a dû se résigner à retourner au lit sans s'être remémoré le protocole expérimental qu'il avait imaginé la veille. Cependant, à sa grande surprise, il se réveilla à trois heures du matin cette nuit-là avec en tête la même idée que celle qu'il avait conçue la nuit précédente. Cette fois, il ne prit aucune chance ; il s'habilla et se rendit immédiatement au laboratoire pour réaliser les expériences en question[6]. Voici un bref résumé de ces expériences somme toute relativement simples.

Dans un premier temps, Loewi extirpa le cœur d'une grenouille et stimula électriquement le nerf vague toujours attaché au cœur. Au moment où la fréquence cardiaque fut au plus bas, il collecta un peu de solution dans laquelle le cœur stimulé baignait et la transféra dans un petit vase qui contenait le cœur isolé d'une grenouille qui n'avait pas été stimulée. Il constata alors un net ralentissement des battements cardiaques, tout comme si l'on avait stimulé le nerf vague de ce deuxième cœur. Au contraire, aucun changement du rythme cardiaque ne fut noté lorsqu'il appliqua une solution provenant d'un cœur qui n'avait pas été stimulé. Dans un deuxième temps, Loewi isola un autre cœur et stimula électriquement les nerfs sympathiques qui l'innervaient. Comme prévu, une telle stimulation eut l'effet inverse de la stimulation du nerf vague, soit une augmentation marquée des battements cardiaques (figure 7-11). La solution collectée après une telle stimulation et appliquée au cœur d'une autre grenouille n'ayant pas subi cette stimulation

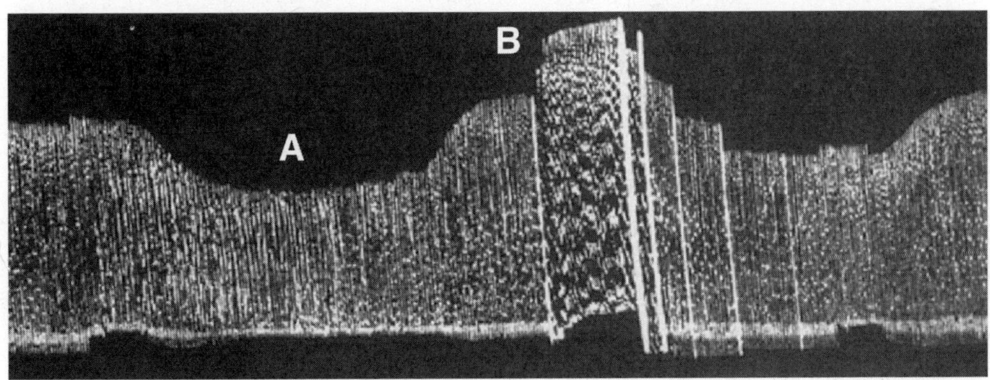

Figure 7-11. Tracé tiré du travail d'Otto Loewi publié en 1921[19]. La partie gauche du tracé montre le ralentissement du rythme cardiaque (indiqué par la lettre A) d'une grenouille causé par l'application du liquide contenu dans le péricarde d'une autre grenouille dont l'activité cardiaque avait été inhibée par une stimulation du nerf vague. Au centre droit, on peut remarquer l'accélération du rythme cardiaque (indiqué par la lettre B) de la même grenouille résultant de l'application du fluide péricardiaque provenant d'une autre grenouille dont le cœur avait été accéléré par la stimulation des nerfs sympathiques. Les lettres A et B ont été rajoutées à la figure originale pour en faciliter la compréhension.

eut pour effet d'augmenter le rythme cardiaque de ce cœur. Une solution contrôle n'eut aucun effet sur la fréquence des battements du cœur non stimulé[19].

Ainsi, à l'aube de ce même jour, Loewi avait résolu l'énigme. Ces expériences, qui durèrent moins de trois heures, lui avaient permis de vérifier l'hypothèse de la transmission chimique et détrôner finalement les théories en cours qui stipulaient que la conduction nerveuse au niveau de la jonction neuromusculaire était le résultat soit d'une onde électrique qui se propageait d'un élément à l'autre de façon continue ou d'une minuscule étincelle électrique qui sautait d'un élément à l'autre. De plus, ces expériences avaient permis à Loewi de comprendre comment une impulsion nerveuse – un événement essentiellement excitateur – pouvait produire une inhibition. Grâce à un intermédiaire chimique, il devenait alors possible d'expliquer l'existence d'événements inhibiteurs au niveau de la synapse.

Cette série d'expériences permit à Loewi d'apporter une preuve décisive en faveur de l'existence de la transmission chimique à la synapse. Curieusement, Loewi parlait de ce phénomène en utilisant l'expression *transmission neuro-humorale*, ce qui n'était pas sans rappeler un des concepts fondamentaux de la médecine galénique. Dans sa publication de 1921[19], Loewi utilisa les termes *Vagusstoff* (substance vagale) et *Acceleransstoff* (substance accélérante) pour identifier respectivement l'agent inhibiteur sécrété par le nerf vague et la substance excitatrice des nerfs sympathiques. On lui demanda alors pourquoi il n'avait pas spécifié que son *Vagusstoff* pouvait être l'acétylcholine et son *Acceleransstoff* l'adrénaline ou, à tout le moins, une substance de type adrénergique. Loewi admit que les deux substances qu'il avait identifiées pouvaient effectivement être l'acétylcholine et l'adrénaline, mais qu'en l'absence de preuve irréfutable il préférait rester prudent.

Loewi admit plus tard que sa découverte découlait en grande partie de sa naïveté et de son inconscience. Il était convaincu que s'il avait pris tout le temps voulu pour réfléchir avant de faire ces expériences, il ne les aurait probablement jamais exécutées. Il aurait alors pensé qu'une stimulation nerveuse ne pouvait pas libérer suffisamment de substance pour pouvoir influencer un autre organe. Après ses expériences de 1921, Loewi conserva une fascination pour les rêves et les phénomènes qui permettent qu'une idée soit stockée quelque part dans l'inconscient. D'ailleurs, il profita d'un voyage qu'il effectua à Vienne en 1936 pour discuter du monde des rêves, de l'inconscient et des bases psychologiques de la découverte scientifique avec le plus grand expert mondial d'alors dans ce domaine, Sigmund Freud. De plus, lors de chacune de ses présentations, Loewi n'oubliait jamais de faire allusion au rôle

du rêve dans la découverte, citant en particulier le chimiste organicien allemand Friedrich August Kekule (1829-1896) qui, après avoir rêvé à un serpent qui se mordait la queue, réalisa que le benzène avait une structure en
forme d'anneau[6].

La découverte de l'acétylcholinestérase

Loewi continua à travailler dans le domaine des neurotransmetteurs en
s'intéressant particulièrement au blocage de l'effet de l'acétylcholine (son
Vagusstoff) par l'atropine qui agit spécifiquement sur les récepteurs cholinergiques de type muscarinique. Par ailleurs, intrigué par la labilité de l'action
de l'acétylcholine, il postula l'existence d'une enzyme qui pouvait dénaturer
le *Vagusstoff* au niveau de la synapse. Il démontra l'existence de cette enzyme
en 1926 et, comme le *Vagusstoff* semblait être un ester de la choline, il
nomme l'enzyme en question *cholinestérase*. De plus, Loewi montra qu'il
était possible de prolonger l'action du *Vagustoff* à la synapse en bloquant ou
en détruisant la cholinestérase à l'aide de certaines substances chimiques
comme l'*ésérine* ou la *physostigmine*, une substance alcaloïde que l'on extrayait
alors de la fève de Calabar provenant d'Afrique occidentale. En bloquant
l'action de l'acétylcholinestérase, l'ésérine faisait en sorte qu'une plus grande
quantité d'acétylcholine devenait disponible à la jonction des terminaisons
du nerf vague et des fibres musculaires cardiaques, ce qui avait pour effet
d'augmenter très fortement l'inhibition que l'acétylcholine exerce sur le
cœur. Ainsi, même en très faible quantité, l'ésérine pouvait inhiber complètement les battements cardiaques et entraîner la mort. Ces expériences sur les
anticholinestérases allaient jouer un rôle décisif dans les tentatives ultérieures
pour isoler des quantités infimes d'acétylcholine au niveau de la jonction
synaptique.

L'acétylcholine naturelle et la noradrénaline

Les découvertes de Loewi influencèrent grandement Henry Dale qui
était convaincu qu'il manquait une pièce à l'édifice de la transmission chimique que ses collègues étaient en train d'ériger. Il était particulièrement soucieux que l'on n'ait pas encore réussi à isoler l'acétylcholine et la cholinestérase à partir du tissu animal. La situation changea pour le mieux en 1929
quand Dale et ses collaborateurs chimistes se rendirent à un abattoir local
pour amasser des rates de chevaux qu'on venait d'abattre. Tout ce matériel fut
haché, passé à l'alcool et filtré afin de pouvoir en extraire l'acétylcholine. À
partir de 30 kilogrammes de rate de cheval, les chercheurs réussirent à

extraire 0,3 gramme de la précieuse substance ; Dale et ses collaborateurs avaient donc, pour la première fois, réussi à isoler l'acétylcholine à partir de tissu animal. Cette découverte convainquit Loewi d'abandonner le terme *Vagusstoff* et d'utiliser à l'avenir celui d'*acétylcholine* pour désigner le transmetteur libéré par les terminaisons nerveuses du système parasympathique. Loewi avait cependant plus de réticence à accepter l'idée que l'adrénaline soit le neurotransmetteur des fibres sympathiques et, jusqu'à plus ample informé, préférait parler de substances de type adrénergique.

La prudence de Loewi allait s'avérer justifiée, surtout lorsqu'on réalisa que la transposition des données obtenues chez la grenouille à d'autres espèces posait problème. Durant les années 1930, l'Américain Walter Bradford Cannon (1871-1945) et ses collaborateurs à l'Université Harvard étudiaient le transmetteur des fibres sympathiques les mammifères. Ils découvrirent alors que les effets d'une stimulation des nerfs sympathiques et ceux d'une injection d'adrénaline n'étaient pas tout à fait identiques. Ce n'est cependant qu'en 1946 que le biochimiste suédois Ulf von Euler (1905-1983) réussit à isoler le transmetteur des fibres du système sympathique chez les mammifères ; l'agent actif était non pas l'adrénaline mais plutôt la noradrénaline (ou norépinéphrine), une substance chimiquement très proche de l'adrénaline.

La transmission chimique à la jonction neuromusculaire

Convaincu que les fibres de la composante parasympathique du système nerveux autonome utilisaient l'acétylcholine comme neurotransmetteur, Dale entreprit d'étudier la fonction de cette molécule à la jonction des nerfs du système nerveux volontaire et des fibres musculaires squelettiques. Pour sa part, Loewi ne croyait pas à l'existence d'un mécanisme chimique au niveau de la jonction des nerfs spinaux et des fibres musculaires. Selon lui, l'influx nerveux pouvait facilement sauter d'un élément à l'autre puisque, à la jonction neuromusculaire, les fibres nerveuses étaient en contact très étroit avec les fibres musculaires. Les scientifiques n'étaient pas tous d'accord avec Loewi à ce sujet ; Charles Sherrington, entre autres, croyait que toutes les synapses, aussi spécialisées fussent-elles, devaient fonctionner de la même façon. Dale avait aussi l'impression que Loewi était dans l'erreur, mais il était conscient que le problème ne pouvait être résolu que par la mise au point d'une technique nouvelle capable de mesurer de très faibles quantités d'acétylcholine.

La détection de l'acétylcholine à la jonction neuromusculaire, où cette substance était produite en très faibles quantités et rapidement dégradée par l'acétylcholinestérase, représentait un véritable défi pour les scientifiques de l'époque. D'autres problèmes venaient compliquer la situation. D'une part, le fait que les nerfs moteurs accolés aux fibres musculaires s'étendent sur de longues distances ne permet pas à l'acétylcholine libérée de s'accumuler dans des petits îlots où elle pourrait facilement être recueillie. D'autre part, la transmission synaptique entre les fibres nerveuses motrices et les muscles squelettiques s'effectue beaucoup plus rapidement que celle entre les fibres du système nerveux autonome et les muscles lisses des organes internes, comme le cœur. Le problème allait finalement être résolu grâce à une technique mise au point en Allemagne au début des années 1930 par Wilhelm Feldberg (1900-1993) et Bruno Minz (1905-1965).

Cette méthode mettait à profit l'ésérine (ou la physostigmine), qui augmente grandement la quantité d'acétylcholine relâchée par suite d'une stimulation électrique, et les muscles de sangsue, qui se contractent énergiquement lorsque l'on y applique des quantités même infimes d'acétylcholine. Cette procédure fut importée en Angleterre lorsque le jeune Felberg accepta de se joindre au groupe de recherche d'Henry Dale, qui travaillait alors au National Institute for Medical Research à Hamstead. Ainsi, en utilisant la physostigmine pour prévenir la dégradation de l'acétylcholine et les muscles de sangsues pour mesurer la quantité d'acétylcholine libérée, Feldberg et Dale purent démontrer que l'acétylcholine était véritablement le neurotransmetteur qui agit au niveau de la jonction neuromusculaire[20]. Cette démonstration fut faite en utilisant non seulement des préparations nerf-muscle de grenouille, comme c'était le cas pour beaucoup d'études antérieures, mais aussi en employant des préparations similaires provenant de chats et de chiens. Ayant pris connaissance des découvertes des chercheurs d'Hamstead, Loewi se rallia et admit que, malgré une spécialisation évidente, la jonction neuromusculaire était, au fond, une synapse comme les autres.

Une nouvelle nomenclature

Feldberg savait que les fibres du système nerveux autonome, tant sympathiques que parasympathiques, font une synapse dans un ganglion avant de contacter les muscles lisses des viscères. Bien qu'il semblât clair qu'une substance de type adrénergique était sécrétée à la synapse entre les fibres sympathiques et les muscles lisses, on ne savait rien de ce qui se passait à la synapse située en amont. En étudiant la transmission nerveuse dans les ganglions sympathiques, Feldberg démontra que l'acétylcholine était le neurotransmetteur relâché à cette synapse dite *préganglionaire*. Ainsi, il semblait exister une différence fondamentale entre les fibres nerveuses sympathiques qui se rendaient aux ganglions et celles qui en partaient, les premières utilisant l'acétylcholine et les secondes une substance de type adrénergique. Cette donnée nouvelle compliquait l'adéquation que l'on faisait couramment entre le système sympathique et l'adrénaline. De plus, les expériences de Feldberg et de Dale démontrèrent que les fibres sympathiques innervant les glandes sudoripares situées au niveau de la patte chez le chat et de la main chez l'homme relâchent de l'acétylcholine et non une substance de type adrénergique.

Dale sentit alors le besoin de proposer une nouvelle nomenclature pour qualifier l'action pharmacologique de certains nerfs, indépendamment de leur origine ou de leurs connexions anatomiques. C'est ainsi qu'il introduisit, en 1933, les termes *cholinergique* et *adrénergique* pour désigner les nerfs qui relâchent soit de l'acétylcholine soit une substance de nature adrénergique[21]. Cette nouvelle nomenclature permettait de faire la distinction entre la nature chimique et l'origine anatomique des fibres du système nerveux autonome. Dale pouvait alors affirmer : a) que les fibres post-ganglionnaires parasympathiques sont principalement, et peut-être exclusivement, cholinergiques, b) que les fibres post-ganglionnaires sympathiques sont en prédominance, mais non entièrement, adrénergiques, et c) que toutes les fibres pré-ganglionnaires du système nerveux autonome sont probablement cholinergiques. Les qualificatifs *adrénergique* et *cholinergique* sont toujours en usage aujourd'hui et servent à identifier les fibres produisant ces deux types de transmetteurs non seulement au niveau du système nerveux autonome, mais partout dans le système nerveux.

Thérapie de remplacement

Peu de temps après l'identification des deux premiers neurotransmetteurs, on considéra la possibilité qu'un excès ou qu'un manque de ces neurotransmetteurs puisse expliquer certaines maladies neurologiques. La *myasthénie grave* fut l'une des premières pathologies que l'on tenta d'expliquer de cette façon. Cette maladie se caractérise par une grande fatigue et une faiblesse marquée des muscles squelettiques. Les patients atteints de myasthénie grave ont souvent la mâchoire et les paupières tombantes, un langage inarticulé, des difficultés de déglutition, une faiblesse au niveau des membres et de la difficulté à soutenir un objet, même de poids relativement faible. À mesure que la maladie progresse, les patients perdent leur mobilité, deviennent grabataires et finalement décèdent par suite de la paralysie des muscles respiratoires.

L'idée d'augmenter les niveaux d'acétylcholine à la jonction neuromusculaire comme traitement de la myasthénie grave remonte aux années 1930 et c'est Mary B. Walker (1888-1974) qui fut l'une des premières à utiliser des agents pouvant bloquer l'action de l'acétylcholinestérase pour traiter avec succès cette maladie. Alors qu'elle était médecin-chef à l'hôpital Saint-Alphège de Greenwich en Angleterre, Mary Walker obtint des résultats intéressants mais fugaces chez une patiente de 56 ans souffrant de myasthénie grave en lui injectant quotidiennement de faibles doses de *physostigmine*. La patiente répondit encore mieux lorsque Walker augmenta les doses de physostigmine ; elle pouvait alors bénéficier de périodes de soulagement qui duraient de 6 à 7 heures consécutives. Walker publia ces résultats intéressants en 1934, tout en prenant la peine de les documenter à l'aide de photographies[22]. Par la suite, Mary Walker réussit à obtenir des résultats encore plus convaincants en traitant des patients à l'aide de *néostigmine*, une substance synthétique très semblable à la physostigmine, mais sans les effets secondaires de cette dernière.

Ces résultats remarquables ne manquèrent pas d'attirer l'attention d'Henry Dale, qui donna à Walker tout le crédit qu'elle méritait pour avoir été la première à soigner la myasthénie grave d'une façon cohérente avec ce que l'on connaissait alors de la chimie des neurotransmetteurs. Les études cliniques de Walker démontraient clairement que les connaissances ayant émergé des travaux sur la communication neuronale effectués chez l'animal pouvaient avoir une importance fonctionnelle considérable et une application directe à l'humain. En effet, la thérapie de remplacement par les neurotransmetteurs était promise à un grand avenir, comme le montrent les résultats obtenus au milieu du XXe siècle par l'administration de *lévodopa*, le précurseur métabolique de la dopamine, un autre neurotransmetteur, dans la maladie de Parkinson (voir chapitre 8).

Le prix Nobel

En 1936, Henry Dale et Otto Loewi ont partagé le prix Nobel de médecine pour leurs découvertes sur la transmission chimique de l'influx nerveux. Otto Loewi, dont la vie fut un heureux mélange d'humanisme et de science, mourut en 1961 à l'âge de 89 ans. Tout comme Sir Henry Dale, qui décéda en 1968 à l'âge vénérable de 93 ans, Loewi avait reçu pratiquement tous les honneurs qu'un homme de sa profession pouvait espérer, y compris la présidence de la Société royale de 1940 à 1945. Grâce à leurs découvertes concernant la transmission chimique, Dale et Loewi ont permis aux sciences neurologiques d'entrer de plain-pied dans le monde moderne.

Chapitre 8

Les neurosciences

La plus belle chose à laquelle nous puissions être confronté c'est le mystère. C'est l'émotion fondamentale qui veille aussi bien sur le berceau des sciences que sur celui des arts.

Albert Einstein

La discipline que l'on appelle aujourd'hui « les neurosciences » a vu le jour au milieu du XXᵉ siècle après l'incorporation, dans un seul et même cadre conceptuel, de plusieurs disciplines qui jusque-là avaient évolué de façon relativement indépendante les unes des autres. En effet, la neuroanatomie, la neurophysiologie, la neurochimie, la neuropharmacologie ainsi que l'étude du comportement se sont amalgamés au cours des années 1950 et 1960 en un seul et même domaine d'activité intellectuelle ayant pour but l'étude du système nerveux en général et du cerveau en particulier. Par la suite, au cours des années 1980, les neurosciences vont chercher à se diversifier davantage en envahissant divers domaines de la biologie, principalement la biologie moléculaire et la génétique, un mouvement qui changera profondément notre façon de concevoir la neurologie et la psychiatrie. Finalement, au cours des années 1990, les neurosciences se sont intégrées à la psychologie cognitive. Ce mouvement a conduit à la naissance des neurosciences cognitives, une discipline qui, se basant sur une connaissance plus précise de l'organisation anatomique et fonctionnelle du cerveau, jettera un éclairage nouveau sur les hautes fonctions mentales, dont les mécanismes qui contrôlent l'attention et les états de conscience[1].

Dès l'aube du XXIe siècle, les neurosciences n'ont cessé d'attirer des chercheurs en provenance de différents domaines des sciences de la vie et, à un degré moindre, des sciences physiques et des mathématiques. La croissance remarquable qu'a connue la Société américaine des neurosciences (*Society for neuroscience*) depuis sa fondation à Washington en 1971 témoigne de la grande vitalité de cette discipline. La première rencontre de cette Société tenue à Washington en 1971 a attiré environ un millier de chercheurs, et plus de 35 000 scientifiques ont participé au congrès annuel de cette société qui a eu lieu dans la même ville en 2006. C'est donc dire que Société des neurosciences, qui regroupe actuellement des chercheurs provenant des quatre coins du monde, a vu le nombre de ses membres augmenter d'environ 1 000 par année au cours des 35 dernières années. Durant la même période, d'autres sociétés similaires ont vu le jour dans différents pays d'Europe et d'Asie et connaissent toutes un succès retentissant. Les neurosciences ont même réussi à pénétrer la sphère politique, particulièrement aux États-Unis, où le président George H. W. Bush a déclaré les années 1990 à 2000 « décennie du cerveau » (*Decade of the brain*). Cette déclaration faisait partie d'un effort plus vaste qui impliquait la Librairie du Congrès et l'Institut national de la santé des États-Unis et qui visait à sensibiliser le public aux bienfaits pouvant émerger des recherches sur le cerveau et à encourager le dialogue sur les implications éthiques, philosophiques et humanistes de telles découvertes.

Les neurosciences contemporaines ont donc envahi presque toutes les sphères de la société et jamais dans l'histoire n'a-t-on vu une discipline scientifique progresser aussi rapidement. Ni la phénologie initiée par Franz Joseph Gall au début du XIXe siècle ni le mouvement psychanalytique lancé par Sigmund Freud et ses collaborateurs au début du XXe n'ont atteint une telle ampleur. La phrénologie et la psychanalyse sont devenues moins influentes probablement parce qu'elles promettaient plus qu'elles ne pouvaient tenir, mais qu'en est-il des neurosciences ? Certains critiques s'élèvent contre les promesses des neurosciences surtout pour ce qui touche au problème des relations entre l'âme et le corps ou, pour utiliser des termes plus actuels, entre la pensée et le cerveau, une question qui continue de nous hanter depuis que Descartes l'a posée avec tant d'acuité au XVIIe siècle. C'est le cas de Georges Lantéri-Laura en France pour qui les neurosciences ne sont qu'un « réseau d'extrapolations et de traites sur le futur, qui se présente comme un savoir supérieur à toutes les spécialités empiriques qui existent effectivement[2] ». Voilà une opinion on ne peut plus discutable, mais on doit donner raison à Lantéri-Laura lorsqu'il affirme que « seule une étude historique précise permet de discerner les connaissances réellement fondées des hypothèses gratuites qu'on avance pour rendre compte des rapports entre le cerveau et le psychisme[2] ». Pour sa part, Paul-Laurent Assoun, dans son introduction à une réédition récente de *L'Homme-machine* de La Mettrie, considère que les « bruyantes et spectaculaires avancées » des neurosciences s'accompagnent de « sidérantes aptitudes à reproduire, en leur revendication de modernité et de mise à jour, des modèles épistémologiques antérieurs, avec leurs ambiguïtés[3] ». Quel avenir peut bien avoir, en effet, une science où l'objet étudié se confond avec l'instrument qui l'étudie ? Le cerveau humain pourra-t-il en arriver un jour à se connaître et se comprendre lui-même parfaitement ?

Les neurosciences contemporaines sont loin de pouvoir apporter des réponses à ces questions fondamentales et, face aux critiques soulevées par Lantéri-Laura et Assoun, force nous est de constater que les neurosciences contemporaines plongent effectivement leurs racines profondément dans la fin du XIXe et le début du XXe siècle. Durant cette période-charnière, la structure et la fonction du système nerveux ont été le sujet d'études rigoureuses entreprises par des figures aussi marquantes que les neuroanatomistes Camillo Golgi et Ramón y Cajal, les neurophysiologistes David Ferrier et Charles Scott Sherrington, les neurochimistes Otto Lewi et Henri Dale, ainsi que les neurologues Jean-Martin Charcot et John Hughlings Jackson. Dans ce chapitre, nous explorerons quelques domaines spécifiques des neurosciences afin de démontrer les liens qui existent entre les « anciens » et les « modernes », entre les savants du XIXe siècle dont les travaux relevaient d'une seule discipline scientifique et les neurobiologistes contemporains qui favorisent une approche pluridisciplinaire. Ce regard sur l'histoire récente des recherches sur le cerveau nous permettra d'apprécier quelques apports véritables des neurosciences contemporaines, mai aussi d'en tracer certaines limites.

Retour à l'électricité animale

On attribue au cerveau la gestion de l'ensemble des processus reliés aux perceptions sensorielles, aux comportements moteurs, à l'élaboration des états de conscience et à la cognition ; c'est le cerveau qui génère la pensée. Cependant, les mécanismes complexes chargés d'assurer ces diverses fonctions sont loin d'être parfaitement connus. À titre d'exemple, notons les problèmes reliés à la compréhension du traitement de l'information par le cerveau, principalement l'information qui chemine à partir des organes sensoriels vers le cerveau et qui permet de nous situer dans l'environnement, et l'information qui, en retour, chemine du cerveau vers les centres moteurs afin que l'on puisse répondre adéquatement aux variations de l'environnement. Depuis la découverte de l'électricité animale par Luigi Galvani à la fin du

XVIIIᵉ siècle (voir chapitre 4), nous savons que l'information qui nous vient de la périphérie ainsi que celle qui s'y rend à partir du cerveau voyagent le long des fibres nerveuses sous forme d'onde électrique. Cette notion, qui n'a finalement été établie avec certitude qu'à la toute fin du XIXᵉ siècle, a conduit au développement de l'électrophysiologie ou neurophysiologie, une discipline qui nous a permis de découvrir la façon dont les neurones traitent et intègrent l'information et de définir le rôle de différentes structures cérébrales dans le fonctionnement global du cerveau.

On a cru pendant plus de 1 500 ans que le fonctionnement du système nerveux reposait sur l'existence de certains esprits ou « pneuma » circulant à l'intérieur des nerfs, qui étaient alors conçus comme des structures tubulaires. Il n'est donc pas étonnant de voir que la proposition de Galvani en 1791 de substituer la notion d'électricité animale au concept millénaire d'esprit animal prit de nombreuses années avant d'être acceptée. D'autant plus que cette notion émergeait d'expériences très simples réalisées grâce à des préparations « nerf-muscle » de grenouilles, expériences qui nous paraissent aujourd'hui bien primitives par rapport à ce que permet le puissant arsenal technologique que possèdent les neurosciences modernes. De fait, après les découvertes de Galvani, la recherche sur la conduction nerveuse à la jonction neuromusculaire marquera un temps d'arrêt justement faute d'instrument suffisamment sensible pour mesurer les courants de très faible intensité impliqués dans le fonctionnement du système nerveux. Ce sont néanmoins des concitoyens de Galvani, notamment Leopoldo Nobili (1784-1835) et Carlo Matteucci (1811-1868) qui prendront la relève. Nobili fut le premier à détecter l'électricité animale à l'aide d'un galvanomètre, tandis que Matteucci démontra que la contraction musculaire produit toujours une décharge électrique d'amplitude suffisante pour induire une contraction similaire lorsqu'elle est expérimentalement détournée vers une autre préparation.

La naissance de la neurophysiologie

C'est cependant en grande partie grâce aux efforts du physiologiste allemand Emil Du Bois-Reymond que l'on doit le développement de ce qui est maintenant convenu d'appelé la neurophysiologie. À partir de 1841 jusqu'à sa mort en 1896, Du Bois-Reymond s'est entièrement consacré à l'électrophysiologie ; il reprendra l'étude du rôle de l'électricité dans le fonctionnement du système nerveux là où ses prédécesseurs italiens l'avaient laissée. Grâce à son esprit créatif et à un sens inné de l'innovation, Du Bois-Reymond introduira de nouveaux concepts et des méthodes ingénieuses calquées sur le monde de la physique qui feront en sorte que l'étude de l'électricité d'origine biologique – la bioélectricité – deviendra une discipline de laboratoire courante. Ce chercheur imaginatif a mis au point de nombreux appareils, dont la bobine à induction et surtout des galvanomètres suffisamment sensibles pour lui permettre de démontrer que les nerfs sont recouverts de charges électriques positives alors que la partie sectionnée des mêmes nerfs est chargée négativement. C'est aussi lui qui découvrira l'existence d'une onde électrique qui se propage le long des nerfs et à qui il donnera le nom de potentiel d'action, terme toujours utilisé de nos jours.

Au XIXe siècle, on croyait que l'électricité – en admettant que cet élément soit vraiment le mystérieux fluide qui circule le long des fibres nerveuses – devait voyager à une très grande vitesse pour rendre compte de la rapidité du fonctionnement du système nerveux. Plusieurs scientifiques d'alors pensaient qu'il serait difficile, voire impossible, de déterminer la vitesse exacte d'un élément se déplaçant à une si grande vélocité. Cet exploit allait néanmoins être accompli par l'Allemand Hermann von Helmholtz (1821-1894), qui travailla autant dans le domaine de la physiologie que ceux de la physique et de la psychologie. À l'aide de galvanomètres encore plus précis et sensibles que ceux utilisé par ses prédécesseurs, von Helmholtz a établi que, loin d'attendre la vitesse de la lumière (300 millions de mètres par seconde), ni même celle du son (300 mètres par seconde), l'influx nerveux voyageait le long des nerfs d'une grenouille à une vitesse d'environ 25 à 42 mètres par seconde. On sait aujourd'hui que la vitesse de l'influx nerveux varie de 10 à 100 mètres par seconde et que cette vitesse est proportionnelle au diamètre des fibres nerveuses (plus le diamètre est grand, plus la vitesse est élevée).

Les bases ioniques de l'influx nerveux

Il faudra cependant attendre le milieu du XXe siècle pour que l'on découvre les mécanismes intimes du fonctionnement de l'influx nerveux. Cette découverte revient en grande partie à des chercheurs anglais, principalement Alan Lloyd Hodgkin (1914-1998) et Andrew Fielding Huxley (né en 1917), dont les efforts seront poursuivis par la suite par leurs concitoyens Edgar Douglas Adrian (1889-1977) et John Carew Eccles (1903-1997). Lors d'une série d'expériences réalisées à l'Université de Cambridge dans les années 1930, Hodgkin et Huxley utilisèrent les axones géants du calmar pour découvrir les bases ioniques de l'influx nerveux. La grosseur exceptionnelle des axones de cet invertébré (environ 1 millimètre de diamètre par rapport à quelques micromètres chez les vertébrés) permet d'y insérer de petites électrodes capables de mesurer des courants électriques de très faible intensité. C'est grâce à cette approche que Hodgkin et Huxley démontrèrent que le potentiel d'action qu'avait découvert Du Bois-Reymond est en fait le résultat d'une différence dans la distribution des ions potassium chargés négativement et des ions sodium chargés positivement de part et d'autre de la membrane, ce qui crée une différence de potentiel électrique entre l'intérieur et l'extérieur de la cellule. Cette dépolarisation électrique de la membrane, c'est-à-dire l'inversion du potentiel électrique, se transmet de proche en proche le long de l'axone et c'est elle qui constitue l'influx nerveux. La dépolarisation de la membrane neuronale se fait grâce à la présence de canaux ioniques spécifiques permettant l'entrée d'ions sodiques et la sortie d'ions potassiques. Cet échange ionique – un phénomène local, rapide et réversible – est à la source même du courant électrique qui accompagne la propagation de l'influx nerveux le long de l'axone. Pour leur part, Adrian et Eccles démontrent que le potentiel d'action est un phénomène de type « tout ou rien » ; le potentiel d'action ne peut être déclenché que lorsque la dépolarisation de la membrane atteint un niveau critique et une fois déclenché, ce potentiel se propage le long de la membrane sans pouvoir être arrêté. Tous les potentiels d'action ayant la même amplitude (environ 100 millièmes de volt), le codage de l'influx nerveux se fait par une modulation de la fréquence des décharges électriques.

La découverte des bases ioniques de l'influx nerveux marque, pour plusieurs, le véritable début des neurosciences contemporaines[1]. Quoi qu'il en soit, la découverte fut jugée suffisamment importante pour qu'on attribue conjointement à Hodgkin, Huxley et Eccles le prix Nobel de médecine en 1963. Galvani avait donc raison : l'électricité animale existe bel et bien et c'est ce « mystérieux fluide » tant recherché qui assure la transmission de l'information au sein du système nerveux. Cependant, la propagation de l'influx nerveux est un phénomène beaucoup plus complexe que ce que Galvani avait pu imaginer. Loin de se déplacer passivement le long des fibres nerveuses comme l'électricité le long d'un fil électrique, l'influx nerveux se propage de place en place grâce à un mécanisme complexe d'ouverture et de fermeture de canaux ioniques menant à une dépolarisation de la membrane de l'axone et à la génération d'un potentiel d'action. L'étude fine et détaillée de la genèse et des modes de transmission de ces potentiels d'actions dans le cerveau et la moelle épinière représente l'essentiel de ce qu'il est convenu d'appeler la neurophysiologie ou l'électrophysiologie. Ainsi, l'électricité continue à jouer un rôle crucial dans les recherches sur le fonctionnement du cerveau, autant comme instrument de connaissance que comme moyen thérapeutique.

La vision

Les nombreux raffinements techniques apportés à la neurophysiologie tout au long du XXe siècle ont rendu cette approche expérimentale et clinique beaucoup plus sensible et fiable qu'elle ne l'était à la fin du XIXe siècle. Ces améliorations ont permis aux neurophysiologistes œuvrant en Europe et en Amérique d'effectuer des percées majeures en ce qui a trait à la connaissance du fonctionnement du cerveau. Les données neurophysiologiques obtenues chez l'animal et, dans une moindre mesure, chez l'homme ont jeté un éclairage nouveau sur la façon dont le cerveau perçoit et traite l'information sensorielle provenant de l'environnement ainsi que sur les stratégies que le cerveau utilise pour élaborer les réponses motrices adéquates aux changements du milieu ambiant. La neurophysiologie a aussi permis de mieux comprendre l'implication du cerveau dans les phénomènes cognitifs de même que dans l'élaboration des états de vigilance et d'attention.

L'étude de l'activité électrique des neurones dans différentes parties du cerveau a permis d'identifier avec certitude les structures ainsi que les voies nerveuses impliquées dans la réception et le traitement des informations sensorielles. Mieux encore, la neurophysiologie a levé le voile sur la façon dont les neurones codifient et archivent ce type d'informations. Particulièrement exemplaires à ce chapitre sont les recherches sur le système visuel effectués au États-Unis au cours des années 1960-1980 par David Hubel, né au Canada en 1926, et Torsten Wiesel, né en Suède en 1924. Après avoir implanté des microélectrodes dans le cortex visuel de chats et de singes anesthésiés, Hubel et Wiesel ont alors projeté des schémas de lumière et d'obscurité sur un écran placé devant un animal. Ce système relativement simple a permis de comprendre comment, à partir des stimuli visuels captés par la rétine, le cerveau génère des détecteurs de forme, de mouvement, de profondeur stéréoscopique et de couleur, ce qui lui permet de construire les éléments d'une scène visuelle. Par ailleurs, des travaux effectués chez des animaux privés temporairement de l'usage d'un œil ont démontré que le cortex visuel primaire est formé de *colonnes de dominance oculaire*, c'est-à-dire de colonnes de neurones qui répondent aux stimuli en provenance d'un œil et qui alternent avec celles qui répondent à l'autre œil. Ces colonnes de dominance oculaire s'établissent très tôt dans le développement et sont à la base des mécanismes qui assurent la vision binoculaire. En 1981, Hubel et Wiesel recevaient le prix Nobel de médecine pour leur contribution exceptionnelle à l'avancement des connaissances sur le fonctionnement du système visuel.

Les canaux ioniques

L'enregistrement de l'activité électrique des neurones à conduit à une meilleure compréhension de la façon dont les neurones communiquent entre eux ainsi qu'avec les fibres musculaires. L'importance des canaux ioniques dans la communication neuronale a été mise en évidence grâce à des études effectuées à l'aide d'une technique électrophysiologique permettant l'enregistrement des courants ioniques de très faible intensité transitant à travers la membrane cellulaire. Cette technique consiste à isoler électriquement un morceau de membrane et à lui imposer un potentiel électrique spécifique à l'aide d'une micropipette de verre afin de mesurer le courant généré par les flux d'ions. Erwin Neher et Bert Sakmann, chercheurs allemands travaillant à Göttingen au cours des années 1970-1980, furent les premiers à mesurer l'activité d'une seule molécule canalaire, en l'occurrence l'acétylcholine, circulant dans un canal récepteur qui lui est propre. Ces études neurophysiologiques de pointe complétaient merveilleusement bien le travail amorcé par Otto Loewi et Henry Dale au début du XXᵉ siècle sur la transmission chimique de l'influx nerveux ; ils valurent à Neher et Sakmann le prix Nobel de médecine en 1991.

Les canaux ioniques sont des protéines transmembranaires responsables de l'activité électrique des neurones. On évalue actuellement à environ 400 les gènes responsables de l'expression de ces canaux ioniques, mais une centaine seulement de ces protéines a pu être séquencée et étudiée fonctionnellement jusqu'à maintenant. Il s'agit là d'un sujet hautement prioritaire puisque l'expression anormale ou réduite de canaux ioniques est à l'origine de ce que l'on appelle les *canalopathies*. On regroupe sous ce néologisme une série de maladies indépendantes les unes des autres et allant de la mucoviscidose à l'épilepsie en passant par l'arythmie cardiaque, l'hypertension et l'anxiété. Les protéines formant les canaux ioniques représentent donc un défi considérable pour les neurosciences contemporaines et un enjeu de premier plan pour l'industrie pharmaceutique pour qui ces canaux ioniques représentent des cibles potentielles pour de nouveaux médicaments.

L'épilepsie et la mémoire

Contrairement à ce que croyaient les Anciens, l'épilepsie, que l'on appelait alors *maladie sacrée*, n'a rien à voir avec l'action d'une force extérieure, voire d'une possession démoniaque, comme l'avaient bien compris la médecine hippocratique ainsi que Thomas Willis par la suite (voir chapitres 1 et 3). Cette pathologie résulte d'une activité électrique désordonnée et paroxystique survenant de façon inopinée dans certaines régions du cerveau. En termes simples, l'épilepsie est le résultat d'un orage électrique dû au comportement excessif et incontrôlable de différents groupes de neurones localisés dans des régions spécifiques de l'encéphale. Ces orages électriques peuvent demeurer localisés aux structures épileptogèges ou envahir différentes régions du cerveau, incluant le cortex moteur. Dans le premier cas, la maladie appelée *petit mal* se traduit par des pertes de conscience (absences) de durées variables et pouvant survenir de dix à cent fois par jour lorsque le patient n'est pas traité. Dans le second cas, la maladie nommée *grand mal* s'accompagne de raidissement et de contractions musculaires suivis de convulsions et d'une perte de conscience dont la durée varie de quelques minutes à plusieurs heures.

Les causes de l'épilepsie sont extrêmement diverses : lésion cérébrale consécutive à un traumatisme obstétrical, tumeur, maladie vasculaire, anomalies métaboliques ou intoxications, mais dans plus de la moitié des cas, les causes de la maladie restent inconnues. Le traitement de l'épilepsie consiste en l'administration de médicaments antiépileptiques (anticonvulsivants) qui, pour la plupart, agissent en élevant le seuil d'excitabilité des neurones afin de les empêcher de décharger de façon disproportionnée par suite de stimuli normaux. Dans certains cas d'épilepsie qui résistent aux traitements pharmacologiques et où les crises sont consécutives à une lésion cérébrale localisée dans une région spécifique du cerveau, un traitement chirurgical peut être envisagé. Cependant, de telles interventions nécessitent une étude détaillée des régions cérébrales entourant le foyer épileptique qui devra être extirpé afin de s'assurer de ne pas léser des zones cérébrales essentielles au bon fonctionnement du cerveau.

C'est ce qui s'est produit chez un patient connu dans la littérature scientifique sous ses initiales H. M. (Henry Gustav Molaison, 1926-2008). Ce patient est devenu amnésique à la suite d'une opération effectuée par le neurochirurgien américain William Scoville en 1953. Depuis 1957, H. M. a été abondamment étudié par les neuropsychologues, notamment Brenda Milner de l'Institut neurologique de Montréal et, à ce titre, il a contribué bien involontairement mais de façon très significative à notre compréhension des mécanismes de la mémoire[4]. Scoville croyait que l'épilepsie chez H. M. résultait d'une lésion située dans le lobe temporal. L'épilepsie dont souffrait H. M. ne répondant pas aux traitements pharmacologiques, Scoville procéda à l'ablation d'une grande partie du lobe temporal, incluant l'hippocampe (une structure cérébrale dont l'appellation vient d'une vague ressemblance avec l'animal marin du même nom), des deux côtés du cerveau. L'opération a effectivement éradiqué les crises convulsives, mais H. M. souffrit d'une amnésie antérograde quasi totale alors même que sa *mémoire à court terme* était restée intacte. Depuis son opération, H. M. était incapable de retenir une information au-delà de quelques secondes à moins de faire un effort constant de répétition ; il lui était donc impossible de stocker de nouvelles informations dans sa *mémoire à long terme*. Les analyses neuropsychologiques effectuées par Brenda Milner au cours des 40 dernières années lui ont permis de mettre en évidence le rôle des différentes composantes du lobe temporal, dont l'hippocampe et le cortex parahippocampique, dans les processus mnésiques. Outres les informations précieuses obtenues sur la façon dont le cerveau archive les informations afin de pouvoir les retrouver par la suite, le cas H. M. nous a appris l'importance de vérifier l'intégrité des structures nerveuses avant de procéder à de telles interventions neurochirurgicales, surtout celles qui impliquent des ablations bilatérales. De fait, on ne procède pratiquement plus à des chirurgies bilatérales depuis l'événement H. M. Par ailleurs, les patients devant subir l'ablation d'un foyer épileptogène situé dans un des deux lobes temporaux subissent actuellement une batterie de tests neuropsychologiques afin de s'assurer que les structures nerveuses impliquées dans la mémoire et situées dans l'autre lobe temporal sont bel et bien fonctionnelles avant de subir l'intervention chirurgicale. De plus, grâce à des techniques comme l'électroencéphalographie, on peut localiser avec précision les foyers épileptogènes, de sorte que les chirurgies d'aujourd'hui sont beaucoup plus ciblées et donc moins invasives que celles d'autrefois.

L'électroencéphalographie

L'électroencéphalographie consiste en l'enregistrement de l'activité électrique du cerveau à partir d'électrodes placées sur la surface du crâne et l'électroencéphalogramme (EEG) est la transcription, sous forme d'un tracé, des variations dans le temps des potentiels électriques recueillis sur la boîte crânienne en différents points du scalp. Le physiologiste anglais Richard Caton (1842-1926) semble avoir été le premier à avoir détecté, grâce à un galvanomètre particulièrement sensible, la présence de courants électriques à la surface du cerveau et du crâne de lapins et de singes. C'est cependant le neurologue allemand Hans Berger (1873-1941) qui, le premier, obtint un enregistrement de ces ondes électriques de très faible intensité chez l'homme en 1929. La procédure mise au point alors par Berger n'était pas très différente de celle que l'on utilise présentement. Aujourd'hui, l'EEG s'obtient en fixant un certain nombre d'électrodes, seules ou par paires, à la surface du crâne. Si les électrodes sont placées individuellement, une *électrode de réfé-*

rence commune est alors utilisée. Chaque électrode doit relever une mesure de tension de surface, puis transmettre ce signal, qui est ensuite amplifié et enregistré. À l'origine, ces enregistrements étaient tracés sur papier à l'aide d'un stylet, alors qu'aujourd'hui les sorties sont enregistrées par un numériseur, puis sauvegardées sur ordinateur (EEG numérique).

On croit généralement que les courants électriques de très faible amplitude enregistrés sur le scalp représentent la sommation de l'activité électrique d'un grand nombre de neurones du cortex cérébral sous-jacent, mais le déchiffrement de l'EEG reste à faire. Il n'est possible de recueillir des courants à la surface du crâne que si des milliers de neurones sont actifs en même temps et les variations de potentiels ainsi enregistrées et leur sommation sont aléatoires. La signification biologique de ces signaux est difficile à déterminer car, avant de nous parvenir, l'activité électrique cérébrale doit traverser plusieurs couches de tissus (méninges, os, scalp) de conductivités électriques différentes et qui peuvent altérer significativement le signal. L'EEG permet néanmoins d'observer une certaine rythmicité dans l'activité électrique du cerveau, phénomène qui semble refléter une synchronisation de l'activité électrique de certains groupes de neurones. Parmi ces fluctuations rythmiques, on note les *ondes alpha* qui apparaissent chez une personne au repos ainsi que des ondes encore plus lentes présentes au cours du sommeil. L'EEG permet aussi d'enregistrer des *potentiels évoqués* suite à une stimulation lumineuse ou auditive ainsi que des signaux pathologiques, comme les pointes d'activité épileptique. Ainsi, l'électroencéphalographie est un instrument de diagnostic important en neurologie. À titre d'exemple, mentionnons qu'un enregistrement des ondes cérébrales effectué durant une longue période à l'aide de multiples électrodes placées sur plusieurs points spécifiques du cuir chevelu permet de déterminer avec une grande précision l'emplacement d'un foyer épileptogène. Par ailleurs, c'est aussi à l'EEG que l'on a recours lorsque l'on veut établir la mort cérébrale de patients maintenus en vie artificiellement.

Le sommeil

Dans la mythologie grecque de l'époque archaïque, Hypnos (Somnus chez les Romains) personnifiait le sommeil ; il était le frère jumeau de Thanatos, le dieu de la mort. Pour aider les humains à trouver un repos paisible, Hypnos les effleurait avec des fleurs de pavot, une allusion claire à l'utilisation de drogues pour trouver le sommeil. Le domaine d'Hypnos était obscur et brumeux, traversé par le fleuve de l'oubli (le *Léthé*). Morphée, l'un des mille enfants d'Hypnos (les Oneiros), était chargé d'apporter aux humains le sommeil et, particulièrement le rêve. Il y arrivait en prenant la forme (du nom grec *morphè*) d'êtres qui étaient chers aux mortels, ce qui permettait à ces derniers d'échapper, l'espace d'un instant, aux machinations des dieux. Le nom de Morphée est à l'origine du mot morphine, en raison du pouvoir soporifique de cette drogue, ainsi que de l'expression « être dans les bras de Morphée », qui signifie « rêver » et, par extension « dormir ». À leur tour, les noms d'Hypnos, de Somnus et d'Oneiros sont à l'origine des termes « hypnotique », « somnifère » et « onirique ». Même à l'époque classique, la médecine hippocratique attribuait une grande importance au sommeil et aux rêves, dont l'interprétation occupait une place centrale dans l'activité des oracles. D'ailleurs, presque tous les temples dédiés à Asclépios comprenaient de vastes chambres ornées de statues représentant Hypnos ou Morphée et aménagées afin que les patients puissent y trouver un sommeil réparateur (voir chapitre 1).

Les Grecs anciens avaient vu juste en associant étroitement Hypnos et Thanatos, puisque le sommeil est, en effet, une perte de conscience du monde extérieur. Toutefois, les périodes de sommeil se distinguent des états d'inconscience, comme celle qui caractérise le coma, par la préservation des réflexes et d'un certain niveau de sensibilité. Le sommeil consiste en une succession de cycles qui s'enchaînent tout au long de la nuit, comme le démontrent les travaux des électrophysiologistes, notamment ceux de l'Américain William C. Dement[5] et du Français Michel Jouvet[6]. Les enregistrements électroencéphalographiques réalisés autant chez l'animal que chez l'homme révèlent qu'il existe deux grand types de sommeil. On observe, d'une part, le sommeil à ondes lentes qui, comme son nom l'indique, se caractérise par une activité corticale lente et de grande amplitude dans laquelle s'insèrent des ondes en fuseaux et, d'autre part, le sommeil paradoxal dont l'activité corticale rapide et de faible amplitude ressemble étrangement à celle de l'éveil. Les travaux de Dement et Jouvet sur la structure et le rôle du sommeil nous montrent que le sommeil à ondes lentes occupe 80 % de notre temps de sommeil et comprend quatre stades distincts, allant de l'endormissement au sommeil très profond. Pour sa part le sommeil paradoxal s'accompagne de mouvements rapides des yeux et d'atonie musculaire ; il s'agit de la période où l'on rêve. Ainsi, bien que l'homme sache qu'il rêve depuis les débuts de l'humanité, ce n'est que depuis les travaux de Dement, dans les années 1950, que l'on a pu identifier les périodes de sommeil paradoxal comme corrélats neurophysiologiques du rêve. Selon Jouvet, le sommeil à ondes lentes sert principalement à la récupération de la fatigue journalière alors que le sommeil paradoxal et le rêve jouent un rôle crucial dans la résolution des tensions nerveuses, la fixation en mémoire des informations enregistrées pendant la journée et la suppression de ce qui n'est pas utile à retenir.

Contrairement à ce que l'on a cru pendant longtemps, le sommeil n'équivaut pas à un état de repos du cerveau ; au contraire, il s'agit d'un phénomène où entrent en jeu plusieurs régions cérébrales qui consomment autant, sinon plus, de glucose et d'oxygène que pendant l'éveil. Les recherches impliquant l'enregistrement de l'activité électrophysiologique des neurones cérébraux chez l'animal au cours des diverses phases du cycle veille/sommeil, particulièrement les travaux réalisés au cours des années 1980-2000 par le neurophysiologiste québécois d'origine roumaine Mircea Steriade (1924-2006), ont permis d'identifier avec précision les structures et les voies nerveuses entrant dans le contrôle des états de vigilance[7]. Grâce aux études de Steriade et ses collaborateurs, on sait aujourd'hui que la structure du sommeil est façonnée par des centres nerveux enfouis dans les régions les plus anciennes du cerveau, notamment le tronc cérébral. Ainsi, la compression du tronc cérébral due à un œdème cérébral peut causer une profonde altération des états de vigilance pouvant aller du simple état stuporeux au coma profond. Les structures du tronc cérébral impliquées dans le contrôle du cycle veille/sommeil agissent en se projetant sur le thalamus vers qui convergent aussi l'ensemble des informations sensorielles (le *sensus communis* des auteurs anciens). À son tour, grâce à ses nombreuses projections ascendantes, le thalamus « éveille » le cortex cérébral en y exerçant une influence excitatrice proportionnelle aux niveaux d'activité des structures du tronc cérébral. On attribue même aux projections qui relient réciproquement le thalamus et le cortex cérébral un rôle crucial dans les phénomènes d'attention ; certains y voient même le substratum anatomique de la conscience[7].

La conscience

Tenter de comprendre la conscience représente un des plus grands défis – et peut être la limite ultime – des neurosciences contemporaines. Les quelques chercheurs qui tentent actuellement de relever ce défi remettent en question le dualisme cartésien selon lequel l'esprit et la matière sont deux dimensions différentes d'un même univers (voir chapitre 3) : ils préfèrent aborder la question sur le plan du monisme, c'est-à-dire en faisant de la conscience une propriété émergente de la matière. C'est le cas de l'Américain Gerald Edelman qui, après l'obtention du prix Nobel de médecine en 1972 pour ses découvertes sur le système immunitaire, s'est impliqué très activement dans ce domaine des neurosciences qui empiète carrément sur celui de la philosophie. En se servant du darwinisme génétique comme modèle,

Edelman a imaginé une approche qu'il a nommée *darwinisme neuronal* et avec laquelle il tente de fonder une véritable *biologie de la conscience*. Le darwinisme neuronal stipule que, parmi les quelque 100 milliards de neurones que compte le cerveau humain, certains entrent en compétition pour traiter les informations reçues dès le stade embryonnaire du développement. Cette compétition permet la mise en place de réseaux spécifiques de neurones situés dans les régions les plus récentes du cerveau, principalement le cortex frontal. Les neurones se connectent d'abord au hasard puis de plus en plus systématiquement, pour répondre à des contraintes très générales de développement. Il n'y a donc pas de câblage spécifié à l'avance. Progressivement, les circuits de base se stabilisent et des groupes de circuits, différents les uns des autres, se connectent à leur tour pour former des cartes, ceci jusqu'à la naissance. Après la naissance, une nouvelle forme de sélection apparaît, résultant de l'expérience de l'individu avec son environnement. Grâce à l'information qu'ils reçoivent des fibres nerveuses réentrantes, les réseaux neuronaux les plus utilisés se consolident alors que d'autres disparaissent. Pour Edelman, l'esprit et la conscience résultent des interactions entre ces différents réseaux ou cartes qui prennent des formes différentes d'un individu à l'autre[8]. Bien que cette théorie ne fasse pas appel à un superviseur central qui apporterait de la cohérence à la perception, Edelman suggère quand même l'existence d'un « noyau dynamique » qu'il décrit comme un rassemblement, relativement stable mais pouvant se modifier à tout instant, de groupes neuronaux interagissant plus fréquemment entre eux qu'avec les autres. Ce noyau dynamique comprendrait le thalamus, le cortex cérébral et les nombreuses boucles de fibres réentrantes qui relient ces deux régions cérébrales entre elles.

Malgré la hardiesse et l'originalité de cette théorie, il n'existe actuellement aucune certitude sur l'existence d'une structure nerveuse pouvant correspondre au noyau dynamique d'Edelman. Ainsi, les questions fondamentales soulevées par Descartes et La Mettrie quant à l'origine, la localisation et la spécificité de l'esprit ou de la conscience humaine restent toujours sans réponse.

L'électrothérapie actuelle

L'utilisation de l'électricité comme moyen thérapeutique ne date pas d'hier. En effet, comme nous l'avons vu au premier chapitre, les médecins de l'Antiquité gréco-romaine utilisaient les chocs émis par des poissons électriques dans l'espoir de guérir des maladies allant de la céphalée bénigne à l'épilepsie, en passant par la goutte et les douleurs arthritiques. L'électricité fait toujours partie de l'arsenal thérapeutique d'aujourd'hui, mais on l'utilise de façon beaucoup plus parcimonieuse et ciblée qu'autrefois. Cependant, même dans les cas où l'électrothérapie donne des résultats étonnants, la façon dont l'électricité accomplit ses effets bénéfiques n'est pas toujours clairement comprise. Afin d'illustrer notre propos, jetons un coup d'œil aux approches électrothérapeutiques utilisées pour soulager la douleur, la dépression et les troubles du mouvement.

La douleur est une expérience sensorielle et émotionnelle désagréable ; elle correspond à un signal d'alarme servant à prévenir l'individu d'une lésion tissulaire réelle ou potentielle. Il s'agit d'un des problèmes majeurs auxquels les médecins sont confrontés quotidiennement. La douleur chronique, soit celle qui dure plusieurs jours, plusieurs mois, voire plusieurs années et qui répond souvent mal aux traitements pharmacologiques, pose un réel défi aux cliniciens. Les mécanismes neurophysiologiques de la douleur ont été en grande partie élucidés par les travaux du psychologue canadien Ronald Melzack et du physiologiste britannique Patrick Wall réalisés au milieu des années 1960. Ces deux chercheurs ont formulé la *théorie du portillon* ou théorie du passage contrôlé de la douleur basée sur l'existence d'une forme de modulation dans le traitement de la douleur par les centres nerveux, principalement les contrôles inhibiteurs en provenance du cerveau.

À la lumière de cette théorie, Melzack et Wall ont mis au point la méthode de *neurostimulation électrique transcutanée* qui utilise un stimulateur relié à des électrodes émettant des impulsions électriques contrôlées à la moelle épinière. La neurostimulation peut être externe ou implantable. Dans le premier cas, on utilise des électrodes appliquées sur la peau près de la zone douloureuse, que l'on relie à un appareil de neurostimulation à piles porté à la ceinture comme un baladeur. Dans le second cas, on emploie un microstimulateur que l'on place sous la peau de l'abdomen. Bien que le mécanisme d'action de la neurostimulation soit encore mal connu, on admet que les impulsions électriques brouillent le signal nociceptif envoyé au cerveau, soulageant ainsi la douleur. En plus de son action spécifique, la neurostimulation permet même parfois de réduire le besoin en antalgiques. Aujourd'hui, cette technique est communément utilisée dans les hôpitaux et les cliniques pour soulager différents types de douleur, généralement en association avec d'autres approches, médicamenteuses ou physiques.

Au tout début du XIXe siècle, Giovanni Aldini avait entrepris une tournée européenne afin de démontrer la justesse des théories de son oncle Luigi Galvani sur l'électricité animale. Ses voyages l'amenèrent à séjourner à Londres où il effectua des expériences d'électrification de cadavres à l'aide d'une pile voltaïque, expériences qui avaient horrifié tous ceux qui y

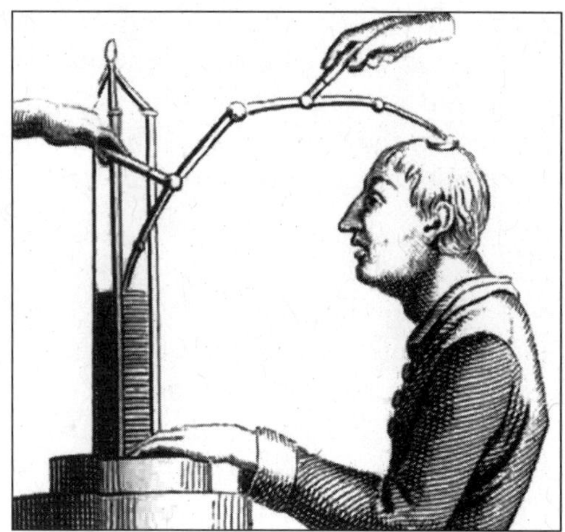

Figure 8-1. Illustration tirée de l'*Essai théorique et expérimental sur le galvanisme*[9] de Giovanni Aldini, en 1804. La gravure montre un malade de la Salpêtrière souffrant d'une dépression sévère que l'on tente de guérir en lui appliquant sur le crâne un courant électrique provenant d'une pile voltaïque. Le patient garde sa main sur la base de la pile afin de s'assurer que le circuit électrique est bien fermé.

assistaient (voir chapitre 4). Durant la même période, Aldini effectua un court séjour à l'hôpital de la Salpêtrière à Paris, où il tenta d'intéresser Philippe Pinel – le père de la psychiatrie française – à l'utilisation de l'électricité dans le traitement de diverses formes de *vésanie*, terme que l'on utilisait alors pour désigner l'aliénation mentale. Dans son *Essai théorique et expérimental sur le galvanisme*[9] publié en 1804, Aldini affirme avoir complètement guéri quelques patients atteints de dépression très sévère par une application d'électricité sur la surface du crâne lors de sessions qui s'étaient étendues sur plusieurs semaines (figure 8-1).

On peut voir dans ces expériences primitives l'origine de l'*électroconvulsivothérapie* (ECT) ou *sismothérapie* toujours utilisée de nos jours pour traiter certaines maladies psychiatriques, particulièrement les formes sévères de dépression, chez des patients qui ne répondent pas aux traitements pharmacologiques conventionnels et dont l'état de santé est considéré comme précaire. L'ECT consiste à créer artificiellement l'équivalent d'une crise convulsive (crise comitiale ou épileptique) en utilisant un courant électrique faible et très bref appliqué à la surface du crâne. Par rapport à la technique initiale d'*électrochocs*, la méthode actuelle comporte deux améliorations essentielles : la curarisation et l'anesthésie qui limitent considérablement les effets secondaires. Les techniques employées initialement produisaient des convulsions motrices à l'origine d'accidents traumatiques parfois catastrophiques pour le patient. Il semble que l'ECT, comme on l'applique aujourd'hui, permet une amélioration rapide de l'état de santé de certains patients. Néanmoins, il s'agit là d'une procédure totalement empirique et qui s'accompagne souvent d'effets secondaires indésirables, comme des pertes de mémoire de plus ou moins longue durée. Son utilisation soulève donc des questions d'ordre éthique qui devront être résolues.

Les troubles du mouvement, particulièrement ceux que l'on rencontre dans la maladie de Parkinson, ont aussi bénéficié récemment de la neurostimulation grâce au développement d'une méthode semblable à celle utilisée pour traiter la douleur. Cette procédure appelée stimulation cérébrale profonde (*deep brain stimulation*) est le fruit d'une collaboration étroite entre le neurochirurgien Alim-Louis Benabid et le neurologue Pierre Polack de Grenoble. Développée au début des années 1990, la méthode implique l'utilisation d'électrodes implantées profondément dans chaque hémisphère du cerveau et reliées à un stimulateur (pacemaker) inséré sous la clavicule et qui déclenche des stimulations électriques de façon continue (figure 8-2). La logique ayant présidé à l'élaboration de cette approche thérapeutique repose sur le fait que, dans la maladie de Parkinson, les neurones de la substance noire, structure située dans la partie supérieure du tronc cérébral, dégénèrent à cause de l'action d'un processus pathologique qui reste à élucider. Les neurones de la substance noire utilisent la dopamine comme neurotransmetteur dont le manque entraîne un déséquilibre du fonctionnement de divers circuits neuronaux. À cause de ce déséquilibre, certaines structures nerveuses entrant dans le contrôle de la motricité et sises à la base des hémisphères cérébraux deviennent hyperactives et transmettent des informations erronées aux structures avec lesquelles elles sont reliées. C'est le cas pour les neurones du noyau sous-thalamique, un petit agglomérat neuronal de forme ovalaire situé immédiatement sous le thalamus et qui fut décrit pour la première fois par Jules Bernard Luys en 1865 (voir chapitre 6). Afin de faire taire ces structures hyperactives, Benabid et Pollack ont eu l'idée de les stimuler à l'aide d'un courant de faible ampérage administré à des fréquences suffisamment hautes (130-180 hertz) pour que les neurones ne puissent plus répondre.

Depuis lors, la stimulation cérébrale profonde est devenue une approche thérapeutique de choix pour corriger les déficits moteurs — akinésie, tremblement et rigidité musculaire — dont souffrent les patients parkinsoniens. Elle a avantageusement supplanté l'approche privilégiée jusqu'alors par les neurochirurgiens, soit la destruction pure et simple des structures cérébrales motrices hyperactives. La stimulation cérébrale profonde a l'avantage d'être réversible et produit des résultats beaucoup plus satisfaisants que l'approche lésionnelle. Cependant, il s'agit d'une procédure lourde et coûteuse qui ne peut s'appliquer qu'aux patients qui répondent mal aux traitements pharmacologiques, principalement à la thérapie de remplacement de la dopamine qui demeure le traitement de choix de cette maladie (voir la section « Maladies neurologiques dégénératives et maladies mentales »).

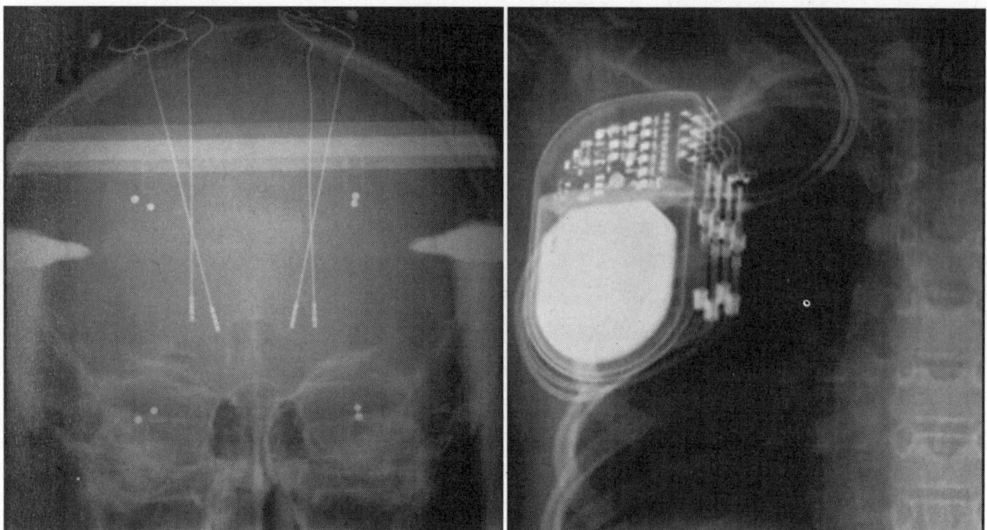

Figure 8-2. Radiographies montrant quatre électrodes de stimulations, deux de chaque côté, implantées dans le noyau sous-thalamique (à gauche) ainsi que le système d'alimentation de ces électrodes inséré près de la clavicule (à droite) chez un patient parkinsonien. Ces images ont été gracieusement fournies par le docteur Alim-Louis Benabid, professeur à l'Université de Grenoble.

L'utilisation de la stimulation cérébrale profonde s'est récemment étendue à des pathologies aussi diverses que la maladie de Gilles de la Tourette (troubles obsessifs compulsifs), l'épilepsie et même l'obésité morbide. Cet engouement peut se comprendre si l'on considère les succès remportés dans le traitement de la maladie de Parkinson, mais il étonne lorsqu'on réalise que l'on ne connaît à peu rien de la façon dont fonctionne cette technique. La stimulation électrique affecte-t-elle les neurones, les fibres nerveuses ou les deux à la fois ? Cette stimulation cause-t-elle une excitation ou une inhibition des neurones situés au site de stimulation ? Ces questions devront trouver une réponse si l'on veut comprendre comment fonctionne cette procédure qui, aussi sophistiquée soit-elle, procède directement de la stimulation électrique de Galvani, de la pile de Volta et de la bobine d'induction de Duchenne de Boulogne.

La cartographie cérébrale au XXᵉ siècle

La question des localisations corticales a largement dominé les discussions sur l'organisation cérébrale au XIXᵉ siècle. C'est durant cette période charnière qu'eurent lieu les plus violents affrontements entre les *unitaires* qui considéraient le cortex cérébral comme une entité monolithique et les *localisateurs* pour qui l'écorce cérébrale était une mosaïque d'organes spécialisés. C'est le Français Paul Broca qui, en découvrant une région du cortex frontal responsable du langage articulé, fit le premier pencher la balance en faveur des localisateurs. Les observations de Broca, publiées entre 1861 et 1865, se fondaient exclusivement sur la méthode anatomo-clinique qui consistait à établir une corrélation entre les déficits observés lors d'examens cliniques et les lésions rencontrées à l'autopsie. Aux données de Broca s'ajoutèrent des observations effectuées chez l'animal à l'aide de techniques expérimentales utilisant la stimulation électrique et l'ablation de régions corticales spécifiques. Cette approche permit aux Allemands Gustav Fritsch et Eduard Hitzig de mettre en évidence le cortex moteur chez le chien en 1870 et à l'Écossais David Ferrier de révéler le cortex sensoriel chez le singe en 1873 (voir chapitre 5). En parallèle, les travaux strictement cliniques du maître incontesté de la neurologie britannique de l'époque, John Hughlings Jackson, et de son homologue français Jean-Martin Charcot suggérèrent l'existence d'une représentation spécifique des différentes parties du corps – ce qu'on appelle la *somatotopie* – au sein du cortex moteur chez l'homme (voir chapitre 6).

Notre connaissance de la cartographie cérébrale fut complétée au XXᵉ siècle grâce aux efforts de nombreux chercheurs qui ont travaillé dans le sillage de ces pionniers, dont l'Écossais Charles Scott Sherrington (1857-1952). Bien que la contribution majeure de ce dernier concerne davantage la moelle que le cerveau, Sherrington s'est quand même intéressé à la cartographie du cortex moteur chez les anthropoïdes (orangs-outans, gorilles, chimpanzés) lorsqu'il était à Liverpool. En utilisant la microstimulation électrique sous anesthésie légère, ce qui représentait une nette amélioration par rapport à l'approche qu'avaient employée Fritsch et Hitzig chez le chien et Ferrier chez le singe, il nous a laissé des cartes du cortex moteur d'une grande valeur (figure 8-3).

Pour leur part, l'Autrichien Constantin von Economo (1876-1931) et les Allemands Korbinian Brodmann (1868-1918), Oskar Vogt (1870-1950) et son épouse Cécile Vogt-Mounier (1875-1962) se sont servi de critères morphologiques pour établir des cartographies du cortex cérébral humain d'une très haute précision. Sur la base des variations qui existent entre les diverses aires corticales en ce qui a trait à la *cytoachitecture* du cortex cérébral, c'est-à-dire la forme, le volume, la distribution et la densité des neurones présents dans les six couches du cortex cérébral, ces auteurs ont subdivisé le cortex cérébral humain en un nombre d'aires corticales distinctes allant de

47 (Brodmann) à 200 (les Vogt). Notons que la subdivision cytoarchitecturale proposée par Brodmann est toujours utilisée de nos jours. D'ailleurs, l'ensemble des cartographies cérébrales établies par von Economo, Brodmann et les Vogt continue à être un support essentiel à la neurochirurgie.

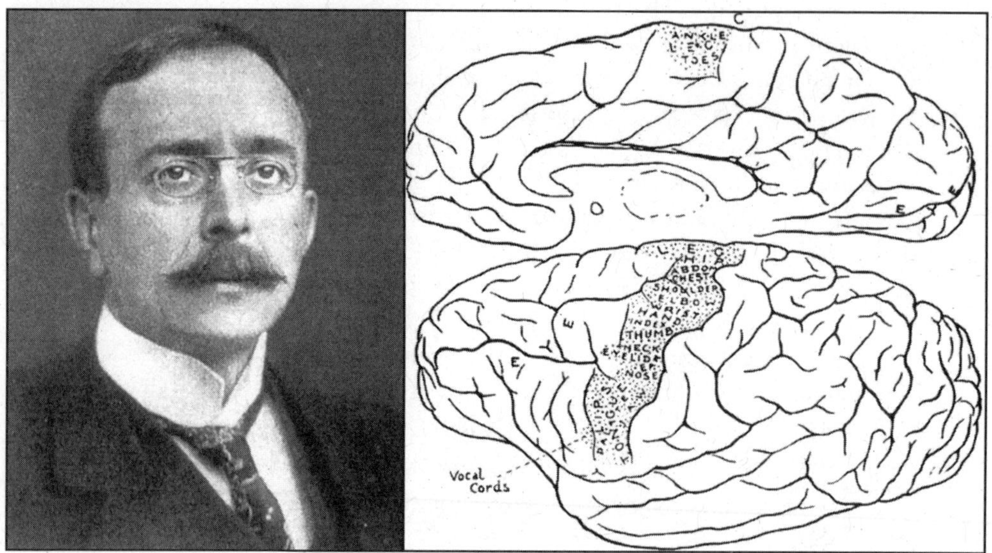

Figure 8-3. Charles Scott Sherrington et une représentation schématique de la cartographie du cortex moteur qu'il a établie chez le gorille. La figure de droite présente une vue médiane (en haut) et une vue latérale (en bas) des hémisphères cérébraux du gorille. Les zones pointillées indiquent la représentation des différentes partie du corps de l'animal, les jambes apparaissant en haut, la main au milieu et la face au bas de la circonvolution précentrale. Tiré de C.S. Sherrington, *Man on his nature*[10].

Le neurochirurgien canadien Wilder Penfield (1891-1976) a appliqué pour la première fois à l'étude du cerveau de l'homme l'approche impliquant des microstimulations électriques. Les chirurgies qu'il effectuait à l'Institut neurologique de Montréal pour extirper les foyers épileptogènes nécessitaient l'exploration fonctionnelle détaillée d'une grande partie du cortex cérébral. Ce type de chirurgie se faisant chez des sujets éveillés, Penfield mit à contribution les patients pour cartographier leur propre cortex cérébral. Les résultats ainsi obtenus lui ont permis d'établir son fameux homoncule, une représentation graphique précise de l'organisation du cortex moteur et sensoriel où chaque point de la surface corporelle est représenté par un point précis du cortex moteur et sensoriel (figure 8-4). Cette *organisation somato-*

topique fait en sorte qu'une stimulation électrique d'une zone spécifique du cortex moteur va entraîner la mise en action d'un groupe spécifique de muscles, soit ceux dont l'activité est contrôlée par les neurones qui se trouvent à cet endroit précis du cortex moteur. La stimulation électrique d'une région correspondante du cortex sensoriel va causer une sensation de picotement dans la même région corporelle.

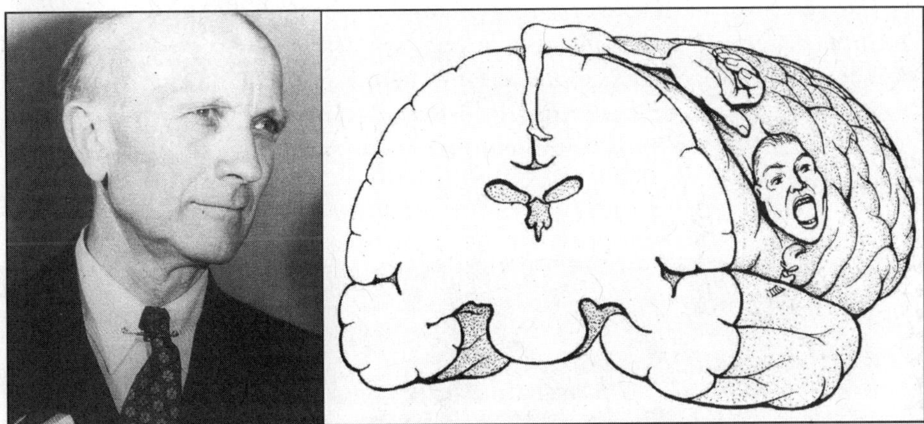

Figure 8-4. Wilder Penfield et son homoncule moteur. Le schéma de droite montre le lobe frontal du cerveau humain sectionné transversalement au niveau du sillon central. Penfield a indiqué l'emplacement et la proportion des différentes parties du corps humain sur la surface de la circonvolution précentrale (cortex moteur) ; la jambe occupe les régions interne et supérieure, la main la région moyenne et la face la région inférieure. Figures tirées de A. Parent, *Carpenter's Human Neuroanatomy*[11].

Les signes de l'intelligence

Nous avons évoqué au chapitre 5 les débats animés qui avaient lieu au sein de différentes académies savantes au cours de la deuxième moitié du XIXe siècle sur les relations entre le volume du cerveau ou, à tout le moins, celui de la boîte crânienne, et l'intelligence. Les plus mémorables furent ceux menés par deux des plus grandes sommités françaises de l'époque en ce qui a trait à l'anatomie du cerveau, Paul Broca et Louis Pierre Gratiolet. Sur la foi d'une série exhaustive d'études volumétriques et malgré l'opposition féroce de Gratiolet, Broca en arrive à la conclusion qu'« en moyenne la masse de l'encéphale est plus considérable chez l'homme que chez la femme, chez les hommes éminents que chez les hommes médiocres, et chez les races supérieures que chez les races inférieures[12] ». Pour Broca, il y a donc « un rapport remarquable entre le développement de l'intelligence et le volume du cerveau[12] ». Broca avait établi à 1 350 grammes le poids moyen du cerveau humain, et cette valeur étalon allait servir de point de comparaison avec les cerveaux de plusieurs personnalités célèbres du domaine des sciences, des arts ou même de la politique, qui acceptaient volontiers à l'époque que leurs collègues et amis médecins examinent leur cerveau après leur mort pour faire avancer les connaissances sur le fonctionnement de l'organe suprême. Broca lui-même avait fondé avec quelques amis une société d'*autopsie mutuelle*[13]. Immédiatement après son décès, on préleva comme convenu le cerveau de l'illustre anthropologue qui s'était tant intéressé à la relation entre cerveau et intelligence pour découvrir que son viscère n'était pas significativement différent de celui d'un cerveau moyen : il ne pesait que 1 484 grammes (figure 8-5).

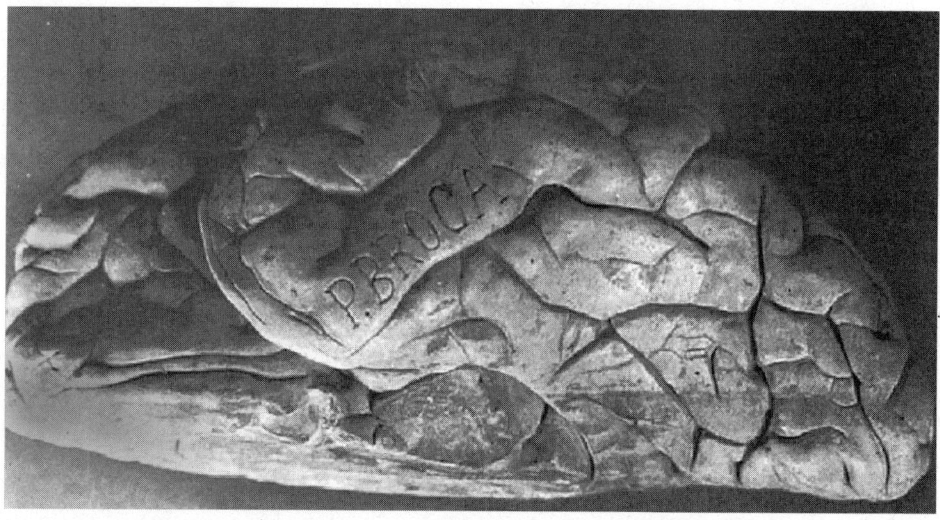

Figure 8-5. Le cerveau de Paul Broca d'après un moulage du docteur Théophile Chudzinski (1840-1937). La photo montre une vue ventrale de l'hémisphère gauche et le nom de Paul Broca est gravé sur la circonvolution temporale inférieure. La pièce originale est exposée au musée Delmas-Orfila-Rouvière à Paris.

Du vivant de Broca et de Gratiolet, le cerveau auquel on se référait le plus fréquemment lors des débats académiques était celui du grand biologiste Georges Cuvier (1769-1832), père de la paléontologie française, dont le cerveau atteignait un sommet : 1 830 grammes de matières grise et blanche. Les anthropologues français furent cependant déçus en apprenant qu'un

Russe, l'écrivain Yvan Tourgueniev (1818-1883), avait franchi la barre des deux kilogrammes avec un encéphale de 2 012 grammes. Mais cette fameuse limite avait probablement été déjà dépassée par celui auprès duquel Mary Shelley trouva l'inspiration pour rédiger son fameux roman *Frankenstein ou le Prométhée moderne* (voir chapitre 4), soit le grand poète anglais Lord Byron (George Gordon Byron, 1788-1824), dont le cerveau avoisinait les 2 300 grammes. Les idées se brouillèrent davantage lorsque l'on réalisa que plusieurs « hommes éminents » possédaient un encéphale relativement petit. C'était le cas, entre autres, du grand poète et humaniste américain Walt Whitman (1819-1892), dont le cerveau ne pesait que 1 282 grammes, ainsi que l'écrivain français Anatole France (François Anatole Thibault, 1844-1924) dont l'encéphale d'à peine 1 017 grammes ne l'a pas empêché d'obtenir le prix Nobel de littérature en 1921. Le cerveau du père de la phrénologie, Franz Joseph Gall, l'un des premiers à tenter d'associer certaines facultés mentales à des régions spécifiques du cerveau, ne pesait que 1 198 grammes[14].

S'insérant dans les idéologies dominantes de la deuxième moitié du XIXe siècle, cette volonté d'associer le poids du cerveau aux capacités intellectuelles de l'homme fut donc un échec lamentable. On peut néanmoins y voir une tentative, prématurée certes mais bien réelle, de créer une véritable *biologie de l'intelligence*. Les efforts en ce sens vont d'ailleurs se poursuivre au XXe siècle avec l'avènement de la *cytoarchiectonique*. Désormais, ce ne sera plus dans le poids du viscère lui-même mais plutôt dans la complexité de ses sillons superficiels que l'on recherchera les signes de l'intelligence. Parmi ceux qui sont tentés par cette nouvelle aventure se trouve le neuroanatomiste allemand Oskar Vogt, dont nous avons parlé plus haut en abordant la la cartographie cérébrale. À l'institut qu'il a fait ériger au cœur de la Forêt noire allemande pour être à l'abri des soubresauts du nazisme et de la Deuxième Guerre mondiale, Oskar Vogt et son épouse Cécile tentent inlassablement de déchiffrer la complexité de l'encéphale humain en examinant au microscope des tranches de cerveaux qu'ils ont colorées pour mettre en évidence les différents types de neurones. Leurs travaux portent sur les encéphales de scientifiques et d'artistes éminents qu'ils comparent à ceux des pires criminels. De ces études naissent les cartographies cérébrales qui feront d'Oskar Vogt l'un des neuroanatomistes les plus célèbres de la première moitié du XXe siècle. C'est à lui que les Russes font appel pour autopsier le cerveau de nul autre que Lénine (Vladimir Ilitch Oulianov, 1870-1924), le père de la Révolution bolchevique. Vogt se rend donc à Moscou pour examiner l'encéphale du célèbre personnage qu'il découpera en plus de 11 000 tranches fines ; pour le reste, la dépouille sera embaumée et placée dans un mausolée spécialement aménagé sur la place Rouge. Dans un article qu'il publiera en 1929, Vogt rapportera que les neurones de forme pyramidale qui se trouvent dans la troisième couche du cortex cérébral du cerveau de Lénine étaient particulièrement volumineux ; une bien petite découverte pour un si grand brouhaha !

Malgré cet échec retentissant, on multiplia les efforts pour découvrir les bases anatomiques de l'intelligence jusqu'aux années 1950, quand l'histoire rocambolesque entourant le cerveau d'Albert Einstein (1879-1955), un des plus grands esprits du XXᵉ siècle, jeta une douche d'eau froide sur toute l'entreprise. L'auteur de la théorie de la relativité est décédé au centre médical de l'Université de Princeton en 1955 à l'âge de 76 ans. Le jeune pathologiste Thomas Harvey (1912-2007) fut alors chargé de l'autopsie de cet Isaak Newton des temps modernes. Après avoir déterminé la cause du décès – rupture d'un anévrisme à l'aorte abdominale –, Harvey décide de prélever le cerveau et de s'enfuir avec le précieux encéphale dont on n'entendra plus parler pendant plus de vingt ans. Il s'ensuivit une saga judiciaire compliquée au terme de laquelle Harvey perd son poste à Princeton et se réfugie dans le Midwest américain, emportant avec lui le précieux amas de matière grise d'où jaillit la célèbre formule $E = mc^2$. Le cerveau d'Einstein, qui ne pesait que 1 230 grammes à l'autopsie, n'était cependant plus intact. En effet, peu de temps après son prélèvement, Harvey avait disséqué une grande partie de l'encéphale en 240 blocs d'environ 10 cm³ chacun pour en faciliter l'étude. À la fin des années 1970, Harvey va sillonner une grande partie de l'Amérique du Nord avec le cerveau d'Einstein flottant dans une jarre en plastique placée dans le coffre de son automobile. Il fera don de plusieurs échantillons à différents chercheurs dans l'espoir que l'on puisse identifier les sources du génie de l'éminent physicien. Finalement, après une chevauchée fantastique qui aura duré plus de 40 ans, Thomas Harvey rendra en 1998 le précieux cerveau d'Einstein, à tout le moins ce qu'il en reste, au département de pathologie du centre hospitalier de Princeton où l'organe auguste repose toujours.

Plusieurs chercheurs nord-américains ont donc reçu des mains même de Thomas Harvey des morceaux du cerveau d'Einstein, mais peu d'entre eux les ont vraiment étudiés. On retrouve encore aujourd'hui des échantillons de cet encéphale mythique dans plusieurs laboratoires américains où on les exhibe comme de véritables reliques. La majorité des chercheurs qui ont pris la peine d'analyser ce matériel n'ont rien trouvé qui soit digne d'être publié. Toutefois, quelques neurobiologistes ont fait état de découvertes intéressantes mais dont l'interprétation a porté à confusion. La neuroanatomiste américaine Marian Diamond de l'Université de Californie à Berkeley a rapporté en 1985 que la proportion de cellules gliales par rapport aux neurones est plus élevée dans les lobes pariétaux d'Einstein que dans ceux de cerveaux témoins. Ces travaux ont suscité un certain intérêt car, comme les cellules gliales jouent un rôle de soutien pour les neurones, les résultats pouvaient signifier que les neurones d'Einstein étaient mieux soutenus, donc plus performants que ceux des individus normaux. Cependant, plusieurs scientifiques ont trouvé cette conclusion un peu simpliste et mal fondée ; ils ont aussi été étonnés de voir qu'aucun changement significatif ne fut observé pour ce qui est des neurones.

Cependant, le travail qui a fait le plus de bruit est certainement celui de la neuropsychologue canadienne Sandra Witelson de l'Université McMaster à Hamilton, en Ontario. Dans une publication intitulée *The exceptionnal brain of Albert Einstein*[15] (« Le cerveau exceptionnel d'Albert Einstein ») parue dans la prestigieuse revue *The Lancet* en 1999, Witelson rapporte que la scissure latérale de Sylvius chez Einstein conflue avec le sillon postcentral, ce qui se solde par une augmentation de 15 % de la surface du lobe pariétal (partie inférieure) du savant comparativement aux cerveaux « contrôles » (figure 8-6). En d'autres termes, la superficie d'une région du cerveau que l'on croit impliquée dans l'intégration visuospatiale et l'idéation mathématique était significativement plus grande chez Einstein que chez le commun des mortels, ce qui pourrait expliquer, selon Witelson, la force exceptionnelle de ce génie dans un domaine spécifique de l'univers cognitif. Cette publication a suscité beaucoup de controverses. D'éminents spécialistes ont mis en doute la méthodologie utilisée par Witelson, qui ne reposait que sur des mesures prises au compas à partir de vieilles photographies. De plus, pour plusieurs neurologues, comparer un cas isolé (Einstein) à une population (les cerveaux de la banque de l'Université McMaster) était au mieux inutile, au pire malhonnête. Par ailleurs, après avoir rappelé qu'Einstein avait souffert de dyslexie au cours de sa jeunesse, certains neuropsychologues ont fait remarquer que la configuration du lobe pariétal d'Einstein ressemblait étrangement à celle qu'on observe chez les dyslexiques. Finalement, plusieurs se sont demandé s'il n'était pas vain de s'acharner à identifier les bases morphologiques de l'intelligence, alors qu'on a du mal à définir l'intelligence elle-même. Décidément, la mise en évidence des corrélats anatomiques de l'intelligence humaine semble poser aux neurosciences contemporaines un défi aussi gros que celui de définir, en termes neurologiques, la conscience. À partir de la fin de XXe siècle, les efforts en ce sens se sont tournés vers des méthodes nouvelles permettant de voir le cerveau humain en action.

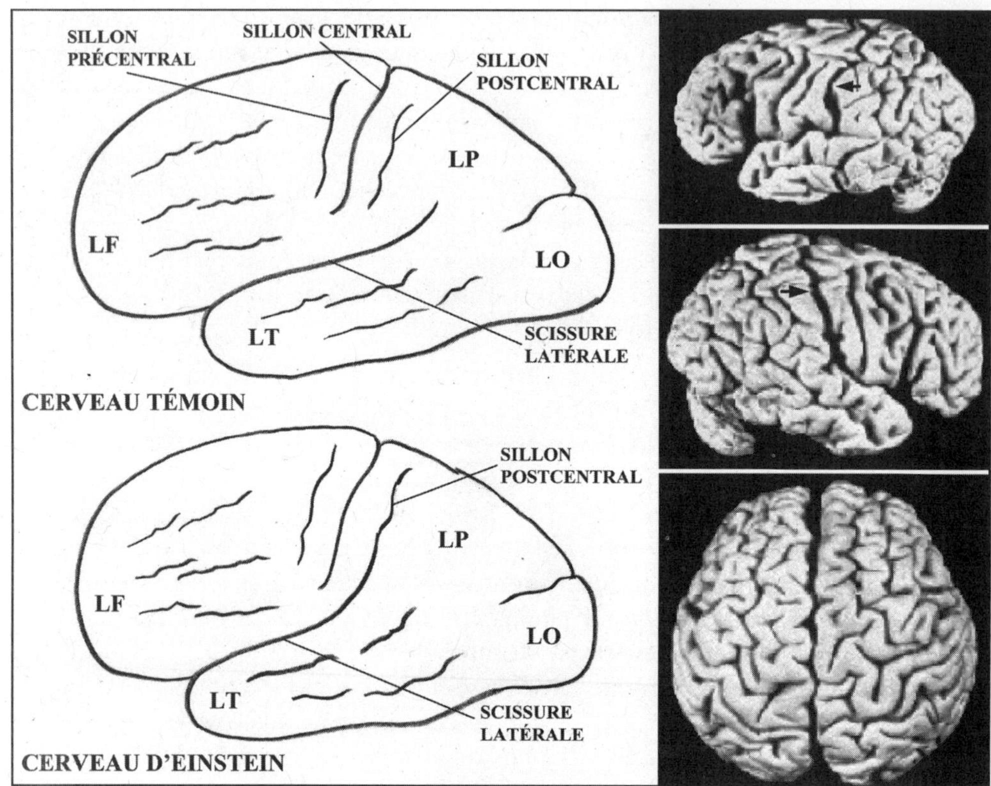

Figure 8-6. Les particularités du cerveau d'Albert Einstein. Les deux schémas à gauche comparent l'organisation habituelle des sillons corticaux (cerveau témoin) avec l'arrangement particulier du cerveau d'Einstein, où l'on note une confluence de la scissure latérale (de Sylvius) et du sillon postcentral. Cette confluence modifie significativement la configuration du lobe pariétal (LP) à qui certains neuropsychologues attribuent un rôle important dans l'organisation de la pensée abstraite et le raisonnement mathématique. Les photographies à droite montrent une vue latérale de l'hémisphère gauche (en haut) et de l'hémisphère droit (au milieu) ainsi qu'une vue dorsale du cerveau d'Einstein (en bas). Les photographies ont été prises en 1955 par le pathologiste Thomas Harvey lors de l'autopsie qui a suivi le décès du savant. Elles sont une gracieuseté du professeur Sandra Witelson, Michael G. DeGroote School of Medicine, McMaster University, Hamilton, Ontario.

Le cerveau humain en action

Les études des cerveaux de Lénine et d'Einstein évoquées plus haut faisaient face à une limitation sérieuse du fait que l'objet étudié était un organe figé, sans vie ; il s'agissait de matériel post-mortem, pour utiliser le langage des neurosciences contemporaines. Cette restriction allait être levée, du moins en partie, à la fin du XXe siècle par le développement de méthodes permettant d'imager le cerveau humain vivant et en action.

Paul Broca, le découvreur du siège du langage articulé, fut aussi un des pionniers de l'imagerie cérébrale fonctionnelle. À la fin des années 1860, il invente une couronne thermométrique avec laquelle il tente de mesurer les variations de température à la surface du crâne dues à des changements de l'activité cérébrale. Il rapporte que l'exécution d'une tâche exigeant une grande concentration induit une augmentation de la température du crâne au niveau des lobes frontaux. Malheureusement, difficile à utiliser et peu sensible, la couronne thermométrique sera rapidement abandonnée. Suivront des observations chez des patients souffrant de diverses malformations vasculaires indiquant une relation directe entre l'augmentation du débit sanguin dans des régions spécifiques du cerveau et une activité cérébrale particulière. Ainsi, on note une augmentation des pulsations dans les lobes frontaux lors de l'exécution de calculs arithmétiques et dans les lobes occipitaux suite à des efforts pour discerner des objets à la limite du visible. Ces observations originales conduisirent au développement de puissantes méthodes d'imagerie qui permettent d'examiner l'organisation anatomique et fonctionnelle du cerveau humain.

La neuro-imagerie structurelle ou imagerie anatomique permet de visualiser avec précision les diverses composantes du système nerveux central chez les individus vivants (figure 8-7). Elle utilise, comme principe de base, la tomographie axiale assistée par ordinateur (« CT scan »), une procédure développée par l'Anglais Godfrey Hounsfield et l'Américain Allan Cormack à qui l'on attribua le prix Nobel de médecine en 1979 pour l'importance de leur découverte. Cette méthode permet d'examiner le cerveau (ou tout autre organe du corps humain) en pratiquant des sections virtuelles et en reconstruisant ledit organe en trois dimensions à l'aide d'ordinateurs puissants. Pour sa part, la technique d'imagerie par résonance magnétique (IRM) met à profit le fait que le noyau de certains atomes placés dans un champ magnétique puissant pendant une courte période de temps émet une onde radio de faible intensité lorsqu'il retrouve son orientation originale. Ces ondes radio sont alors utilisées pour construire des images du cerveau d'une précision étonnante. L'atome d'hydrogène est un candidat idéal pour l'IRM : il est particulièrement abondant dans les tissus humains et sa présence reflète principalement le contenu en eau, qui varie significativement d'une région cérébrale à l'autre.

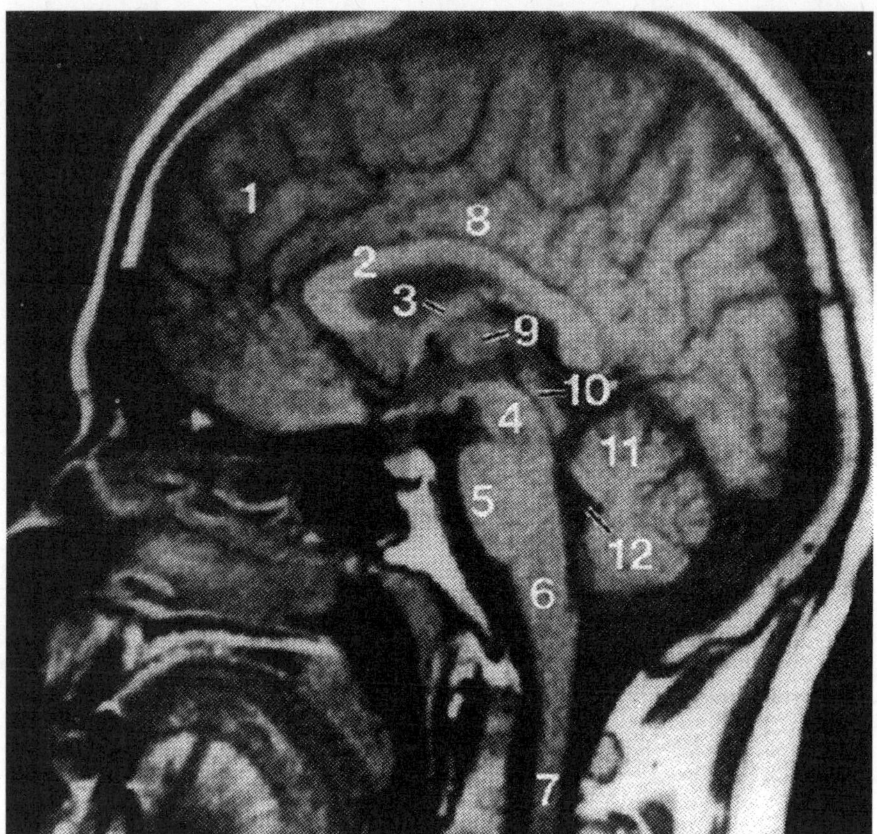

Figure 8-7. La neuro-imagerie structurelle par résonance magnétique. Vue de la face médiane du cerveau d'un individu vivant obtenue par IRM. Plusieurs structures cérébrales sont ici clairement délimitées, dont le lobe frontal (1), le corps calleux (2) et le fornix (3), un faisceau de fibres nerveuses impliquées dans la mémoire. On remarque aussi les différents segments du tronc cérébral, soit le mésencéphale (4), la protubérance (5) et le bulbe rachidien (6), ce dernier se continuant dans la moelle cervicale (7). La circonvolution du cingulum ou circonvolution limbique (8), le thalamus (9) et le toit du mésencéphale (10) sont aussi visibles. On peut même distinguer l'aqueduc de Sylvius, un petit canal situé immédiatement sous le toit du mésencéphale (10) et qui permet au liquide céphalorachidien de passer du troisième au quatrième ventricule (12), dont le toit en forme de pyramide s'insère sous le cervelet (11). Tiré de A. Parent[11].

Puisqu'elle peut visualiser les variations de composition du tissu cérébral, l'IRM permet aux cliniciens de détecter diverses anomalies pathologiques, comme de petits infarctus, des tumeurs et les dépôts de myéline caractéristiques de la sclérose en plaques. L'augmentation de la précision des nouveaux appareils d'IRM permet actuellement de corréler le volume d'une région cérébrale particulière avec une pathologie spécifique. On a ainsi noté une diminution significative du volume de l'hippocampe, une structure impliquée dans la mémoire, chez des individus souffrant de la maladie d'Alzheimer ; on a aussi rapporté un élargissement des espaces ventriculaires chez les schizophrènes. La méthode anatomo-clinique découverte au XVIIIe siècle et poussée à son sommet par Charcot et ses collaborateurs au XIXe siècle, trouve ici un développement étonnant. Plus besoin d'attendre le décès du patient pour corréler la présence d'une lésion cérébrale particulière avec un symptôme neurologique spécifique ; tout peut se faire du vivant de l'individu et en temps réel, ce qui permet de procéder rapidement à l'extirpation chirurgicale du tissu lésé lorsque cela est possible. À titre d'anecdote historique, notons que les cerveaux de Leborgne et de Lelong, sur lesquels Broca s'était basé pour définir l'aire du langage articulé, ont récemment été extirpés de leur bocal de formol au musé Dupuytren à Paris pour subir un examen par IRM[16]. Cette analyse a révélé que, chez ces deux patients célèbres, les lésions s'étendent beaucoup plus profondément dans le cerveau que ne l'avait décrit Broca. De plus, on a noté un certain manque de concordance entre l'aire originellement définie par Broca et ce qu'on appelle aujourd'hui l'aire de Broca, une donnée dont on doit tenir compte lorsqu'on examine par neuro-imagerie cette importante région du cerveau.

La neuro-imagerie fonctionnelle, pour sa part, nous fait voir le cerveau humain en action. En mesurant le signal produit par l'activité cérébrale d'un individu effectuant une tâche cognitive spécifique, on peut identifier les régions cérébrales qui sont actives (figure 8-8). L'imagerie par résonance magnétique fonctionnelle (IRMf) est basée sur des mesures qui reflètent l'augmentation de l'afflux de sang oxygéné dans les régions cérébrales spécialement actives lors de l'accomplissement d'une tâche donnée. L'IRMf a permis, entre autres, de confirmer l'existence d'une représentation exacte de la surface corporelle dans la région du cortex moteur et sensoriel, ce que les cartographes du cerveau de la fin du XIXe siècle et du début du XXe avaient appelé homoncule. Grâce à cette méthode, il a été possible de démontrer avec une clarté remarquable l'activité de l'aire de Broca lors de l'accomplissement de diverses tâches impliquant le langage articulé, ainsi que l'absence d'une telle activité chez les patients aphasiques ; on a pu également identifier d'autres zones corticales jouant un rôle dans le langage[16].

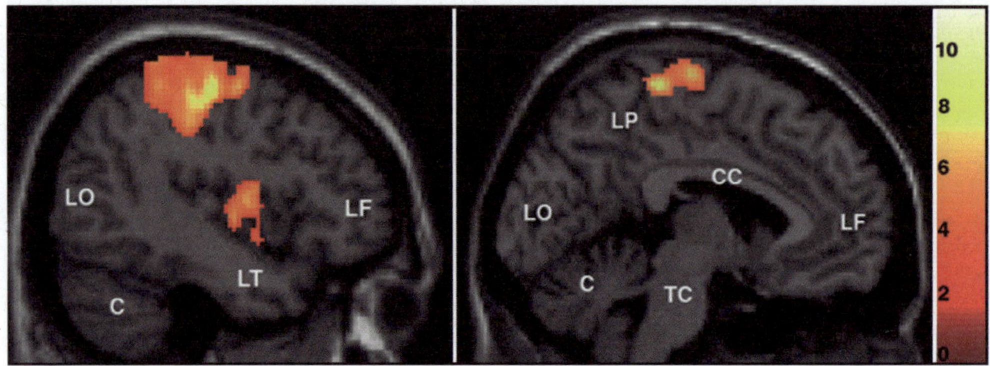

Figure 8-8. La neuro-imagerie fonctionnelle par résonance magnétique. Sections virtuelles dans le plan sagittal du cerveau d'un individu vivant obtenues par IRMf. Ces reconstitutions par ordinateur montrent l'activation (couleur orange) de la zone de la main (à gauche) et celle du pied (à droite) lors de tâches motrices impliquant ces deux parties du corps. Comme le prévoyaient les cartographes du cerveau au XIXe siècle, la zone de la main se situe plus latéralement dans le cortex moteur que celle du pied, qui se trouve sur la face médiane de l'hémisphère. La section de gauche traverse le cerveau dans un plan plus latéral que celle de droite. Cette dernière nous offre une vue de la face médiane du cerveau reconnaissable par la présence du corps calleux (CC), du tronc cérébral (TC) et du cervelet (C) sectionnés en leur milieu. La localisation des lobes frontaux (LF), occipitaux (LO), pariétaux (LP) et temporaux (LT) a été indiquée afin de faciliter la lecture des clichés qui nous ont été gracieusement fournis par le professeur Philip Jackson, École de psychologie, Université Laval. La barre étalon située à droite sert à évaluer l'intensité du marquage, donc le niveau d'activité cérébrale.

L'IRMf a fait beaucoup plus que simplement confirmer ce que les chercheurs du XIXe siècle avaient entrevu, elle a conduit à une véritable révolution dans le domaine des neurosciences cognitives, incluant la psycholinguistique. En effet, depuis l'an 2000, de nombreux travaux utilisant l'IRMf ont conduit à l'identification précise des structures cérébrales impliquées dans des tâches aussi complexes que l'apprentissage des langues et de la musique. Cette approche a aussi permis de définir avec précision les fonctions cognitives spécifiques de chacun des deux hémisphères cérébraux. Les images obtenues nous ont montré un hémisphère gauche typiquement verbal, rationnel et analytique et donc plus compétent que l'hémisphère droit en ce qui a trait à la résolution de problèmes mathématiques, comparativement à un hémisphère droit holistique, émotionnel et artistique, surpassant l'hémisphère gauche pour ce qui est de la résolution des problèmes géométriques. Ces données confortent les résultats obtenus par l'Américain Roger W. Sperry (1913-1994) chez des patients dont la commissure inter-hémisphérique (le corps calleux) avait été chirurgicalement sectionnée pour éviter la propagation de crises épileptiques d'un hémisphère à l'autre, travaux qui valurent à leur auteur le privilège de partager avec David Hubel et Torsten Wiesel le prix Nobel de médecine en 1981.

Au cours des dernières années, certains cliniciens utilisant l'IRMf se sont aventurés sur des terrains beaucoup plus glissants À titre d'exemples, notons les efforts présentement consentis pour identifier les structures cérébrales actives chez certains moines et moniales en état de méditation profonde, chez des femmes à qui l'on présente alternativement l'image de leur enfant et celle de leur amant (amour maternel et amour romantique)[17] et chez des femmes et des hommes en train de pratiquer une activité sexuelle explicite[18]. Outre le fait que la logique présidant à de telles expériences semble obscure, ce type de recherche n'est pas sans rappeler la quête des facultés de l'esprit qu'a menée Franz Joseph Gall à la fin du XVIIIe siècle. Ce dernier avait identifié plusieurs centres corticaux dont l'expansion, croyait-il, se traduisait par des protubérances palpables à la surface du crâne (voir chapitre 4). Parmi les facultés identifiées par Gall, on note celles régissant « le sentiment religieux » et « l'amour de sa progéniture ». Sommes-nous sur le point d'assister à la naissance d'une nouvelle phrénologie ?

Outre l'IRMf, le puissant arsenal de la neuro-imagerie fonctionnelle comprend aussi la tomographie par émission de positrons (TEP). Comme son nom l'indique, la TEP fait appel à l'utilisation d'isotopes qui émettent des positrons (électrons chargés positivement). Les isotopes les plus fréquemment utilisés sont ceux du carbone (^{11}C), de l'azone (^{13}N), de l'oxygène (^{15}O) et du fluor (^{18}F). Une fois couplées à une molécule biologique choisie et injectées par voie intraveineuse, ou même simplement inhalées, ces molécules sont visualisées dans le tissu cérébral où leur distribution nous renseigne alors sur l'état fonctionnel de certaines régions du cerveau. C'est le cas lorsque l'on utilise le 2-désoxyglucose (2-DG), un analogue non métabolisable du glucose, couplé à l'isotope du fluor. La quantité de fluoro-2-désoxyglucose (^{18}F-2-DG) détectée dans les différentes régions du cerveau nous informe sur les niveaux d'activité métabolique et donc sur l'implication présumée de ces régions cérébrales dans l'accomplissement de certaines tâches cognitives. Cette procédure est aussi très utile pour déceler des anomalies métaboliques au sein de structures cérébrales spécifiques chez des patients dont les fonctions cognitives sont atteintes à différents degrés, comme c'est le cas dans la maladie d'Alzheimer (figure 8-9). On peut aussi utiliser la TEP pour évaluer l'état fonctionnel de certains systèmes neuronaux utilisant un neurotransmetteur donné. Dans ce cas, il suffit de coupler le neurotransmet-

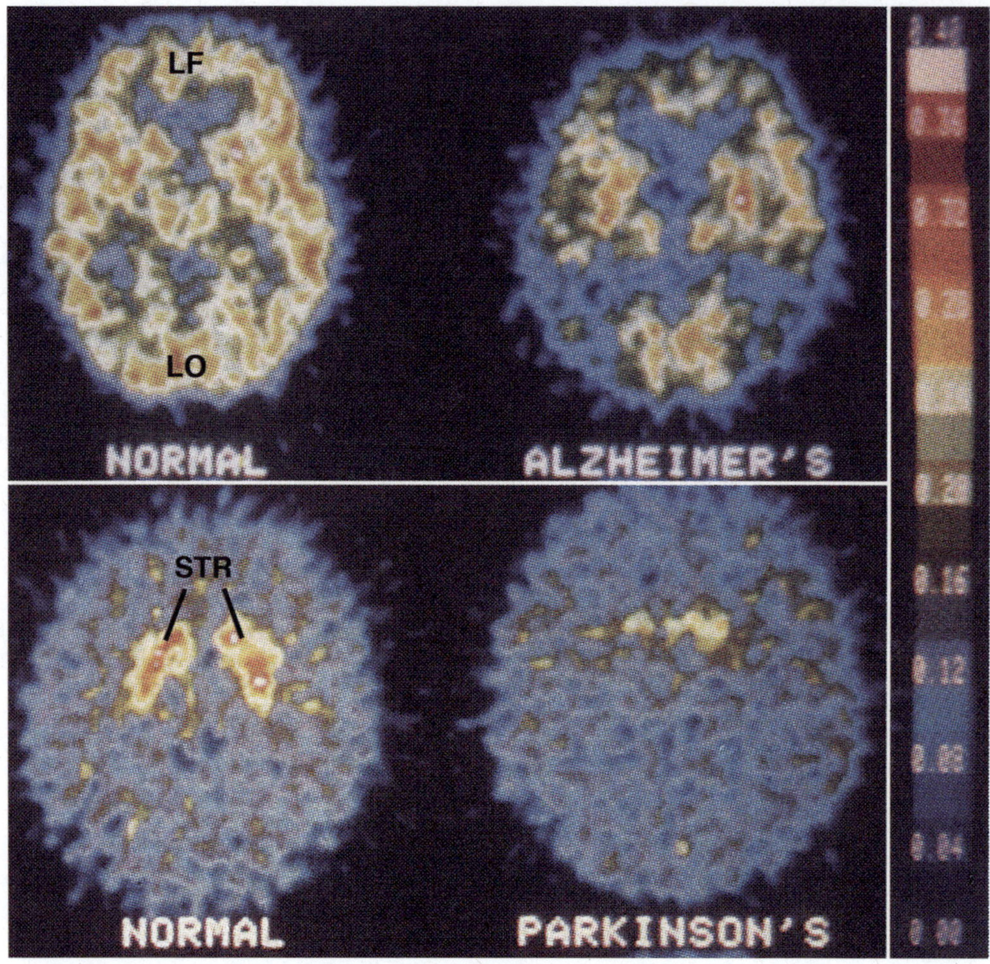

Figure 8-9. La neuro-imagerie fonctionnelle par émission de positrons (TEP). Sections horizontales du cerveau de quatre individus obtenues par la TEP ; dans chaque cas, le lobe frontal (LF) est placé en haut et le lobe occipital (LO) en bas de la figure. Les deux images du haut comparent les niveaux métaboliques dans différentes régions du cerveau chez un individu normal et un patient atteint de la maladie d'Alzheimer. L'utilisation du fluoro-2-désoxyglucose comme indice d'utilisation du glucose montre une activité métabolique (zones dont la couleur varie de jaune à orange) fortement diminuée chez le patient souffrant d'Alzheimer. Les images du bas ont été obtenues à l'aide de la fluorodopa comme marqueur des terminaisons neuronales utilisant la dopamine comme neurotransmetteur. L'activité dopaminergique est fortement diminuée dans le striatum (STR), une des composantes des ganglions de la base, chez le patient souffrant de la maladie de Parkinson comparativement au sujet contrôle. La barre étalon à droite sert à évaluer l'intensité du marquage. D'après A. Parent[11].

teur choisi, ou son précurseur métabolique immédiat, à un isotope capable de libérer des positrons et d'en étudier la distribution dans le cerveau. Cette approche s'est avérée particulièrement utile pour évaluer l'état de patients souffrant de maladies neurologiques dégénératives, particulièrement le degré de dégénérescence des neurones utilisant la dopamine comme neurotransmetteur dans la maladie de Parkinson. En employant le précurseur immédiat de la dopamine, la L-dopa, couplé à l'isotope du fluor (la fluorodopa ou ^{18}F-dopa), la TEP nous permet de visualiser les neurones à dopamine dans le cerveau et de détecter une altération de l'intégrité de ces neurones avant même que les symptômes caractéristique de la maladie apparaissent (figure 8-9).

Neurones et langage neuronal

Le décryptage du langage neuronal a été amorcé dans la première moitié du XXe siècle par des pharmacologues anglais et allemands. Utilisant le système nerveux automne comme modèle expérimental, ils découvrent que les neurones libèrent des substances chimiques – les *neurotransmetteurs* – au niveau des terminaisons par lesquelles ils entrent en contact avec d'autres neurones ou agissent sur différents organes cibles, comme les muscles et certaines glandes (voir chapitre 7). C'est par l'intermédiaire de ces neurotransmetteurs ainsi que les protéines qui les reconnaissent, que l'on appelle récepteurs (décodeurs), que les neurones peuvent soit exciter soit inhiber les neurones avec lesquels ils sont en contact. En utilisant des neurotransmetteurs très spécifiques, les neurones peuvent faire savoir aux neurones suivants dans la chaîne de communication de continuer la transmission de l'information ou d'y mettre fin. Les neurotransmetteurs chimiques permettent aux neurones de ne pas toujours dire « oui », mais parfois de dire « non ».

Le fonctionnement du cerveau humain repose donc en grande partie sur l'utilisation par les neurones d'un nombre relativement faible de neurotransmetteurs, mais dont l'action est décodée par une multitude de récepteurs situés à la surface des neurones. Le langage neuronal a un vocabulaire et une syntaxe relativement complexes. On a longtemps cru que les neurones n'utilisaient qu'un seul neurotransmetteur et qu'ainsi leur langage serait relativement facile à déchiffrer. De fait, certains neurones n'utilisent qu'un seul neurotransmetteur dont le message est univoque, comme le glutamate qui excite fortement les neurones contactés ou l'acide γ-aminobutyrique qui, au contraire, exerce une forte inhibition sur les neurones cibles. Ces neurones unilingues ne savent dire que « oui » ou « non ». Plus récemment, on s'est rendu compte que la plupart des neurones sont bilingues et même multilingues : ils utilisent deux et même plusieurs neurotransmetteurs à la fois. Le décodage du langage neuronal devient alors une tâche beaucoup plus ardue, d'autant plus que les molécules chimiques utilisées n'exercent pas toujours le même type d'effet sur les neurones cibles. Alors que certaines molécules ne savent qu'exciter ou inhiber les neurones cibles, d'autres substances chimiques, comme les neuropeptides, modulent l'activité des neurones de façon passablement plus subtile. Ces *neuromodulateurs* ont une action plus lente et beaucoup plus prolongée que les neurotransmetteurs classiques et servent à préparer les neurones à recevoir des informations diverses. Ainsi, en plus des neurones qui disent « oui » (activation) ou « non » (inhibition), il existe des neurones qui peuvent dire « peut-être » (neuromodulation). La chose se complique davantage lorsque l'on découvre que certains neurones peuvent utiliser à la fois des neurotransmetteurs classiques (de type « oui » ou « non ») et des neuromodulateurs (de type « peut-être »), et qu'un même neurone peut parfois dire « oui » et parfois « non ». Déchiffrer ces messages devient alors une tâche très complexe et, pour y arriver, les neurones cibles doivent mettre en action tous les récepteurs (décodeurs) présents à leur surface. En général, les populations neuronales parlant un même langage occupent un même territoire cérébral. Cependant, les membres de ces populations neuronales ont souvent à communiquer avec les individus appartenant à des populations neuronales situées dans d'autres régions du cerveau et parlant un langage différent, ce qui complique davantage le déchiffrement de la communication neuronale.

La transmission chimique au niveau du cerveau doit être harmonieuse si elle veut assurer le bon fonctionnement de ce maître organe ; tout dérèglement à ce niveau entraîne des problèmes majeurs, allant de perceptions sensorielles anormales, troubles de la motricité et altérations de la conscience à des troubles de la cognition et une désorganisation de la pensée. Les troubles du langage neuronal peuvent prendre plusieurs formes. Certains neurones peuvent, pour diverses raisons, cesser d'émettre des signaux ou devenir incapable d'interpréter les signaux reçus ; ils deviennent alors aphasiques. Comme chez les patients qui en souffrent, l'aphasie neuronale peut être de type moteur ou sensoriel, selon qu'il s'agit d'un neurone qui cesse tout simplement de parler (moteur) ou d'un neurone qui continue de parler, mais ne comprend plus ce qu'on lui dit (sensoriel). Dans le premier cas, le déficit se situe au niveau du système de relâchement des neurotransmetteurs des neurones émetteurs, alors qu'il implique les récepteurs (décodeurs) des neurones cibles dans le second cas. On attribue aux neurones aphasiques un rôle important dans la pathophysiologie de plusieurs troubles du fonctionnement cérébral, dont les problèmes reliés au contrôle des états de conscience que l'on tente de résoudre en administrant aux patients des substances chimiques pouvant s'attacher aux récepteurs et ainsi mimer l'action des neurotransmetteurs normalement relâchés par les neurones qui ont cessé de parler.

D'autres neurones peuvent, dans certaines occasions, émettre beaucoup plus de signaux et relâcher beaucoup plus de neurotransmetteurs qu'ils ne le font normalement ; ils deviennent alors dysphasiques. Leur langage n'est plus formulé selon une syntaxe correcte, de sorte que les neurones cibles ne peuvent plus le décoder. Ces neurones trop bavards sont la cause de plusieurs déficits neurologiques, tels les troubles du mouvement que l'on rencontre dans la maladie de Parkinson. Le traitement chirurgical dans ce cas est basé sur le fait qu'il vaut mieux faire taire les neurones dysphasiques plutôt que de les laisser acheminer des messages incongrus, brouillés et ininterprétables. On procède alors à une destruction chirurgicale, par lésion ou par stimulations à haute fréquence, de la population neuronale dont les éléments sont devenus un peu trop bavards. On peut aussi utiliser un traitement pharmacologique basé sur l'emploi de substances chimiques ayant la capacité de bloquer les récepteurs qui reçoivent le surplus de neurotransmetteurs relâchés par les neurones dysphasiques.

Maladies neurologiques dégénératives et maladies mentales

Le domaine des neurosciences est actuellement en pleine ébullition. Cependant, le réveil a été tardif et, comparativement à d'autres disciplines, telles les recherches sur les maladies cardiaques, l'étude des maladies du cerveau a encore beaucoup de chemin à parcourir. L'écart est particulièrement criant en ce qui a trait aux maladies neurologiques dégénératives et aux maladies psychiatriques. Même de nos jours, il est toujours malaisé de parler des maladies psychiatriques et l'on cherche à éloigner le plus possible de la société bien pensante les patients qui en sont atteints. Ici encore le langage est révélateur : on parle plus facilement de « santé mentale » que de « maladies mentales », alors que l'on aborde sans gêne la question des « maladies cardiaques ». Cette mise au ban de la société des patients souffrant de maladies mentales a fait en sorte que la recherche dans ce domaine a pris un sérieux retard par rapport aux autres domaines des sciences de la santé. Le succès de la recherche effectuée au cours des dernières décennies sur les maladies cardiaques a conduit à une augmentation significative de l'espérance de vie des populations occidentales. Malheureusement, la recherche sur les maladies neurologiques dégénératives et les troubles psychiatriques n'ayant pas progressé au même rythme, la qualité de vie des individus vieillissants ne s'est pas améliorée, bien au contraire.

Les maladies d'Alzheimer et de Parkinson sont les pathologies neurologiques dégénératives les plus fréquentes. La maladie d'Alzheimer se caractérise initialement par des troubles de la mémoire et se transforme progressivement en un déficit de plus en plus important des fonctions cognitives. Cette pathologie frappe un individu sur dix après 65 ans et 2 individus sur 5 après 80 ans. Pour sa part, la maladie de Parkinson se caractérise initialement par des troubles de la motricité auxquels s'ajoutent souvent de déficits cognitifs dans les stades avancés. Cette pathologie affecte 2 individus sur 100 après 65 ans. Ces deux pathologies sont dues à la dégénérescence de neurones localisés dans des endroits très précis du cerveau et utilisant un langage neuronal très spécifique. Dans la maladie de Parkinson, comme nous l'avons vu plus haut, les neurones qui dégénèrent sont situés dans la partie supérieure du tronc cérébral (la substance noire) et utilisent la dopamine comme neurotransmetteur. Dans le cas de la maladie d'Alzheimer, les neurones qui disparaissent sont situés à la base des hémisphères cérébraux et utilisent l'acétylcholine comme neurotransmetteurs. Bien que la symptomatologie de ces deux maladies soit bien connue, la cause de la mort neuronale qui les sous-tend nous échappe toujours.

Il en est de même pour les maladies psychiatriques, comme la schizophrénie et les troubles bipolaires, qui affectent un individu sur dix à un moment ou l'autre de sa vie. Contrairement aux maladies neurologiques dégénératives, les troubles psychiatriques ne sont pas liés au vieillissement et n'impliquent pas une perte de neurotransmetteurs qui résulterait de la dégénérescence de populations neuronales spécifiques. Ces pathologies se caractérisent plutôt par un dysfonctionnement – soit une activité anormalement augmentée ou abaissée – de certains systèmes neuronaux qui utilisent divers neurotransmetteurs. Curieusement, les systèmes neuronaux impliqués dans ces pathologies qui perturbent les fonctions les plus développées de l'encéphale humain sont parmi les premiers à être apparus dans l'évolution des espèces[19] ; ils utilisent principalement la dopamine et la sérotonine comme neurotransmetteurs. Ainsi, on attribue les phases psychotiques de la schizophrénie à un fonctionnement anormalement élevé des neurones à dopamine du tronc cérébral dont les axones s'arborisent dans le cortex du lobe frontal. D'ailleurs, les neuroleptiques utilisés pour atténuer ces phases psychotiques agissent principalement en bloquant les récepteurs de la dopamine. Par ailleurs, un fonctionnement anormalement faible des neurones à sérotonine du tronc cérébral se projetant sur le cortex cérébral serait responsable des phases dépressives de la maladie bipolaire. Ainsi, les antidépresseurs les plus fréquemment utilisés de nos jours agissent en bloquant la recapture de la sérotonine, qui devient alors disponible en plus grande quantité dans le cerveau des patients déprimés. Cependant, tous ces traitements ne sont que palliatifs puisque la ou les causes primaires de ces pathologies, qui se caractérisent par une désorganisation de la pensée et par une baisse des états motivationnels, restent à déterminer.

Genèse de nouveaux neurones dans le cerveau adulte

Les travaux des neuro-anatomistes de la dernière moitié du XIXe siècle, principalement ceux de Ramón y Cajal en Espagne, démontrèrent sans équivoque que le neurone est l'unité génétique, anatomique, trophique et fonctionnelle du tissu nerveux. Cette découverte avait comme corollaire que toutes les voies nerveuses, circuits et arcs réflexes sur lesquels repose l'activité d'un organe aussi compliqué que le cerveau humain sont composés de neurones individuels reliés entre eux selon des motifs qui vont du plus simple au plus complexe. Cajal fut aussi le premier à mettre en évidence certains processus qui président à la prolifération et à la migration des neurones lors du développement embryonnaire du cerveau. Il formula des hypothèses étonnantes pour l'époque et qui faisaient appel à des aspects particuliers du développement neuronal, telle l'augmentation du degré de branchement des dendrites, pour expliquer des fonctions aussi vastes que la mémoire et l'apprentissage (voir chapitre 7). Des travaux expérimentaux réalisés chez l'animal plus de 100 ans plus tard sont venus confirmer certaines de ces hypothèses. En effet, on sait aujourd'hui que la richesse de l'environnement dans lequel vit un animal influe sur la morphologie de ses neurones cérébraux ; la taille de la surface permettant les contacts entre neurones (principalement les appendices ou épines présentes le long des dendrites) ainsi que le nombre de ces contacts sont d'autant plus grands que le milieu de vie est riche. L'apprentissage et la mémoire impliquent aussi des changements structuraux en ce qui a trait aux relations anatomiques et fonctionnelles étroites qu'entretiennent les neurones et les cellules gliales dans l'exercice de telles fonctions[20, 21].

Les études de Cajal et de ses contemporains sur le développement neuronal ont mené à la conclusion que tous les neurones qui composent le système nerveux apparaissent avant ou immédiatement après la naissance des individus. Cette vision du développement du système nerveux est progressivement devenue un véritable dogme qui domina les recherches sur le cerveau pendant près de 150 ans. Cette doctrine fut ébranlée une première fois au cours des années 1960 lorsque les chercheurs américains Joseph Altman,

Shirley Bayer et Michael Kaplan, utilisant des radioisotopes pour marquer les neurones nouvellement générés, démontrèrent que de nouveaux neurones viennent s'ajouter à la population neuronale du bulbe olfactif chez le rat, et ce tout au long de la vie de l'animal[22]. On mit cependant beaucoup de temps à accepter cette nouvelle donnée et il fallut encore plus de temps pour en comprendre la signification et en dégager les implications fonctionnelles. Au départ, l'ajout de nouveaux neurones dans le bulbe olfactif a été vu comme une particularité sans intérêt du système olfactif de certains animaux primitifs, comme les reptiles, les oiseaux et les rongeurs ; on ne croyait pas qu'un tel phénomène puisse exister dans le cerveau des primates, à plus forte raison celui de l'homme. L'analogie très en vogue à l'époque faisait en sorte que l'on associait le fonctionnement du cerveau à celui d'un ordinateur avec son câblage complexe, mais fixe. Dans une telle perspective, il était difficile de s'imaginer comment de nouveaux éléments et, partant, de nouveaux circuits, pouvaient être ajoutés de façon continue à cet ordinateur central sans en défaire la sublime architecture.

L'idée que de nouveaux neurones puissent être produits tout au long de la vie dans le cerveau adulte – un phénomène que l'on appelle maintenant *neurogenèse postnatale* – refit surface au cours des années 1990 grâce au développement de méthodes moléculaires permettant la détection de neurones nouvellement générés, méthodes encore plus sensibles que celle qu'avaient utilisée Altman, Bayer et Kaplan trente ans auparavant. Ces nouvelles techniques permirent de redécouvrir l'existence de la neurogenèse au sein du bulbe olfactif des rongeurs adultes et d'étudier en détail l'origine et le trajet que parcourent les cellules neuronales primitives (neuroblastes) pour atteindre le bulbe olfactif. On découvrit alors que ces neuroblastes provenaient de cellules souches logées dans une zone qui tapisse la paroi dorsale des ventricules latéraux et qui conserve la vie durant sa capacité neurogénique originelle. C'est à partir de cette zone sous-ventriculaire germinative que les cellules souches prolifèrent et se différencient progressivement en neuroblastes. Ces derniers quittent ensuite la zone sous-ventriculaire et migrent jusqu'au bulbe olfactif où ils deviennent progressivement des neurones matures qui s'intègrent à la population neuronale qui réside déjà dans cette structure[23].

Au milieu des années 1990, on découvrit que l'hippocampe, une structure enfouie dans le lobe temporal et dont le rôle dans la mémoire et l'apprentissage a été souligné plus haut, est aussi le siège d'une neurogenèse active chez le rat adulte. Les neurones nouvellement formés dans l'hippocampe ont pour origine la zone sous-granulaire du gyrus denté qui, tout comme la zone sous-ventriculaire, conserve son pouvoir germinatif chez l'adulte. Toutefois, la neurogenèse postnatale dans l'hippocampe est un phénomène local. En effet, contrairement à ce qui se passe dans la zone sousventriculaire où les neuroblastes doivent migrer sur des longues distances et à grande vitesse pour rejoindre le bulbe olfactif, les neuroblastes produits dans la zone sous-granulaire de l'hippocampe se déplacent peu avant d'être intégrés à la population neuronale résidente. Ces travaux démontrent clairement qu'il existe au moins deux régions cérébrales, soit le bulbe olfactif et l'hippocampe, capables, la vie durant, d'intégrer de nouveaux neurones et d'en tirer profit. À la fin des années 1990, d'autres travaux révélèrent que, loin d'être restreinte aux rongeurs comme on l'avait cru pendant de nombreuses années, la neurogenèse postnatale reliée au bulbe olfactif et à l'hippocampe est un phénomène présent chez la plupart des mammifères, y compris le singe et l'homme[24]. Avec cette nouvelle donne, l'image du cerveau venait de changer radicalement. Tout au long du XIXe siècle et durant les trois premiers quarts du XXe, on a considéré le cerveau comme un organe stable, fixé par la génétique dès le départ et qui n'évolue plus après la naissance, si ce n'est pour la perte, au cours du vieillissement, d'une proportion plus ou moins grande des quelque 100 milliards de neurones qui le constituent. La découverte de la neurogenèse postnatale couplée à la démonstration d'une modification morphologique des neurones lors de l'apprentissage fit émerger une toute nouvelle image du cerveau humain, soit celle d'un organe beaucoup plus plastique et adaptable qu'on ne l'avait cru auparavant.

Depuis le début des années 2000, on s'est particulièrement intéressé aux mécanismes cellulaires, moléculaires et génétiques qui gouvernent la prolifération, la migration et la maturation des neurones nouvellement générés dans le bulbe olfactif et l'hippocampe. Par ailleurs, en utilisant différents modèles animaux, on a découvert que, si le renouvellement neuronal à partir de neuroblastes situés dans les zones sous-ventriculaire et sous-granulaire est restreint au bulbe olfactif et à l'hippocampe dans des conditions normales, il peut concerner d'autres régions cérébrales dans certaines conditions pathologiques. De fait, certaines régions dépourvues de potentiel neurogénique peuvent accueillir de nouveaux neurones lors de maladies neurologiques dégénératives, d'accidents vasculaires cérébraux ou de trauma. C'est le cas du cortex cérébral et des ganglions de la base où l'on voit apparaître de nouveaux neurones recrutés à partir de la zone sous-ventriculaire, grâce aux modifications du micro-environnement induites par les lésions vasculaires[25].

Ces résultats font miroiter la possibilité d'exploiter le pouvoir de régénérescence que conserve le cerveau adulte pour prévenir et même corriger certains déficits neurologiques. Un obstacle majeur demeure cependant : la proportion de neurones nouvellement générés est très faible par rapport au nombre de neurones qui dégénèrent dans de telles situations et seule une faible proportion des neurones produits réussira à s'intégrer au câblage neuronal du cerveau adulte. Il faut donc envisager de nouvelles stratégies faisant appel aux connaissances des mécanismes cellulaires et moléculaires de la neurogenèse postnatale afin que la récupération fonctionnelle soit significative. Des résultats prometteurs ont été obtenus récemment en ce sens chez des modèles animaux (rongeurs et primates) de diverses maladies neurologiques dégénératives à l'aide d'injections intracérébrales de substances qui guident les néo-neurones vers leur destination finale lors du développement embryonnaire. L'instillation locale de telles substances attractives a pour effet de détourner de leur trajectoire habituelle les néo-neurones dont on a au préalable modifié le bagage génétique à l'aide de vecteurs viraux, afin que ces nouveaux éléments en viennent à peupler des territoires cérébraux dans lesquels ils ne pénètrent pas normalement. À titre d'exemple, on a réussi à recruter, à partir de la zone germinative sous-ventriculaire, des neuroblastes modifiés génétiquement pour produire de la dopamine et les acheminer vers les structures nerveuses qui sont privées de ce neurotransmetteur dans la maladie de Parkinson[25]. Un pas important dans l'utilisation de cellules souches endogènes comme remède possible à la dégénérescence neuronale vient donc d'être franchi. La solution au traitement des maladies neurologiques dégénératives réside peut-être dans le cerveau lui-même, dont on a bien peu exploité jusqu'ici la remarquable plasticité.

La place qu'occupe la neurogenèse postnatale dans le fonctionnement normal du cerveau reste à définir. Cependant, ce phénomène n'est certainement pas sans importance puisque le blocage expérimental de la neurogenèse du bulbe olfactif ou de l'hippocampe s'accompagne respectivement des déficits olfactifs et mnémoniques importants. De plus, plusieurs facteurs externes affectent le taux de production de néo-neurones dans le cerveau adulte. C'est le cas, entre autres, de l'apprentissage qui s'accompagne d'une augmentation significative de nouveaux neurones dans l'hippocampe. En revanche, la neurogenèse hippocampique subit un ralentissement marqué lorsque les animaux sont élevés dans un milieu appauvri. Par ailleurs, l'administration d'antidépresseurs ou d'antipsychotiques stimulent grandement la neurogenèse[26]. Il est donc possible que les maladies psychiatriques, comme la schizophrénie et la bipolarité, soient aussi le résultat d'une désorganisation de la migration neuronale qui pourraient être corrigée en utilisant la même approche que celle proposée pour les maladies neurologiques dégénératives.

La neurogenèse adulte est rapidement devenue un des secteurs les plus actifs des neurosciences. Promet-elle plus que ce qu'elle peut tenir ? Cette question s'adresse, en fait, à l'ensemble du domaine toujours plus envahissant des neurosciences contemporaines, mais ce sera aux historiens du futur de tenter d'y répondre.

Épilogue

C'est dans l'étude approfondie des détails que l'on surprend les secrets de la nature, et c'est à ceux qui ont le courage de tout entreprendre qu'il est permis de croire que l'on peut tout expliquer.

Félix VICQ D'AZYR

Ici s'achève un long voyage à travers le temps. Au cours de ce périple, nous avons parcouru près de 30 000 années, soit de la préhistoire au XXIe siècle, pour tenter de dégager l'image que l'homme se fait de son cerveau en tant qu'organe de connaissance. Notre voyage nous a appris que cette représentation était très mouvante. En effet, l'image du cerveau humain s'est constamment modifiée au cours des âges en partie grâce à l'avance, mais aussi au recul, des connaissances sur l'organisation anatomique et fonctionnelle du système nerveux. Moins floue aujourd'hui, cette image continue néanmoins à se transformer sous nos yeux et cela à un rythme de plus en plus effarant.

Les débuts de l'histoire du cerveau sont modestes et ont laissé peu de traces écrites. Des trépanations de l'époque néolithique à l'Égypte pharaonique – où la mémoire humaine est progressivement passée de l'état minéral (celui des tablettes d'argile) à l'état végétal (celui des livres) –, un seul papyrus sauvé *in extremis* de la destruction nomme et décrit sommairement ce viscère rébarbatif à qui l'on attribue un certain rôle dans la gestion des perceptions sensorielles et l'exécution des mouvements. De l'Antiquité gréco-romaine émergent des images du cerveau humain qui se contredisent et qui oscillent entre mythe et réalité. Hippocrate et ses disciples du IVe au IIe siècle avant notre ère, et Galien au IIe siècle de notre ère, vont être les premiers à nous laisser une documentation substantielle sur la médecine grecque fondée sur les principes de la nature et sur la façon dont on concevait le cerveau à cette époque.

Suivra alors une longue pause qui s'étendra de l'Antiquité tardive à la Renaissance, au cours de laquelle les quelques traités médicaux qui verront le jour seront dominés entièrement par la physiologie humorale galénique. Cette période étendue permettra néanmoins aux médecins arabes de s'approprier les écrits médicaux gréco-romains et d'en faire des traductions qui influenceront grandement l'Europe occidentale à l'aube de la Renaissance. Le développement de l'imprimerie au milieu du XVe siècle assurera une large diffusion de ces connaissances. L'imprimerie permettra la parution de traités remarquables qui sont le résultat d'une collaboration active entre artistes et médecins. Ces ouvrages fourniront des illustrations saisissantes de l'organisation cérébrale basées sur l'observation directe que permet la reprise des dissections de cadavres humains et qui remettra en question les préceptes anatomophysiologiques de l'organisation cérébrale de Galien et de ses disciples arabes et perses.

Au cours des XVIIe et XVIIIe siècles paraîtront des traités qui, sous l'influence de William Harvey, proposeront une vision mécaniciste du fonctionnement cérébral. Des revues spécialisées, tel le *Journal des Sçavans*, verront aussi le jour au milieu du XVIIe siècle ; elles favoriseront la publication d'œuvres courtes et spécialisées aux dépens des traités exhaustifs auxquels on avait été habitué jusque-là. Pour sa part, le XIXe siècle verra paraître plus d'ouvrages traitant spécifiquement du cerveau que tout ce qui avait été publié jusque-là dans l'histoire de l'humanité ; c'est au cours de cette période que la neurologie va véritablement acquérir ses lettres de noblesse. Le rythme de parution des textes sur le cerveau va s'accélérer de façon vertigineuse au cours du XXe siècle, à un point tel que, malgré l'avènement d'Internet et de l'archivage électronique, il devient difficile et parfois même impossible de prendre acte de toutes les nombreuses percées qui s'y opèrent. Le XXe siècle verra la recherche sur le système nerveux en général et le cerveau en particulier – un champ d'étude qui, jusque-là, avait fait montre d'une unité remarquable – se fragmenter en de multiples disciplines que l'on tente aujourd'hui désespérément d'unifier sous le terme de neurosciences. Parallèlement à ces divers bouleversements, la façon de communiquer les nouvelles données scientifiques sur l'organisation cérébrale a radicalement changé au XXe siècle, qui a été le témoin d'une sévère contraction de la galaxie Gutenberg. D'abord enfouies pendant des siècles dans de volumineux traités médicaux et ensuite regroupées dans de brefs fascicules spécialisés, ces données sont en voie de perdre tout support physique pour entrer de plain-pied dans le monde de l'électronique. On peut y voir là un des nombreux retournements typiques de l'histoire où la mémoire de l'humanité est à nouveau archivée sur un support minéral, non pas celui des tablettes d'argile de l'Égypte pharaonique, mais bien celui de micropuces de silicone du troisième millénaire.

Si les principales avancées scientifiques du XXe siècle appartiennent aux sciences physiques – nous n'avons qu'à penser à la formulation de la théorie de la relativité et aux découvertes sur la structure atomique –, il y a fort à parier que les percées majeures qui seront réalisées au XXIe siècle appartiendront au domaine des sciences de la vie et principalement à celui neurosciences. Paraphrasant Félix Vicq d'Azyr, on peut dire qu'à l'aube du XXIe siècle il semble permis aux scientifiques engagés dans l'étude du cerveau de croire qu'ils pourront tout expliquer. Mais, il y a plus de 2 000 ans à Alexandrie, Hérophile et Érasistrate, découvrant pour la première fois les merveilles de l'architecture de l'encéphale humain, partageaient probablement la même conviction et le même enthousiasme.

Références

Introduction

1. Grmek, M.D., « Introduction », dans M.D. Grmek et B. Fantanini (dir.), *Histoire de la pensée médicale en Occident*, vol. 1, Paris, Seuil, 1995, p. 7-24.

2. Dumesnil, R., « Introduction », dans R. Dumesnil et F. Bonnet-Roy (dir.), *Les médecins célèbres*, Genève, Mazenot, 1947, p. 30-35.

3. Vesalius, A., *De humani corporis fabrica libri septem*, Basilae, Joannis Oporini, 1543.

4. Harvey, W., *Exercitatio Anatomica de Motu Cordis et Sanguinis in Animalibus*, Frankforti, Guliemi Fitzeri, 1628.

5. Lantéri-Laura, G., *Histoire de la phrénologie. L'homme et son cerveau selon F. J. Gall*, Paris, Presses universitaires de France, 1970.

6. Huysmans, J.K., *Là-bas*, Paris, Tresse et Stock, 1891.

7. Assoun, P.L., *Lire La Mettrie. Introduction à* L'Homme-machine *de Julien Offroy de La Mettrie*, Paris, Denoël/Gonthier, Folio essai, 1981.

8. Parent, A., *Comparative neurobiology of the basal ganglia*, New York, John Wiley, 1986.

9. Parent, A., *Carpenter's Human Neuroanatomy*, 9ᵉ éd., Baltimore, Williams & Wilkins, 1996.

10. Clarke, E., et O'Malley, C.D., *The Human Brain and Spinal Cord – A Historical Study Illustrated by Writings from Antiquity to the Twentieth Century*, Berkeley, University of California Press, 1968. (Cet ouvrage a été réédité par Norman Publishing & Co. à San Francisco en 1996.)

11. Finger, S., *Origins of Neuroscience*, New York, Oxford University Press, 1994.

12. Parent, A., « Jules Bernard Luys and the subthalamic nucleus », *Movement Disorders*, 17 : 181-185, 2002.

13. Parent, A., « Giovanni Aldini (1762-1834) », *Journal of Neurology*, 252 : 637-638, 2004.

14.   Parent, A., « Duchenne de Boulogne : A pioneer in neurology and medical photography », *Canadian Journal of Neurological Sciences*, 32 : 369-377, 2005.

Chapitre 1
Premières représentations

1.   Lucas-Championnière, J., *Les origines de la trépanation décompressive. Trépanation néolithique, trépanation pré-colombienne, trépanation des Kabyles, trépanation traditionnelle*, Paris, Steinheil, 1912.

2.   Bakay, L., *Neurosurgeons of the Past*, Springfield (IL), Charles C. Thomas, 1987.

3.   Ebbell, B., *The Papyrus Ebers : The Greatest Egyptian Medical Document*, Copenhage, Levin and Munksgaard, 1937.

4.   Breasted, J.H., *The Edwin Smith surgical papyrus*, Chicago, The University of Chicago Press. 1930.

5.   Selincourt, A. de, *L'univers d'Hérodote*, Paris, Gallimard, 1966.

6.   Jouanna, J., *Hippocrate*, Paris, Fayard, 1992.

7.   Gille, B., *Les mécaniciens grecs. La naissance de la technologie*, Paris, Seuil, 1980.

8.   Hippocrate, *Opera omnia / per Janus Coronarius [...] latina lingua conscipta*, Bâle, Froben, 1546. (Voir aussi : Hippocrate, *Collection hippocratique* (10 vol.), traduction de É. Littré, Paris, Baillière, 1839-1861, et Hippocrate, *L'art de la médecine*, traduction de J. Jouanna et C. Magdelaine, Paris, Flammarion, 1999).

9.   Grmek, M.D., « Introduction », dans M.D. Grmek et B. Fantanini (dir.), *Histoire de la pensée médicale en Occident*, vol. 1, Paris, Seuil, 1995, p. 7-24.

10.   Clarke, E., et O'Malley, C.D., *The Human Brain and Spinal Cord – A Historical Study Illustrated by Writings from Antiquity to the Twentieth Century*, San Francisco, Norman Publishing, 1996.

11.   Celsus, A.C., *De re medica libri octo*, Paris, Christian Wechel. 1529. [Voir aussi : Celsus, A.C., *De medicina* (3 vol.), W.G. Spencer (dir.), Cambridge (MA), Loch Classical Library, 1935-1938].

12.   Moraux, P., *Galien de Pergame. Souvenirs d'un médecin*, Paris, Société d'édition les Belles Lettres, 1985.

13.   Nutton, V., « Roman medicine, 250 BC to AD 200 », dans L.I. Conrad, M. Neve, V. Nutton, R. Porter et A. Wear (dir.), *The Western Medical Tradition – 800 BC to AD 1800*, Cambridge (UK), Cambridge University Press, 1995, p. 39-70.

14. Galien, C., *Opera*, traduction de Diomedes Bonardus, 2 vol., Venise, Filippo Pinzi, 1490. (Voir aussi : Daremberg, C., *Œuvres anatomiques, physiologiques et médicales de Galien*, Paris, Baillière. 1854, et Singer, C., *Galen on anatomical procedures*, London, Oxford University Press, 1956.)

15. Gourevitch, D., « La médecine dans le monde romain », dans M.D. Grmek et B. Fantanini (dir.), *Histoire de la pensée médicale en Occident*, vol. 1, Paris, Seuil, 1995, p. 95-122.

Chapitre 2
Le cerveau renaissant

1. Tricot-Royer, J., « La médecine à Rome et à Byzance », dans R. Dumesnil et F. Bonnet-Roy (dir.), *Les médecins célèbres*, Genève, Mazenot, 1947, p. 30-35.

2. Nemesios, *De natura homini*, traduction latine de N. Ellebodio, Antwerpen, C. Plantin, 1565.

3. Albertus Magnus, *Philosophia pauperum, sive Philosophia naturalis*, Venise, Giogius Arrivabenus, 1496.

4. Brunschwig, H., *Dis ist das Buch der Cirurgia. Hantwirckung des Wundartzny*, Strasbourg, Johann Grüninger, 1497.

5. Madressi, R., *Le regard de l'anatomiste*, Paris, Seuil, 2003.

6. Koyré, A., *Aristotélisme et platonisme dans la philosophie du Moyen Âge*, Études d'histoire et de philosophie des sciences, Paris, Gallimard, 1973.

7. Conrad, L.I., « The Arab-Islamic medical tradition », dans L.I. Conrad, M. Neve, V. Nutton, R. Porter et A. Wear (dir.), *The Western Medical Tradition – 800 BC to AD 1800*, Cambridge (UK), Cambridge University Press, 1995, p. 39-70.

8. *Fasciculo de medicina*, Venise, Giovanni e Gregorio de' Gregori, 1493.

9. Berengario da Carpi, J., *Commentaria cum amplissimus additionibus super anatomiam Mundini*, Bologne, Hyeronimum de Benedectis, 1521.

10. Berengario da Carpi, J., *Isagogae breves perlucidae ac uberrimae in anatomiam humani corporis a comunis medicorum academia usitam*, Bologne, Benedictum Hectori, 1523.

11. Phryesen, L., *Spiegel der Artzney, vor zeyten zu nutz unnd trost den Leyen gemacht [...] yetzund durch den selbigen Laurentium widerumm gebessert und in seinen ersten glantz gestelt*, Strassbourg, Balthassar Beck, 1532.

12. Finger, S., *Minds behind the brain*, New York, Oxford University Press, 2000.

13. O'Malley, C.D., et Saunders, J.B. deC.M., *Leonardo da Vinci on the human body*, New York, Henry Schuman, 1952.

14. Vesalius, A., *De humani corporis fabrica libri septem*, Basilae, Joannis Oporini, 1543.

15. Sylvius (Jacques Dubois, dit), *Iacobi sylvii Medicae Rei apud Parrhisios interpretis regii. Commentarius in Claudius Galeni de Ossibus ad Tyrones libellum, erroribus quamplurimis tam Graecis quàm Latinis ab eodem purgatum*, Paris, Pierre Drouart, 1556.

16. Galien, C., *Opera*, traduction de Diomedes Bonardus, 2 vol., Venise, Filippo Pinzi, 1490.

17. Vesalius, A., *Tabulae anatomicae sex*, Venetiis, D. Bernardini, 1538.

18. Heseler, B., *Andreas Vesalius' first public anatomy at Bologna, 1540 : an eyewitness report by Baldasar Heseler, together with his notes on Matthaeus Curtius' lectures on anatomia Mundini*, traduction de Ruben Eriksson, Lychnosbibliotek 18, Uppsala, Almqvist and Wilssells Boketryckeri, 1959.

19. Saunders, J.B. deC.M., et O'Malley, C.D., *The illustrations from the works of Andreas Vesalius of Brussels*, New York, Dover, 1950.

20. Estienne, C., *De dissectione partium corporis humani libri tres*, Paris, Simon de Colines, 1545.

21. Copernic, N. (Nicolaus Copernicus), *De revolutionibus orbium coelestium libri VI*, Norimbergae, apud Ioh Petreium, 1543.

22. Dryander (Johann Eichmann, dit), *Anatomia capitis humani*, Marburg, Eucharium Ceruicornum, 1536.

23. Singer, C., *Vesalius on the human brain*, Londres, Oxford University Press, 1952.

24. Sylvius (Jacques Dubois, dit), *Vaesani cuiusdam calumniarum in Hippocratis Galenique rem anatomicam depulsio*, Parrhisiis, Apus Catharinam Barbé, 1551.

25. Fuchs, L., *Humane corporis fabrica epitome*, Lugduni, Apud Antonium Vincentium, 1551.

26. Ball, P., *The devil's doctor. Paracelsus and the world of Renaissance magic and science*, New York, Farrar, Strauss et Giroux, 2006.

27. Wear, A., « Medicine in early modern Europe, 1500-1700 », dans L.I. Conrad, M. Neve, V. Nutton, R. Porter et A. Wear (dir.), *The Western Medical Tradition – 800 BC to AD 1800*, Cambridge (UK), Cambridge University Press, 1995, p. 310-322.

Chapitre 3
Du cerveau machine à la doctrine des nerfs

1. Grmek, M.D., *La première révolution biologique*, Paris, Payot, 1990.

2. Madressi, R., *Le regard de l'anatomiste*, Paris, Seuil, 2003.

3. Harvey, W., *Exercitatio Anatomica de Motu Cordis et Sanguinis in Animalibus* (« Traité anatomique sur le mouvement du cœur et du sang chez les animaux »), Frankforti, Guliemi Fitzeri, 1628,

4. Galilée (Galileo Galilei), *Sidereus Nuncius*, Venise, Thoman Baglionum, 1610.

5. Baillet, A., *Vie de Monsieur Descartes*, Paris, Horthelmels, 1691.

6. Galilée (Galileo Galilei), *Dialogo sopra i due massimi sistemi del mondo*, Florence, Landini, 1632.

7. Descartes, R., *Discours de la méthode pour bien conduire sa raison, et chercher la vérité dans les sciences*, plus, *Dioptrique, Météores, Géométrie*, Paris, J. Maire, 1637. (Voir aussi : Descartes, R., *Œuvres complètes* (13 vol.), Éd. Charles Adam et Paul Tannery, 1897-1909. Nouvelle présentation sous coffret, Paris, J. Vrin, 11 vol., 1996.)

8. Descartes, R., *Méditationes de prima philosophia*, Paris, Michaelum Soly, 1641.

9. Descartes, R., *Principia philosophiae*, Amstelodami, Ludovicum Elzeverium, 1644.

10. Descartes, R., *Les passions de l'âme*, Paris, Henry Le Gras, 1649.

11. Descartes, R., *De homine figuris et latininae donatus a Florentio Schuyl*, Leyde, Franciscum Moyardum and Petrurn Leffen, 1662.

12. Descartes, R., *L'homme de René Descartes et un traité de la formation du fœtus du même auteur*, Paris, Théodore Girard, 1664.

13. Finger, S., *Minds Behind the Brain*, New York, Oxford University Press, 2000.

14. Descartes, R., *Correspondance*, Ch. Adam et G. Milhaud (dir.), Paris, F. Alcan, 1936-1963.

15. Daremberg, C., *Œuvres anatomiques, physiologiques et médicales de Galien*, Paris, Baillière, 1854.

16. Sténon, N., *Discours de Monsieur Sténon sur l'anatomie du cerveau*, Paris, R. de Ninville, 1669.

17. Grmek, M.D., et Bernabeo, R., « La machine du corps », dans M.D. Grmek et B. Fantini (dir.), *Histoire de la pensée médicale en Occident*, vol. 2, Paris, Seuil, 1997, p. 7-36.

18.   Malebranche, N. de, *De la recherche de la vérité où l'on traite de la nature de l'esprit de l'homme, & de l'usage qu'il en doit faire pour éviter l'erreur dans les sciences*, Amsterdam, Henry Desbordes, 1674-1675.

19.   La Mettrie, Julien Offroy de, *L'Homme-machine*, Leyde, E. Luzak Fils, 1748.

20.   Willis, T., *Cerebri anatome, cui accessit nervorum desciptio et usus*, London, J. Martyn and J. Allestry, 1664.

21.   Willis, T., *Opera omnia*, Genève, Apud Samuelem de Tournes, 1680.

22.   Willis, T., *De anima brutorum*, Oxonii, R. Davis, 1672.

23.   Veslingius, J. (Vesling), *Syntagma Anatomicum*, Patavii (Padoue), Pauli Frombotti, 1647.

24.   Baratholin, C., *Institutiones anatomicae, novis recentiorum opinionibus & observationibus*, Leyde, Franciscus Hack, 1645.

25.   Martensen, R.L., « Habit of Reason : Anatomy and Anglicanism in Restoration England », *Bulletin of the History of Medicine*, 66 : 511-535, 1992.

26.   Sylvius, F., *Disputationum medicarum*, Amsterdam, J. van den Bergh, 1663.

27.   Isler, H., *Thomas Willis (1621-1675) : Doctor and Scientist*, New York, Hafner, 1968.

28.   Locke, J., *An essay on humane understanding*, London, Holt & Basset, 1690.

Chapitre 4
De l'électricité animale aux organes de l'esprit humain

1.   Mazzolini, R., « Les lumières de la raison : des systèmes médicaux à l'organologie naturaliste », dans M.D. Grmek (dir.), *Histoire de la pensée médicale en Occident*, vol. 2, Paris, Seuil, 1997, p. 93-115.

2.   Fontenelle (Bernard le Bovier de), « Éloge de M. Ruysch », *Histoire de l'Académie royale des sciences*, Année M.DCCXXXI, Paris, Panckoucke, 1764.

3.   Vicq d'Azyr, F., *Traité d'anatomie et de physiologie*, Paris, Didot, 1786.

4.   Parent, A., « Félix Vicq d'Azyr : Anatomy, medicine and revolution », *Canadian Journal of Neurological Sciences*, 34 : 30-37, 2007.

5.   Soemmerring, S.T., *Anatomica de basi encephali et originibus nervorum cranio egredientium libri quinque*, Göttingen, Vandenhoeck, 1778.

6.   Soemmerring, S.T., *Uber das Organ der Seele*, Köningsberg, Friedrich Nicolovius, 1796.

7.   Nollet, J.A., *Essai sur l'électricité des corps*, Paris, Guérin, 1746.

8.   Wesley, J., *The Desideratum : Or, Electricity Made Plain and Simple. By a Lover of Mankind and Common Sense*, Londres, Baillière, Tindall, and Cox, 1759.

9.   Walsh, J., « On the electric property of the torpedo », *Philosophical Transactions of the Royal Society*, 63 : 461-477, 1773.

10.   Galvani, L., « De viribus elctricitatis in motu musculari commentarius », Bononiae (Bologne), De Bononiensi scientiarum et artium Instituto atque Academia commentarii, 1791.

11.   Parent, A., « Giovanni Aldini : From animal electricity to human brain stimulation », *Canadian Journal of Neurological Sciences*, 31 : 576-584, 2004.

12.   Aldini, J., *Essai théorique et expérimental sur le galvanisme*, Paris, Fournier, 1804.

13.   Finger, S., *Origins of Neuroscience*, New York, Oxford University Press, 1994.

14.   Pera, M., *La rana ambigua*, Turino, Giulio Einaudi, 1986. (Voir aussi : Pera, M., *The ambiguous frog*, Princeton (NJ), Princeton University Press, 1992.)

15.   Weinhold, K.A., *Versuche über das Leben und seine Grundkräfte auf dem Wege der experimental-Physiologie*, Magdeburg, Creutz, 1817.

16.   Shelley, M., *Frankenstein, or the Modern Prometheus*, Londres, Lackington, Hughes, Harding, Mavor and Jones, 1818. (Voir aussi : Shelley, M., *Frankenstein ou le Prométhée moderne*, Paris, Garnier, 1979.)

17.   Parent, A., « Duchenne de Boulogne : A pioneer in neurology and medical photography », *Canadian Journal of Neurological Sciences*, 32 : 369-377, 2005.

18.   Duchenne (de Boulogne), G.B.A., *De l'électrisation localisée et de son application à la pathologie et à la thérapeutique*, Paris, Baillière, 1855.

19.   Duchenne (de Boulogne), G.B.A., *Mécanismes de la physionomie humaine ou analyse électro-physiologique de l'expression des passions*, Paris, Baillière, 1862.

20.   Darwin, C., *The expression of emotions in man and animals*, London, John Murray, 1872.

21.   Swedenborg, E., *The Brain, Considered Anatomically, Physiologically, and Philosophically*, (traduit et édité par R.L. Tafel, London, Speirs, 1882).

22.   Lavater, J.C., *Physiognomische Fragmente zur Beförderung der Menschenkenntnis und Menschenliebe* (4 vol.), Leipzig, Weidmanns Erben und Reich, und Heinrich Steiner und Compagnie, 1775-1778. (Voir aussi : Lavater, J.C., *La physiognomonie ou l'art de connaître les hommes par les traits de leur physionomie, leurs rapports avec divers animaux, leurs penchants, etc.* (traduction de H. Bacharach), Paris, Librairie française et étrangère, 1841 ; cet ouvrage a été réimprimé en 1998 à Lausanne par la maison Delphica-L'Âge d'homme.)

23.   Finger, S., *Minds behind the brain*, New York, Oxford University Press, 2000.

24.   Lantéri-Laura, G., *Histoire de la phrénologie. L'homme et son cerveau selon F. J. Gall*, Paris, Presses universitaires de France, 1970.

25. Gall, F.J., et Spurzheim, J., *Anatomie et physiologie du système nerveux en général, et du cerveau en particulier* (4 vol.), Paris, E. Schoell, 1810-1819.

26. Gall, F.J., *Sur les fonctions du cerveau* (6 vol.), Paris, Baillière, 1822-1826.

27. Spurzheim, J.G., *Observations sur la phrénologie, ou connaissance de l'homme moral et intellectuel fondée sur les fonctions du système nerveux*, Paris, Treuttel & Wurtz, 1818.

28. Flourens, P., *L'examen de la phrénologie*, Paris, Paulin, 1842.

29. Flourens, P., *Psychologie comparée*, 2ᵉ éd. Paris, Garnier, 1864.

Chapitre 5
Langage et cartographie cérébrale

1. Clarke, E., et Jacyna, L.S., *Nineteenth-century origins of neuroscientific concepts*, Berkeley, University of California Press, 1987.

2. Bouillaud, J.-B., « Recherches cliniques propres à démontrer que la perte de la parole correspond à la lésion des lobules antérieurs du cerveau et à confirmer l'opinion de M. Gall sur le siège de l'organe du langage articulé », *Archives générales de médecine*, 8 : 25-45, 1825.

3. Broca, P., « Perte de la parole, ramollissement chronique et destruction partielle du lobe antérieur gauche du cerveau », *Bulletins de la Société d'anthropologie*, 2 : 235-238, 1861.

4. Broca, P., « Remarques sur le siège de la faculté du langage articulé ; suivies d'une observation d'aphémie (perte de la parole) », *Bulletins de la société anatomique*, 6 : 330-357, 398-407, 1861.

5. Broca, P., « Localisation des fonctions cérébrales. Siège du langage articulé », *Bulletins de la Société d'anthropologie*, 4 : 200-204, 1863.

6. Broca, P., « Sur le siège de la faculté du langage articulé », *Bulletins de la Société d'anthropologie*, 6 : 337-393, 1865.

7. Dax, M., « Lésions de la moitié gauche de l'encéphale coïncidant avec l'oubli des signes de la pensée » (lu au Congrès méridional tenu à Montpellier en 1836), *Gazette hebdomadaire de médecine et de chirurgie*, 2 (2ᵉ ser.) : 259-260, 1865.

8. Barlow, T., « On a case of double cerebral hemiplegia, with cerebral symmetrical lesions », *British Medical Journal*, 2 : 103-104, 1877.

9. Jackson, J.H., « Hemiplegia on the right side, with loss of speech », *British Medical Journal*, 1 : 572-573, 1864.

10. Jackson, J.H., « Hemispheral coordination », *Medical Times and Gazette*, 2 : 208-209, 1868.

11. Jackson, J.H., « Case of large cerebral tumour without optic neuritis and with left hemiplegia and imperception », *Ophthalmic Hospital Reports*, 8 : 434-444, 1876.

12. Wernicke, C., *Der aphasische Symptomenkomplex : eine psychologische Studie auf anatomischer Basis*, Breslau, Cohn and Weigert, 1874.

13. Finger, S., *Origins of Neuroscience*, New York, Oxford University Press, 1994.

14. Stevenson, R.L., *Strange Case of Doctor Jekyll and Mr. Hyde*, London, Longmans, Green and Co., 1886.

15. Bruce, L.C., « Notes of a case of dual brain action », *Brain*, 18 : 54-65, 1895.

16. Broca, P., « Anatomie comparée des circonvolutions cérébrales. Le grand lobe limbique et la scissure limbique dans la série des mammifères », *Revue d'anthropologie*, ser. 2, 1 : 385-498, 1878.

17. Fritsch, G., et Hitzig, E., « Über die elektrische Erregbarkeit des Grosshirns », *Archiv. Anat. Physiol. Wissenschaftl. Med.*, 37 : 300-332, 1878.

18. Ferrier, D., « Experimental research in cerebral physiology and pathology », *West Riding Lunatic Asylum Medical Reports*, 3 : 30-96, 1873.

19. Munk, H., *Über die Funktionen der Grosshirnrinde*, Berlin, A. Hirschwald, 1881.

20. Ferrier, D., *The Functions of the Brain*, Londres, Smith, Elder and Co., 1876.

21. Harlow, J.M., « Passage of an iron rod through the head », *Boston Medical and Surgical Journal*, 39 : 389-393, 1848.

22. Bigelow, J., « Dr. Harlow's case of recovery from the passage of an iron bar through the head », *American Journal of Medical Sciences*, 19 : 13-22, 1850.

23. Harlow, J.M., « Recovery from a passage of an iron rod through the head », *Publications of the Massachusetts Medical Society*, 2 : 327-347, 1868.

24. Macewen, W., « Intra-cranial lesions, illustrating some points in connexion with localisation of cerebral affections and the advantages of antiseptic trephining », *Lancet*, 2 : 541-543, 1881.

25. Bennett, A.H., et Godlee, R., « Excision of a tumour from the brain », *Lancet*, 2 : 1090-1091, 1884.

Chapitre 6
De la neurologie à l'hystérie

1. Larguier, L., *Les vieux hôpitaux français, La Salpêtrière*, Lyon, Laboratoire Ciba, 1939.

2. Vessier, M., *La Pitié-Salpêtrière. Quatre siècles d'histoire et d'histoires*, Paris, Assistance public des hôpitaux de Paris, 1999.

3. Pinel, P., *Traité médico-philosophique de l'aliénation mentale*, Paris, Richard, Caille et Ranvier, 1801.

4. Guillain, G., *J.-M. Charcot 1825-1893. Sa vie. Son œuvre*, Paris, Masson, 1955.

5. Goetz, C.G., Bonduelle, M., et Gelfand, T., *Charcot : Constructing Neurology*, New York, Oxford University Press, 1995.

6. Bourneville, D.M., et Régnard, P., *Iconographie photographique de la Salpêtrière*, Paris, Le Progrès médical – Delahaye et Lecrosnier, 1876/1877 (tome I), 1878 (tome II), 1879/1880 (tome III).

7. Charcot, J.M., *Leçons du mardi*, Paris, Le Progès médical – A. Delahaye, 1887-1889.

8. Freud, S., *Correspondance*, Paris, Gallimard, 1966.

9. Charcot, J.M., *Leçons sur les maladies du système nerveux*, Paris, Le Progès médical – A. Delahaye, 1872-1873.

10. Parkinson, J., *An essay on the shaking palsy*, London, Whittingham and Rowland, for Sherwood, Neely, and Jones, 1817.

11. Souques, A., et Meige, H., *Jean-Martin Charcot (1825-1893). Les biographies médicales*, Paris, Baillière, 1939.

12. Bonduelle, M., « Charcot intime », *Revue neurologique*, 150 : 524-528, 1994.

13. Drumont, E., *La France juive*, Paris, Flammarion, 1886.

14. Daudet, L., *Souvenirs des milieux littéraires, politiques, artistiques et médicaux de 1880 à 1905. Devant la douleur*, Paris, Nouvelle Librairie nationale, 1915.

15. Charcot, J.M., « La foi qui guérit », *Archives de neurologie*, 25 : 72-87, 1893.

16. Charcot, J.M., et Richer, P., *Les démoniaques dans l'art*, Paris, Delahaye et Lecrosnier, 1887. (Ce texte, ainsi que « La foi qui guérit », ont été réédités en 1984 aux éditions Macula à Paris.)

17. Parent, A., Parent, M., et Leroux-Hugon, V., « Jules-Bernard Luys : A singular figure of 19th century neurology », *Canadian Journal of Neurological Sciences*, 29 : 282-288, 2002.

18. Foveau de Courmelle, F., *L'hypnotisme*, Paris, Hachette, 1890.

19. Luys, J.B., *Recherches sur le système cérébro-spinal, sa structure, ses fonction et ses maladies*, Paris, Baillière, 1865.

20. Luys, J.B., *Iconographie photographique des centres nerveux*, Paris, Baillière, 1873.

21. Luys, J.B., *Le cerveau et ses fonctions*, Paris, Baillière, 1876.

22. Luys, J.B., *Les émotions dans l'état d'hypnotisme et l'action à distance de substances médicamenteuses ou toxiques*, Paris, Baillière, 1890.

23. Babinski, J., « Recherches servant à établir que certaines manifestations hystériques peuvent être transférées d'un sujet à l'autre sous l'influence de l'aimant », *Le Progrès médical*, 4 : 1010-1013, 1886.

24. Huysmans, J.K., *Là-bas*, Paris, Tresse et Stock, 1891.

25. Régnard, P., *Les maladies épidémiques de l'esprit. Sorcellerie, magnétisme, morphinisme, délire des grandeurs*, Paris, Plon, 1897.

Chapitre 7
Neurones et communication neuronale

1. Hooke, R., *Micrographia : or some physiological descriptions of minute bodies made by magnifying glasses*, Londres, J. Martyn and J. Allestry, 1667.

2. Leeuwenhoek, A. van, « Microscopical observations of Mr. Van Leeuwenhoek concerning the optic nerve, communicated to the publisher in Dutch, and made by him in English », *Philosophical Transactions of the Royal Society of London*, 10 : 378-380, 1675.

3. Purkyne, J.E., « Bericht über die Versammlung deutscher Naturforscher und Aerzte in Prague im September 1838 » (Rapport sur la conférence des scientifiques et docteurs allemands qui s'est tenue à Prague en septembre 1838.) Vierte Sitzung am 23 September, Prague, Part 3 Section 5, *Anatomisch-Physiologisch Verhandlungen*, 177-180.

4. Deiters, O.F.K., *Untersuchugen über Gehirn und Rückenmark des Menschen und der Saügethiere*, Braunsweig, Vieweg und Sohn, 1865.

5. Luys, J.B., *Recherches sur le système cérébro-spinal, sa structure, ses fonction et ses maladies*, Paris, Baillière, 1865.

6. Finger, S., *Minds behind the brain*, New York, Oxford University Press, 2000.

7. Golgi, C., « Sulla struttura della grigia del cervello », *Gazetta Medica Italiana Lombardia*, 6 : 244-246, 1873.

8. Ramón y Cajal, S., *Recuerdos de mi vida. Historia de mi labor cientifica*, Madrid, Moya, 1917 (Voir aussi « Recollections of My Life », trad. par E.H. Craigie et J. Cano, Cambridge (MA), MIT Press, 1996).

9.   Ramón y Cajal, S., *Histologie du système nerveux de l'homme et des vertébrés*, traduction de L. Azoulay, 2 vol., Paris, Maloine, 1909, 1911.

10. Ramón y Cajal, S., « Estructura de los centros nerviosos de las aves », *Revista trimestral de Histología Normal y Patológica*, 1 : 1-10, 1888.

11. Ramón y Cajal, S., « Conexión general de los elementos nerviosos », *La Medicina Práctica*, 2 : 341-346, 1889.

12. Waldeyer, W. von, « Über einige neuere Forschungen im Gebiete der Anatomic des Centralnervensystems », *Deutsche medizinische Wochenschrift*, 17 : 1213-1218, 1244-1246, 1267-1269, 1287-1289, 1331-1332, 1352-1356, 1891.

13. Ramón y Cajal, S., « À quelle époque apparaissent les expansions des cellules nerveuses de la moelle épinière du poulet ? », *Anatomischer Anzeiger*, 5 : 631-639, 1890.

14. Oliver, G., et Schäfer, E.O., « On the physiological action of extract of the suprarenal capsule », *Journal of Physiology*, 18 : 230-276, 1895.

15. Elliott, T.R., « The action of adrenalin », *Journal of Physiology*, 32 : 401-467, 1905.

16. Dale, H.H., « On some physiological actions of ergot », *Journal of Physiology*, 34 : 163-206, 1906.

17. Barger, G., et Dale, H.H., « Chemical structure and sympathomimetic action of amines », *Journal of Physiology*, 41 : 19-59, 1910.

18. Dale, H.H., « The action of certain esters and ethers of choline, and their relation to muscarine », *Journal of Pharmacology and Experimental Therapeutics*, 6 : 147-190, 1914.

19. Loewi, O., « Über humorale Ühertragbarkeit der Herzttervenwirkung. I. Mitteilung », *Pflüger's Archiv für die gesamte Physiologie*, 189 : 239-242, 1921.

20. Dale, H.H, Feldberg, W., et Vogt, M., « Release of acetylcholine at voluntary motor nerve endings », *Journal of Physiology*, 86 : 353-380, 1936.

21. Dale, H.H., « Nomenclature of fibres in the autonomic nervous system and their effects », *Journal of Physiology*, 80 : 10-11, 1933.

22. Walker, M.B., « Treatment of myasthenia gravis with physostigmine », *Lancet*, 1 : 1200-1201, 1934.

Chapitre 8
L'avènement des neurosciences

1. Cowan, W.M., Harter, D.H., et Kandel, E.R., « The emergence of modern neuroscience : some implications for neurology and psychiatry », *Annu. Rev. Neurosci.*, 23 : 343-391, 2000.

2. Lantéri-Laura, G., « Le psychisme et le cerveau », dans M.D. Grmek et B. Fantanini (dir.), *Histoire de la pensée médicale en Occident*, vol. 3 : *Du romantisme à la science moderne*, Paris, Seuil, 1998.

3. Assoun, P.L., *Lire La Mettrie. Introduction à* L'Homme-machine *de Julien Offroy de La Mettrie*, Paris, Denoël/Gonthier, Folio essais, 1981.

4. Scoville, W.B., et Milner, B., « Loss of recent memory after bilateral hippocampal lesions », *J. Neurol. Neurosurg. Psychiat.*, 20 : 11-21, 1957.

5. Dement, W.C., *Dormir, rêver*, Paris, Le Seuil, 1996.

6. Jouvet, M., *Le sommeil et le rêve*, Paris, Odile Jacob, 2000.

7. Steriade, M., et McCarley, R.W., *Brainstem control of wakefulness and sleep*, New York, Plenum Press, 2005.

8. Edelman, G., et Tononi, G., *Comment la matière devient conscience*, Paris, Odile Jacob, 2000. (Traduction française de *A Universe of Consciousness. How matter becomes imagination*, New York, Basic Books, 2000.)

9. Aldini, G., *Essai théorique et expérimental sur le galvanisme*, Paris, Fournier, 1804.

10. Sherrington, C.S., *Man on his nature*, Cambridge (UK), Cambridge University Press, 1942.

11. Parent, A., *Carpenter's Human Neuroanatomy*, 9e éd., Baltimore, Williams & Wilkins, 1996.

12. Broca, P., « Sur le volume et la forme du cerveau suivant les individus et suivant les races », *Bull. Soc. Anthropologie*, Paris, 2 : 139-297, 301-321, 441-446, 1861.

13. Monod-Broca, P., *Paul Broca. Un géant du XIXe siècle*, Paris, Vuibert. 2005.

14. Gould, S.J., *La mal-mesure de l'homme*, Paris, Odile Jacob, 1997.

15. Witelson, S.F., Kigar, D.L., et Harvey, T., « The exceptional brain of Albert Einstein », *The Lancet*, 353 : 2149-2153, 1999.

16. Dronkers, N.F., Plaisant, O., Iba-Zizen, M.T., et Cabanis, E.A., « Paul Broca's historic cases : high resolution MR imaging of the brains of Leborgne and Lelong », *Brain*, 130 : 1432-1441, 2007.

17. Bartels, A., et Zeki, S., « The neural correlates of maternal and romantic love », *NeuroImage*, 21 : 1155-1166, 2004.

18. Holstege, G., Georgiadis, J.R., Panns, A.M., Meiners, L.C., van der Graaf, F.H., et Reinders, A.A., « Brain activation during human male ejaculation », *J. Neurosci.*, 23 : 9185-9193, 2003.

19. Parent, A., *Comparative neurobiology of the basal ganglia*, New York, John Wiley, 1986.

20. Greenough, W.T., West, R.W., et DeVoogd, T.J., « Postsynaptic plate perforations : changes with age and experience in the rat », *Science*, 202 : 1096-1098, 1978.

21. Shepherd, G.W., *The synaptic organization of the brain*, 3ᵉ éd., New York, Oxford University Press, 1990.

22. Altman, J., « Are neurons formed in the brains of adult mammals ? », *Science*, 135 : 1127-1128, 1962.

23. Lledo, P.M., et Saghatelyan, A., « Integrating new neurons into the adult olfactory bulb : joining the network, lifedeath decisions, and the effects of sensory experience », *Trends Neurosci*, 28 : 248-254, 2005.

24. Bédard, A., et Parent, A., « Evidence of newly generated neurons in the human olfactory bulb », *Developmental Brain Research*, 151 : 159-168, 2004.

25. De Chevigny, A., et Lledo, P.M., « La neurogenèse bulbaire et son impact neurologique », *Médecine Science*, 22 : 607-613, 2006.

26. Zhao, C. Deng, et Gage, F.H., « Mechanisms and functional implications of adult neurogenesis », *Cell*, 132 : 645-660, 2008.